"十二五"国家重点图书出版规划项目

城市再生水利用与再生水设施的建设管理

董紫君　刘　宇　孙飞云　尹文超　编著

董文艺　主审

哈爾濱工業大學出版社

内容简介

再生水利用是缓解水资源短缺的重要途径之一。本书在对国内再生水设施进行调查研究的基础上，总结了各种类型再生水设施的运行现状及存在的问题，从再生水设施的规划政策、设计建设、运行维护和监督管理等各个环节上开展研究，为再生水设施的稳定运行和有效利用提出了建议性措施，并通过大量案例介绍了城市再生水利用的主要示范工程，力求提供可资借鉴的城市再生水利用模式和经验。

本书可作为城市节水领域、污水再生利用领域的科研人员、工程技术人员以及环境工程、给排水工程、城市规划专业本科生、研究生参考用书，也可作为节水管理部门的参考资料。

图书在版编目(CIP)数据

城市再生水利用与再生水设施的建设管理/董紫君等编著.
—哈尔滨:哈尔滨工业大学出版社,2016.11
ISBN 978-7-5603-6206-9

Ⅰ.①城… Ⅱ.①董… Ⅲ.①城市用水-再生水-水资源管理-研究-中国 Ⅳ.①TU991.64

中国版本图书馆 CIP 数据核字(2016)第 226782 号

策划编辑　任莹莹　张　荣
责任编辑　张　瑞　刘　瑶
出版发行　哈尔滨工业大学出版社
社　　址　哈尔滨市南岗区复华四道街 10 号　邮编 150006
传　　真　0451-86414749
网　　址　http://hitpress.hit.edu.cn
印　　刷　哈尔滨市工大节能印刷厂
开　　本　787mm×1092mm　1/16　印张 12.5　字数 300 千字
版　　次　2016 年 11 月第 1 版　2016 年 11 月第 1 次印刷
书　　号　ISBN 978-7-5603-6206-9
定　　价　42.00 元

序

我国的淡水资源极其匮乏，人均淡水资源拥有量仅为世界人均值的1/5；一些城市尤其是北方和沿海城市淡水资源更加短缺，如北京和深圳的人均淡水资源分别为全国人均值的1/8和1/9。因此，我国城市污水和雨水的处理、再生、再用并实现水资源的循环实为必需。

本书对国外城市污水再生与再用做了全面、系统的阐述和介绍，从中可以了解和学习国外尤其是美国、德国、法国、日本、新加坡等国家污水再生的先进技术和经验。本书对我国一些城市污水再生厂的规模、工艺、出水用途等进行了大量的调查和系统的分析，同时亲自做了大量污水再生技术的实验研究。本书充分展现了我国的污水再生技术与实践，也系统地展示了著者的调查研究和实验研究成果。

本书最可贵之处，是著者们客观、如实地介绍了我国一些城市再生水厂的原水来源、再生水具体用途和采用的再生工艺。我国的污水再生事业正在迅速发展，有许多污水处理厂是在现有的二级处理厂的基础上设计、建造和运行的，其再生流程 + 污水处理流程过长且十分复杂。新建再生水厂可以设计和建造得更合理和简化些，如采用原生污水→预处理（格栅 - 曝气沉砂池）→A/A/O（MBR）→再生水流程。

污水再生必然要再用，再生水用途不同，相应的再生程度及采用的流程和工艺也应有所不同。如果再生水用于附近河流或湖泊的生态景观补给水，则将污水处理和再生到地表水环境质量Ⅳ类标准即可，如二级处理出水→活性炭/石英砂双层滤料滤池→UV紫外线消毒流程，即可满足要求；一些受纳河流如有较强的自净能力，即使一级A出水也可以作为生态景观补给水。

深圳龙岗河就是一个成功实例，其沿河两岸建造的矩形大截流箱涵（沟渠）将全部流域内的污水和雨水（中小雨水径流全部或大雨暴雨截流雨水径流）截流并送入中游的横岗污水处理厂 + 部分再生水厂（20万 t^3/d）和下游的横岭污水处理厂（60万 t^3/d），通过多级跌水瀑布曝气充氧、河底生态石、浅水区芦苇湿地、沿河多处步行过河石桥的跌水曝气，以及河中细菌、藻类、原生动物、后生动物、鱼类构成的食物网链，形成了高效的生态净化能力，使河水水质达到了地表水环境质量Ⅳ类标准。水清景美、水鸟成群、鱼翔浅底，成为深圳市最吸引市民的景观水体之一。

再生水作为工业用水，如冷却水或生产工艺用水，则需根据具体用水水质要求进行再生，可以采用MBR、反渗透膜、离子交换等工艺。再生水作为河流生态景观补给水、农业灌溉用水、市政消防、喷洒绿地等用水，通常将其再生到地表水环境质量Ⅳ类标准后加消毒为宜，如二级处理出水→活性炭（或无烟煤颗粒）/石英砂双层滤料滤池→UV紫外线消毒，或二级处理出水→多级净化塘再生（德国鲁尔河成功经验）即可满足要求，不宜过于高级复杂化，也不必采用反渗透、超滤等昂贵的膜技术。当然，若新建再生水厂占地面积受限，不能采用常规流程和工艺,采用原生污水→预处理→加填料的复合式生物膜/活性污泥 A/A/O (MBR)→再生水流程(总 HRT 3 ~4 h)可能是最佳方案。

希望著者再接再厉,本书问世之后,能再写出姊妹篇《水再用》和《水循环》,为我国污水、雨水的资源化及实现水资源循环做出率先垂范的贡献。

王寶貞

2016 年 10 月 5 日

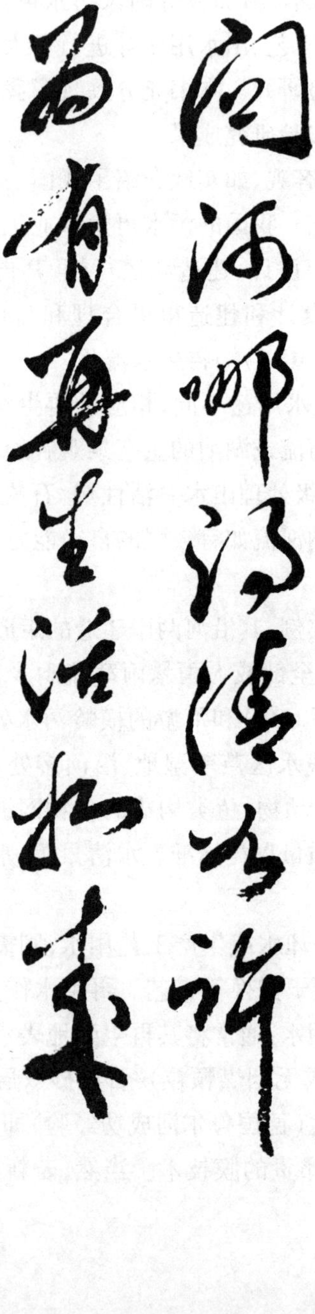

前　言

水资源短缺是制约我国国民经济发展的主要因素之一。目前,我国的人均水资源量为2 100 m^3,是世界平均水平的28%;全国年用水总量超过6 000亿m^3,正常年份缺水500多亿m^3。特别是随着经济发展和城市化进程的加快,城市缺水问题尤为突出。据统计,我国669个城市中,400个城市常年供水不足,其中有110个城市严重缺水。水资源已经成为制约城市可持续发展的重要瓶颈。未来随着城市经济爆发式发展,用水需求呈刚性增长,水资源面临的形势更为严峻。《中共中央关于制定国民经济和社会发展第十三个五年规划的建议》强调,国家将实行最严格的水资源管理制度,以水定产、以水定城。这体现了我国将更加突出城市水资源硬约束,推动人水和谐发展的决心。

再生水利用是缓解水资源短缺的重要途径之一。再生水的定义有多种解释,在污水工程方面称为"再生水",工厂方面称为"回用水",主要是指城市污水或生活污水经处理后达到一定的水质标准,可在一定范围内重复使用的非饮用水。和海水淡化、跨流域调水相比,再生水具有明显的优势:从经济的角度看,再生水的成本最低;从环保的角度看,污水再生利用有助于改善生态环境,实现水生态的良性循环。

再生水合理利用系统是一个比较复杂的系统,涉及社会、经济、环境、资源等诸多系统,每个子系统由诸多要素构成,其中主要因素有规划战略、政策法规、水质控制、工程的设计建设、设施的运行维护、水价调控、公众的接受程度以市场的监督管理等,这些因素之间相互制约、相互影响。

本书是作者及研究组多年来在城市节水以及再生水利用领域取得的科研成果与心得体会的结晶。在撰写过程中始终坚持系统性、前沿性和实践性原则;力求做到内容翔实、结构合理、论述严谨,坚持以实用性为主,兼顾理论性。本书所介绍的城市再生水工程案例,大多是作者团队亲身参与的实际工程,以及来自政府的权威报道和资料介绍。

本书在对国内再生水设施调查研究的基础上,总结了各种类型再生水设施的运行现状及存在的问题,从再生水设施的规划政策、设计建设、运行维护和监督管理等各个环节上开展研究,为再生水设施的稳定运行和有效利用提出建议措施。最后通过大量案例介绍了城市再生水利用的主要示范工程,力求提供可资借鉴的城市再生水利用模式和经验。

本书的主要研究成果是在水利部发展研究中心课题"我国节水载体建设现状与存在问题分析"和深圳市节约用水办公室课题"再生水设施建设管理技术研究"项目支持下完成的,并得到了黑龙江省精品图书出版工程专项资金和深圳职业技术学院学术著作出版基金的资助,在此表示衷心的感谢。同时感谢王宝贞教授对本书编写给予的指导。

全书由哈尔滨工业大学深圳研究生院董文艺教授审阅;深圳职业技术学院董紫君,哈尔滨工业大学深圳研究生院刘宇、孙飞云,中国建筑设计院有限公司尹文超参与了本书的编写工作，各章节主要撰写人员如下：

第1章：刘宇、孙飞云；第2章：董紫君；第3章：董紫君、尹文超；第4章：孙飞云；第5章：刘宇；第6章：尹文超、董紫君；第7章：孙飞云、刘宇；第8章：尹文超；附录：董紫君、尹文超。

限于作者水平，书中难免有不妥之处，恳请各位读者批评指正。

作　者

2016年9月

目　　录

第 1 章　再生水利用的发展历程和现状

1.1　概　　述

随着人口的增长与社会经济的发展，用水量和污水排放量日益增加，水资源短缺和环境污染形势日趋严重，已成为制约我国社会经济发展的“瓶颈”，是我国当前急需解决的重大问题之一。开发非常规水资源是解决以上问题的重要途径。2011 年，中央一号文件提出要把城市污水作为重要的非常规水资源之一。城市再生水利用已经成为缓解水资源紧缺和生态环境恶化的一个重要且行之有效的手段。

再生水是指对生活污水、工业废水进行适当处理并达到一定的水质标准后，在限定的范围内再次利用的水资源。和海水淡化、跨流域调水相比，再生水具有明显的优势。从经济的角度看，再生水的成本最低；从环保的角度看，污水再生利用有助于改善生态环境，实现水生态的良性循环。

许多发达国家很早就开展了再生水利用的研究和应用工作，并有效缓解了水资源的短缺问题。在一些严重缺水的国家，如以色列、新加坡等，再生水利用已经被人们普遍接受，成为水资源利用的常规途径，支撑着国家经济社会的发展。

我国水资源并不丰富，加上水资源的季节性分布不均和严重的区域分布不均，缺水在我国已成为普遍现象。为此，我国于 20 世纪 80 年代开始再生水技术研究，首先在北方缺水城市（如北京、天津）开始应用，建设了一批规模和用途不同的再生水设施，大大推进了我国再生水技术的发展。

在我国，水资源严重短缺的事实致使城市地表水与地下水的可开采空间越来越小，甚至造成生态环境的严重破坏，然而水资源的供求矛盾依然没有得到缓解，并且有愈演愈烈的趋势。与此同时，污水的排放量还在急剧增加，未经处理或处理未达标的污水直接排放至水体仍然比较常见，不断地污染着水环境。为此，专家建议：解决城市缺水，要节流先行，治污为本，多渠道开源。

1.2　再生水利用的必要性与可行性

1.2.1　再生水利用的必要性

鉴于再生水具有诸多优点，再生水的合理利用变得尤为迫切和必要。按照可持续发展战略的要求，一个城市的发展必须立足于当地的自然资源，对自然资源的开发利用既满足当代人的需求，又不危及后人的需求。污水再生利用既可有效节约清洁水资源，又可减轻水污染，是实施可持续发展的重要措施。此外，再生水合理利用也同时满足城市绿化和河湖景观用水的需要。伴随着人们生活水平的提高，城市外部环境质量也将越来越受到重视，城市绿化和河湖景观用水呈 T 级剧增。由于城市绿化和河湖景观对水质要求并不很高，可以用再生水替代。再生水利用的必要性具体表现在以下几个方面：

(1)缓解水环境污染危机的需要。

我国很多城市经济发达，但周边河流、湖泊水环境污染问题突出。城市污水资源再生及综合利用可以减少向河流湖泊等水域的排污量，缓解水环境污染危机，是水质型缺水地区减少水体污染物排放、缓解水环境污染的有效途径。

(2)解决水资源短缺问题的需要。

污水经深度处理后再利用，使得从河湖直接取用的新鲜水大量减少，可大大缓解区域水资源短缺。在供水量不变的情况下充分利用再生水，供水量理论上可增加 50% 以上，可有效提高当地的水资源承载能力，是解决地区季节性缺水的有效措施。

(3)降低供水成本的需要。

本地水资源的过度利用及部分水体的严重污染，导致城市可供水量减少，必然依赖远距离调水，单位水量投资的边际成本增加，再生水利用在非饮用水用途的经济优势将逐步得到体现。

(4)提高区域供水安全的需要。

充分利用本地水资源，尽可能降低对外区域远距离调水的依赖程度，对于提高本地供水安全，特别是应对水源地水体污染、原水管道破裂等突发事件的能力有重要的战略意义。

1.2.2 再生水利用的可行性

再生水合理利用系统是一个比较复杂的系统，涉及社会、经济、环境、资源等诸多子系统，每个子系统又由诸多要素构成，其中主要因素有政策法规、再生水水质、水价、公众的接受程度等，这些因素之间相互制约、相互影响。

1. 工艺保障

水质指标的实现是污水作为水资源利用的前提。随着水处理技术的发展，能满足水质标准的处理技术已经较为成熟。传统的深度处理工艺譬如混凝沉淀 + 过滤消毒、臭氧 + 活性炭、膜处理以及各种组合工艺与强化二级处理技术等，根据回用水质的要求及现有的经济条件，只要合理选择，都会达到回用水质标准。

通常，目前所用到的污水深度处理技术有砂滤、微滤、超滤、反渗透等。采用滤料或者滤布等过滤工艺可实现对污水的初步处理，去除部分悬浮物、氨氮和磷等物质，其所处理的污水可用于水质要求不高的生活和生产杂用水，如绿地洒水、房屋冲厕、冲洗道路以及要求较低的一般工业用水等。微滤和超滤技术是目前再生水处理流程的核心工艺，有压力式和浸没式两种安装和处理工艺，其过滤孔径有 0.01 ~0.2 μm，可去除几乎所有的悬浮物，大部分细菌和病毒，出水浊度低于 2 NTU。反渗透处理工艺主要用于污水中溶解性总固体的去除，经过反渗透系统，出水水质几乎为纯水，含盐量的去除率可达 97% 以上，出水可满足各种工业用水的水质需求。

2. 政策保障

关于城市再生水回用问题，国家和各省市节水部门均出台了一系列的政策和相关的规范,保证了城市再生水回用工程技术的先进性和安全性,为城市再生水回用的可行性提供了重要的政策保证,如《城市污水再生利用城市杂用水水质》《污水再生利用工程设计规范》《城市污水再生利用分类》等。

3. 经济优势

城市再生水回用的经济可行性主要可通过以下几点进行分析:首先,城市再生水回用大大降低了污水排放的费用,为我国淡水资源储存量提供了重要的保证。其次,与远距离的调水工程相比,其所需的费用较低,且能减少对生态系统的破坏。比如:我国的南水北调工程,其不仅工程量大、投资高,而且涉及问题较多。第三,城市再生水具有广阔的应用前景,尤其是在当前科学技术不断进步的条件下,新技术、新材料不断产生,且成本相对较低,为我国再生水供水提供了重要的安全保证。

方面,从价格因素考虑,长期以来我国自来水价格一直偏低。随着水资源形势日趋严峻,自来水价格将会逐步提高。据初步测算,再生水的处理和输送成本为 1.50 元/m^3 左右,略低于自来水价格。待南水北调中线引水进京后,其源水的价格为 2.18 ~ 3.9 元/m^3,若城市自来水以此为水源,自来水价格定会大幅度上涨。另一方面,随着处理技术的提高,再生水的处理费用将会进一步降低。所以越来越大的价格差距将会促进再生水的利用,考虑到经济效益,一些企业是愿意接受再生水的。

4. 公众认可度不断提高

公众心理上对污水回用的接受程度也是污水回用项目能否得到推广的一个重要因素。北京市的民意测验表明,将污水回用于浇灌绿地、浇洒道路、冲厕、洗车等方面时,有 85% 的人是可以接受的。随着政府宣传力度的加大,公众环保意识的增强,民众会逐渐接受再生水的回用。

1.3　再生水的利用途径

再生水利用的主要目的之一是通过再生水替代现有的使用水来补充水资源。为了贯彻我国水污染防治和水资源开发利用的方针,提高城市污水利用效率,做好城市节约用水工作,合理利用水资源,实现城市污水资源化,减轻污水对环境的污染,促进城中建设和经济建设可持续发展,我国制定了《城市污水再生利用》系列标准。

《城市污水再生利用分类》(GB/T 18919—2002)是其他系列标准的基础,在该标准中对于再生水利用途径给出了明确的分类,主要分为 5 大类、20 个具体的再生水利用范围,见表 1.1。

表 1.1　再生水利用范围

序号	分类	范围	备注说明
1	农林牧渔用水	农田灌溉	种子与育种、粮食与饲料作物、经济作物
		造林育苗	种子、苗木、苗圃、观赏植物
		畜牧养殖	畜牧、家畜、家禽
		水产养殖	淡水养殖

续表 1.1

序号	分类	范围	备注说明
2	城市杂用水	城市绿化	公共绿地、住宅小区绿化
		冲厕	厕所便器冲洗
		道路清扫	城市道路的冲洗及喷洒
		车辆冲洗	各种车辆冲洗
		建筑施工	施工场地清扫、浇洒、灰尘抑制、混凝土制备与标准中内容同步
		消防	消火栓、消防水炮
3	工业用水	冷却用水	直流式、循环式
		洗涤用水	冲渣、冲灰、消烟除液压泵、清洗
		锅炉用水	中压、低压锅炉
		工艺用水	溶料、水浴、蒸煮、漂洗、水力开采、水力输送、增湿、稀释、搅拌、选矿、油田回注
		产品用水	浆料、化工制剂、涂料
4	景观环境用水	娱乐性景观环境用水	娱乐性景观河道、景观湖泊及水景
		观赏性景观环境用水	观赏性景观河道、景观湖泊及水景
		湿地环境用水	恢复自然湿地、营造人工湿地
5	补充水源水	补充地表水	河流、湖泊
		补充地下水	水源补给、防止海水入侵、防止地面沉降

1. 农业用水

污水回用往往将农业灌溉作为首选对象，其原因有两个：①农业需水量最大，具有很好的应用前景；②对水质要求不高，污水中的 N、P 等营养物质有助于农作物的生长，因此对 N、P 的去除不需要太高的工艺要求。利用经过二级处理的再生水灌溉农田，不仅可以减少处理成本、节约大量的水资源，还能提高灌溉效果，一举两得。再生水用于农业灌溉如图 1.1所示。但农田与城市污水处理厂相距太远，尚未得到较好的利用。

国家规定再生水用于农田灌溉时，其水质应符合国家现行的《农田灌溉水质标准》(GB 5084—1992)。

2. 城市杂用水

城市生活用水量比工业用水量小，但是对水质要求比较高。污水处理后回用于城市用水，主要体现在对中水(水质指标介于上水和下水之间)的回用。处理达标后的中水可用于冲洗厕所、喷洒(喷洒道路、花草、树木)、洗车、消防(属单独消防系统)、空调冷却(补给水)和娱乐(水池、喷泉等)之用。根据我国在再生水利用技术应用上时间尚短的具体情况，必须逐步克服人们使用上的心理障碍。因此，先将再生水应用于冲洗厕所、绿化、喷洒、洗车是最安全、最可靠的，也是当前应首先推广的节水措施(图 1.2 ~ 1.4)。由于再生水与人体接触的可能性比较大，因此需要进行严格的消毒。

图 1.1　再生水用于农业灌溉

针对城市污水再生用于城市杂用，国家颁布了《城市污水再生利用　城市杂用水水质》(GB/T 18920—2002)；针对城市绿地灌溉，特别颁布了《城市污水再生利用　绿地灌溉水质》(GB/T 25499—2010)。

图 1.2　再生水用于城市绿化

图 1.3　再生水用于道路喷洒

图 1.4　再生水用于洗车

3. 工业用水

每个城市，从用水量和排水量看，工业都是大户。工业用水根据用途的不同，对水质的要求差异很大，理想的回用对象应该是回用量较大且对水质要求不高的，如冶金、电力、石油化工、煤化工等工业部门的简洁冷却用水和部分工业用水。一般污水处理厂旁边都有较大的工业用户，尤其是对冷却水需求量很大的热电厂。

结合目前污水处理厂二级出水的一般水质和再生水的处理工艺，同地表水体相比，再生水具有 BOD_5、NH_4^+、Cl^- 含量高，结垢倾向大等特点。而热电厂机组安全运行的重要环节之一是循环水系统防腐防垢。再生水对循环系统可能造成的危害主要是结垢、腐蚀和微生物滋生。再生水回用作循环冷却水的关键指标是氨氮、Cl^-、溶解性总固体等指标。再生水用于工业冷却如图 1.5 所示。

针对城市污水再生用于工业，国家颁布了《城市污水再生利用　工业用水水质》（GB/T 19923—2005）。

图 1.5　再生水用于工业冷却

4. 景观环境用水

再生水回用于景观水体是污水再生利用的主要方式之一，既可解决缺水城市对娱乐性水环境的需要，也是完成水生态循环自然修复的最佳途径。

再生水用于景观环境主要分为娱乐性景观环境用水和观赏性景观环境用水两类。而娱乐性用水又可分为主要接触和次要接触两大类。主要接触是指人体用水的接触是长时间和直接的，并有吸入的可能，如游泳；次要接触是指划船、钓鱼和观赏等活动，一般情况无浸水的可能。

城市环境与景观水体实质上属于人工生态系统。再生水作为人工水体存在的主要问题是有机污染、富营养化和卫生问题。另外，由于城市污水中环境激素性质的持久性污染物和混入工业污水中的重金属经过长期生物富集积累，有可能对环境生态产生危害。因此，对采用再生水作为补充水源的景观水体而言，最重要的是根据污水处理厂出水的水质，选择再生处理工艺，以消除污水中的 N、TP、高浓度的盐分、重金属、环境激素类物质等。再生水用于景观环境如图 1.6 所示。

图 1.6　再生水用于景观环境

针对城市污水再生用于景观环境，国家颁布了《城市污水再生利用　景观环境用水水质》(GB/T 18921—2002)。

5. 补充水源水

我国北方许多城市存在水资源短缺、地下水过度开采、地下水水位下降等问题。由于地下水的天然补给非常缓慢，因此可利用城市再生水补给地下水。利用土壤层作为天然的水处理单元，可以深度净化再生水；利用土壤含水层作为天然储水单元，还可以为解决城市用水高峰期的供需矛盾提供支持。

针对城市污水再生用于补充水源，国家颁布了《城市污水再生利用　补充水源水质》(GB/T 18923—2002)和《城市污水再生利用　地下水回灌水质》(GB/T 19772—2005)。

1.4　国外再生水利用历程及现状

20 世纪上半叶，在水和废水处理的物理、化学和生物方面的技术进步，促进了“污水再生利用时代”的到来。新加坡、美国、日本、澳大利亚、以色列等国早已开展污水经处理后再生利用的工作。

1.4.1　新加坡再生水资源利用历程及现状

早在 20 世纪 60 年代，由于没有天然的蓄水层和丰富的土地资源，新加坡政府就已经意识到为自己的人民提供可持续的供水是一个至关重要的问题。早些年，伴随着城市的发展，新加坡面临干旱、城市内涝和水污染问题。以上问题和挑战激发了新加坡在这些领域开展创新建设，使自身的缺陷或弱点变成了现在的优势和强项。

在过去的几十年里，通过战略规划和在研究、技术上的投资，新加坡国家水务机构公用事业局(Public Utilities Board)建立了一个被大家熟知的强大、多元化的供水系统——国家四大“水龙头”，包括大量修建的集水区、从国外进口的水、被称为 NEWater 的新生水以及海水淡化水。

NEWater 新生水是新加坡水资源可持续保障的重要支柱。NEWater 是一种高级别的再生水，它是以处理后的废水为水源，采用高级的膜技术使水进一步纯化，并通过紫外线消毒处理，最终使水纯净和安全，适于饮用。

新加坡对于工业和商业服务业再生水的使用并没有强制性规定，但用户对再生水的使用热情却很高，这主要归于大力宣传、合理的水价、先进的工艺、完善的管网布局等方面的原因。

新加坡大力宣传新加坡再生水水质好，远远超过国际饮用水标准，以消除人们的心理障碍。为此，位于新加坡东部的勿洛再生水厂设立了再生水展览馆。在展览馆里，参观人员可观赏到有关再生水的多媒体介绍和电脑互动片，能非常形象生动地了解到再生水的生产过程，并可观看水厂的实际运作情况，增强人们对再生水的使用信心。

新加坡政府鼓励用户使用再生水，在再生水价格上经多次价格调整。2005 年初把再生水售价从每立方米 1.30 新元调低到 1.15 新元，2014 年新加坡再生水售价再次下调为每立方米 1.0 新元。

新加坡水费的制订既要考虑到生产和供应用水的全部成本(见表1.2),还要反映出水源的紧缺状况和超额供水的高成本,最高的水费还要加收节水税来传递这种信息。

表1.2 新加坡自来水价格

水费分类	费用(每立方米)	节水税(占水费比例)	排污费(每立方米)	公卫用品费用(每月每设施)
家庭用水	每月用量 40 m^3 以下:1.17 新元	30%	0.30 新元	3 新元
	每月用量 40 m^3 以上:1.40 新元	45%		
非家庭用水	1.17 新元	30%	0.60 新元	3 新元

从家庭用水来看,每月用水量在 40 m^3 以下,除去公卫用品费用,加上节水税和排污费,每立方米水费为 1.82 新元;每月用量一旦超过 40 m^3,相应的费用则上升到 2.33 新元/m^3,涨幅高达 28%。由此可以看出,再生水售价远远比自来水便宜,因此用再生水取代自来水的用户,能确实享受到实实在在的经济效益。

新加坡再生水均采用膜技术,膜技术的成功、应用规模的扩大,使得再生水成本不断降低,并且再生水的水质优良和稳定,从而促进再生水的大量应用。其再生水的生产工艺流程如下:经过处理的废水—微过滤—反渗透过滤—紫外消毒—再生水。微过滤把污水中的粒状物和细菌等体积较大的杂质过滤出来,然后用高压将污水挤压透过反向渗透隔膜,将已溶解的盐分、药物、化学物质和病毒等较小杂质过滤出来,最后再经过紫外线消毒,就得到了可循环利用的再生水,其水质几乎接近纯水。由于再生水水质好,一些工业用户,如芯片制造厂商非常青睐于使用较纯净的再生水清洗芯片。相比较而言,自来水的纯净度没有那么高,必须经过过滤才能用于清洗芯片,比再生水的操作步骤和成本都要高出许多。

目前新加坡有五座再生水厂:2003 年 1 月建成的克兰芝再生水厂,其设计能力为 4.1 万 m^3/d;2003 年 1 月建成的勿洛再生水厂,其设计能力为 2.7 万 m^3/d;2004 年 1 月建成的实里达再生水厂,其设计能力为 2.27 万 m^3/d;2007 年 3 月建成的乌鲁班丹再生水厂,其设计能力为 14.55 万 m^3/d。2011 年,新加坡最新最大的 NEWater 水厂建成,这个水厂与已有投入使用的四个 NEWater 水厂一起可以满足国民用水需求的 30%。

五座再生水厂供给再生水用户具有专用管网,其管网的建造者主要为新加坡公共事业局(PUB),用户只需负责厂区内部的管网。PUB 已计划将再生水管网连接,以实现再生水的调度供应。在新加坡,完善的阴沟和排水处理系统使得再生水的来源比较干净,因而再生水处理的成本和技术要求较低,这也是新加坡的再生水价可以降到大众可承受价格水平的原因。

当前,新加坡的用水需求约为 3.80 亿加仑/d(172.27 万 m^3/d)。预计在未来的 50 年中,需水量会翻番,其中 70% 为非居民生活用水,剩余的 30% 为居民生活用水。到 2060 年,PUB 计划使 NEWater 的生产能力达到现在的 3 倍,满足新加坡 50% 的用水需求。

1.4.2 美国再生水资源利用历程及现状

美国的城市污水处理等级基本上都在二级以上,处理率达到 100%。自 1920 年在亚利桑那州修建第一个分质供水系统用于浇灌绿地、冲厕、洗车、冷却水以来,美国的城市污水再生利用已经从试验研究阶段进入生产应用阶段,再生水作为一种合法的替代水源正在得到越来越广泛的利用,成为城市水资源的重要组成部分,城市再生水利用设施的数量和规模也随之迅速增长。美国再生水利用的范围涉及以下方面:62% 用于各种灌溉和景观,31.5% 用于工业,5% 用于地下回灌,1.5% 用于娱乐、渔业等。

美国再生水利用模式的突出特点是集中处理回用,很少直接用于城市生活杂用。这与美国市政管网和污水处理厂普及、生活用水水质标准严格有关。再生水利用工程主要分布于水资源短缺、地下水严重超采的西南部和中南部的加利福尼亚、亚利桑那、德克萨斯及佛罗里达等州。目前,美国至少有 27 个州拥有污水处理回用设施,大部分州都制定了关于污水再生利用的规章。虽然回用水标准各州不一,并且针对不同的回用对象所制定的标准也不一样,但标准都很严格。加州执行的是 22 号条例(Title 22),科罗拉多州执行的是 84 号规范(Regulation # 84),这些文件都详细地规定了不同回用对象的水质标准,如用于农业灌溉、工业冷却、市政景观等。而且,美国环保局会同有关方面于 1992 年提出了水回用建议指导书,包括废水回用各个方面,回用处理工艺、水质要求、监测项目与频率、安全距离和条文说明,它对那些尚无法则可遵循的地方提供了重要的指导信息。

美国在再生水利用的科学研究、相关法规及指南的制定方面都走在了世界前列,其中加州由于其对再生水利用规划的前瞻性和系统性、实践的科学性、法律法规的完备性,而成为美国各州再生水利用的佼佼者,加州很多有关再生水利用的法规和指南被美国环保局采用,也被世界其他国家所借鉴。

加州再生水利用可以追溯到 19 世纪初期,但真正大量使用是在 20 世纪后期,到 2003 年再生水年使用量已经是 1970 年的 3 倍,达 6 亿 m^3。目前,再生水利用已经成为加州水资源的有机组成部分。在最新的用水规划中,加州再生水利用目标为 2020 年达到年利用 25 亿 m^3,占规划新增水源的 40% 左右。

在加州,再生水被应用于城市绿化杂用(如高尔夫球场、墓地、高速路中间绿地带、公园、校园、居民区等灌溉、城市灭火、融雪、冲厕等)、农业灌溉、景观用水(如湖泊河流补给水、湿地恢复等)、工业回用(如工业冷却水、锅炉用水等)以及地下水回灌等多个方面。农业和城市绿地灌溉是其主要用途,约占再生水利用总量的 70% 。

在加州水法中明确指出,再生水利用是加州水源的重要组成部分,加州各立法机构应尽可能采取各种措施鼓励再生水利用,以满足其日益增长的用水需求。同时也指出在可以利用再生水的情况下,将饮用水用于非饮用目的是不合理的,是一种浪费。为促进再生水的利用,加州从再生水源水水质控制、再生水生产与输送以及再生水利用风险控制等多个层面进行了详细立法和管理。

为提高再生水源水水质,加州政府要求各区域水质管制局必须对工业排放充分监测并严格执行工业废水预处理法案,确保工业污水在排入市政污水管道之前能充分去除有害物质,并尽可能将工业污水分开处理。为减少再生水中的盐分,加州通过了水软化与预处理装置方案,要求授权的当地机构限制或禁止硬水软化设施的使用,以减少公共污水处理系统中盐分的输入。为了控制非点源污染,在加州水资源管理局 2004 年颁发的备忘录中明确了各相关机构的责任,并列出了地表径流的管理方案,以实现地表径流的有效管理,提高再生水源的水质。

在加州再生水水质管理标准体系中,对于污水处理水平及消毒效果(总大肠菌群的数量)进行了严格限定,但对一些具体水质指标没有限值规定(其水质指标必须符合加州公共卫生署规定的排放标准)。在利用过程中,可能会发生再生水与人体接触,此时要求再生水水质必须达到严格的处理水平;在无人体接触的情况下,再生水处理水平可相对宽松。

加州政府颁布了系列规定以保障再生水厂设施的可靠性,包括设计与运行各个方面,如故障预警系统、电力供应系统、应急储备与处置系统、处理工艺以及化学品供应、储存与流入设施等。对于处理工艺,加州有多种可靠性功能可供选择。同时,规定必须采取措施尽可能避免再生水管网与饮用水管网的交叉连接。安装防倒流装置和气隙分离装置是两种较常使用的避免交叉连接的措施。防交叉连接设施必须得到再生水管理机构的批准方可安装,且安装后每年都必须进行测试和检查。为了有效区分各类管网,加州饮用水管网通常为蓝色,污水管网通常为红色,而再生水管网通常为紫色。在再生水灌溉区与饮用水供应水井、临界区、居民区及道路等设施之间设立回流距离,是有效降低其环境风险的常用措施,但回流距离因再生水水质和利用方法而异,在此方面加州也有相关的规定。例如,在城市回用和农业回用(粮食作物但非商业处理),要距饮用水源井 15 m;作为景观用水时,如果底部不密封,距饮用水源井至少 150 m。

1.4.3　日本再生水资源利用历程及现状

日本是一个面积窄小的岛国,河流湍急入海,没有大江大湖可作跨流域调水之用;同时由于国土面积狭窄,水资源有效利用率较低。自 20 世纪 70 年代起,随着日本经济的高速发展和工业化,生活用水和工业用水量日益增加,造成了日本部分地区,特别是一些大中城市频发严重的缺水、断水现象,迫使日本不得不大力修建水库和人工引水渠,进行大规模的水资源开发,但由此也引起了公众对生态破坏的担忧,新建水库的选址由此变得越来越难。在此背景下,日本政府大力加强了节水和水循环利用措施,污水再生利用也从 20 世纪 80 年代开始进入高速发展阶段,并在当时的日本通产省成立了一个专门从事污水再生利用技术开发和推广的机构——人造水促进中心。

1955 年日本开始再生水利用,1978 年左右受节能政策调整和城市水荒的影响,从中央到地方制订了中水利用指导计划,从 1980 年开始以东京为首的中水利用设施建设迅速发展。到 1983 年 3 月底,全国有中水项目 473 个,总回用水量约 6.6 万 m^3/d。近年来,平均每年建设中水利用设施 130 处。到 1993 年全国有 1 963 套中水利用设施投入使用,其中东京建设的中水利用设施数量约占全国的 44%,福冈地区占 19%。中水使用量为 27.7 万 m^3/d,占全国生活用水量的 0.7%。截至 1993 年,使用雨水作中水的设施全日本共有 528 处,水量为500 万 m^3/d。其中东京的雨水利用设施占全国的 65%,福冈占 7%。至 1996 年,全国有2 100套中水设施投入使用,用水量达 32.4 万 m^3/d,占全国生活用水量的 0.8%。再生水中 41% 被用于工业用水,32% 被用于环境用水,8% 被用于农业灌溉。目前,日本年生活用水量达 157 亿 t,年污水处理量达到 143 亿 t,处理率在 90% 以上,其中污水再生利用占 1.4%。每年再生水回用约 2.0 亿 t。

日本再生水的用途主要包括缺水城市中的河流补水、喷泉等景观用水,寒冷地区的融雪用水,写字楼或酒店等的冲厕用水,道路或公园绿地等的洒水用水,工业用水和农业灌溉用水等。2007 年日本再生水分类回用明细表见表 1.3。

表1.3　2007年日本再生水分类回用明细表

再生水用途		处理厂数量/座	再生利用量/($\times10^4\ m^3\cdot a^{-1}$)	比例/%
环境用水	景观用水	105	5 896	29.1
	生态用水	9	5 827	28.7
亲水用水		20	603	3.0
融雪用水		33	3 863	19.0
工业用水		55	1 914	9.4
农业用水		29	1 398	6.9
冲厕用水		52	704	3.5
其他		161	79	0.4
合计		464	20 284	100.0

再生水利用主要分为以下4个类型：

(1)单栋大楼的水回收系统。东京、福冈等地要求大于一定面积(一般为3 000～5 000 m^2)或者供水管道的直径大于50 mm的新建大楼必须配置双管供水系统，再生水主要用于冲厕。

(2)街区范围水回收系统。多栋大楼连接在一起共享废水处理设施而不是单独建立水回收系统，回收的水被输送回大楼供冲厕使用。在单栋大楼和街区范围水回收系统中，废水处理一般由膜分离活性污泥单元和消毒单元组成，该工艺的特点是占地面积较小。

(3)大面积水回收系统。在再生水使用之前对其进行三级或者深度处理，回收的水通过管网输送，主要供冲厕或者景观用水使用。

(4)再生水用于补充河道。污水处理厂的再生水通过水泵输送到河道的注入点来增大河道流量，例如福冈的那珂珂河、三笠河，大阪和兵库的伊那河，札幌的定山溪等。

在再生水水质方面，日本虽没有全国统一的强制性污水再生利用水质标准，但相关省、机构制定了适用的水质标准。日本下水道协会于1981年9月制定了针对冲厕用水、绿化用水的《污水处理水循环利用技术指南》。1991年3月，日本建设省在“深度处理会议”中制定了《污水处理水中景观、亲水用水水质指南》，其中日本再生水水质标准见表1.4。1995年东京都制定的《再生水利用事业实施纲要》中，将大肠杆菌指标规定为“不得检出”。另外，2005年4月，日本国土交通省颁布了《污水处理水的再利用水质标准等相关指南》，对采用深度处理工艺进行再生水生产时不同工艺应达到的水质标准进行了规定。

地方政府均对处理设施出口和供水口的再生水水质进行日常检查，但检查的频度根据各地的再生水用途和使用量各有不同，有的地方还设有自动监测设备进行连续监测，监测指标除了包括国土交通省指南中规定的项目之外，通常还加上COD、BOD、氮、磷、透明度等指标。

在再生水水费的设定和征收方面，需要综合考虑再生水生产、输配设施的建设及维护管理费用。从日本各自治体再生水利用的费用负担来看，当用户为特定对象，且再生水利用的公共性和公益性较低时，例如将再生水用作工业用水，通常利用再生水的企业付费。相反，当用户为非特定的对象，再生水利用的公共性、公益性高时，例如将再生水用作景观用水和冲厕用水，规定由利用方、下水道管理机构以及相关公共部门协商决定，通常再生水的生产、输配费用由下水道管理部门负担，而再生水利用设施内管道等费用则由用户负担，连接双方的配水管等费用由双方协商决定。

表 1.4 日本再生水水质标准

指标	用途			
	冲厕用水	绿化用水	景观用水	戏水用水
大肠杆菌数/[个·(100 mL^{-1})]	≤1 000	≤50	≤1 000	≤50
余氯(结合态)/(mg·L^{-1})	无	≤0.4	—	—
色度/度	外观无不快感	外观无不快感	≤40	≤10
浊度/NTU	外观无不快感	外观无不快感	≤10	≤5
BOD/(mg·L^{-1})	≤20	≤20	≤10	≤3
嗅味	无不快感	无不快感	无不快感	无不快感
pH	5.8~8.6	5.8~8.6	5.8~8.6	5.8~8.6

在日本，再生水对国家总体上节水的贡献并不大，不超过全国生活用水量的1%，微观经济效益也并不明显。尽管如此，每年仍有上百套的再生水设施建成。这是因为水荒给社会留下了深刻的影响，从局部地区来讲，人们希望提高供水的保障程度，摆脱水荒的影响。

1.4.4 澳大利亚再生水资源利用历程及现状

澳大利亚于20世纪90年代早期开始对再生水进行利用，再生水在2001~2003年全国干旱时期发挥了重大的作用，500多座城市污水处理厂生产的再生水有效地缓解了干旱缺水和国家限水政策给城市发展和居民生活带来的压力，甚至在缺水地区一度成为不可替代的饮用水源。

澳大利亚农村的再生水利用要多于城市，内陆城市要多于沿海城市，未来计划主要向悉尼、堪培拉、昆士兰、墨尔本以及南澳大利亚发展。2004年颁布的《墨尔本都市水计划》中指出，再生水将更多地用于钢铁厂、高尔夫球场、牧场、公园景观用水及住宅用水等方面。2004年，昆士兰颁布《再生水安全利用指南》草案，旨在鼓励对再生水的利用与发展。与此同时，布里斯班也积极开展综合区域内的再生水利用，建立再生水开发与监管部门，确保所有区域绿地的发展要有再生水利用的规划与设计，将20%的再生水替代城市饮用水源，实现零污水排入莫顿湾，保持对再生水的可持续使用。

再生水在澳大利亚悉尼奥运村被广泛利用，其中包括大面积的草坪灌溉、冲厕、消防、洗衣、装饰以及喷泉娱乐场所和新商业区用水。悉尼奥运村再生水利用项目的关键和核心是再生水的质量，采用两条供水管网分别输送再生水和饮用水，这与日本的双管供水系统相似；为了保障公共健康和饮水安全，对再生水水质进行连续监测，并且在所有使用再生水的地区采取有效措施，以减少再生水与饮用水接触的风险，尤其是再生水和饮用水共同使用的地方，采用了明显的标志和公共警示信息。悉尼的再生水循环过程包含一系列新兴、有效的技术，这些技术应用于生物处理过程、微过滤和反过滤过程；使用高科技的远程控制系统对循环再生水的操作和监控进行自动和连续的监测，以确保再生水的水质安全。

1.4.5　欧洲地区再生水资源利用历程及现状

1. 德国

德国是欧洲开展再生水回灌较早的国家。德国回灌地下水主要有两种方法：一种是采用天然河滩渗漏；一种是修建渗水池、渗渠、渗水井等工程措施实施回灌。早在 20 世纪 60 年代，西德就利用被污染的河水通过由砂、砾石构成的河床实施地下水补给，通过与河道相隔一定距离的井取用循环后的地下水，取水量占总供水量的 14%。

德国许多水厂使用渗漏工程产生人工地下水，在整个国家使用这种方法生产的水占城市水厂总供水量的 12%。其主要方法是修建渗水池（如北鲁尔－维斯特伐利亚工业区）、渗渠（如汉堡－柯尔斯拉克厂）和渗水井（如威斯巴登－尔斯坦水厂），将河水（受到轻度污染）通过渗漏工程回灌地下产生人工地下水。德国柏林将经过生物净化的污水投加氯化铁与助凝剂絮凝沉淀后，投加臭氧将有机物氧化，降解有机分子，同时杀灭细菌，再经无烟煤过滤，最后进行地下水回灌，经地质净化后作为饮用水重新抽取出来，该示范工程早在 20 世纪 70 年代已建成并投入使用。

埃尔朗根市为解决地下水位下降问题，将污水处理厂的二级出水通过曝气、沉淀、砂滤池过滤、臭氧氧化、活性炭吸附等措施进行深度处理后，利用土壤渗滤回灌补充地下水。该设施于 1979 年投入运行。

2. 荷兰

荷兰是一个地势低洼的国家，历史上以筑堤、排水、围海造田而著称。该国约有 1/4 的国土面积低于海平面，再加上部分地区开垦沼泽地等，海水入侵问题十分突出。为了解决这个问题，自 20 世纪 50 年代起，荷兰就开始在沿海人口稠密的城市开展了大规模的地下水补给工程。

荷兰进行地下水人工补给的主要目的是增大供水能力，减少地下水位的持续下降，防止海水入侵；其次是利用廉价的、天然过滤消毒入渗系统提供卫生可靠的水资源。阿姆斯特丹的滨海砂丘人工补给设施将洪水季节淡化的莱茵河河水注进天然入渗井灌回地下，形成地下水库，调节年际间水资源平衡，年回灌量可达 4 000 m^3。1990 年，地下水人工年补给量达到了 1.8 亿 m^3，其中 96% 的水是通过砂丘地区的入渗系统进行补给的。其运行模式为：引莱茵河水—净化回灌地下水库—抽出水。

近年来，荷兰政府根据保护生态环境的总方针，增大再生水回灌补给，减少地表入渗补给，重新设计一些地表入渗系统，以减少地表补给工程对生态环境的影响。

3. 法国

法国参议院就再生水的利用做出了相关法律规定，于 2003 年 5 月起开始执行，并对再生水的利用做出了详细规定。

法国公共卫生高级理事会（CSHPF）、卫生部、环境部、农业部的职责在于制定相关法律规章制度，其各个地方机构也有相应的水资源管理机构。

在法国，有 30～50 个污水处理厂将处理出水回灌地下，采用土壤渗滤技术进行污水处理，出水或储存于含水层或抽走回用。法国地中海沿岸的格劳杜罗伊市为减少或避免二级处理出水对附近旅游点海水的污染，出水经过几米深的自然土壤层的渗滤后回灌于地下的含水层中。

法国对于再生水的管理分为两种形式:一是直接雇佣劳工;二是委托公司经营。无论是直接雇佣还是委托经营,其水资源和卫生服务都受到技术和财政的双重监控,饮用水要经过地方社会和卫生事务局的质量认证,财务上要经过地区工商会的审计,法律上要依据区县的规章制度。另外,各地水资源管理机构是主要的财政机构,会对收入进行重新分配,以捐赠的方式帮助社区和企业进行水资源管理和污水处理活动。

4. 奥地利

奥地利回灌再生水的水质好,自动化程度较高。维也纳市郊的平原上的 Marchfeld 是奥地利实施再生水回灌的典型区域。该地位于奥地利东部,面积约为 1 000 km^2,是重要的农产区,但年平均雨量只有 520 mm。为了灌溉、工业、生活等用水,人们大量开采地下水,致使地下水位下降,地下水每年亏损 500 万 ~ 1 000 万 m^3。为恢复地下水,1995 年修建了 Marchfeld 渗渠,通过该渠道实施人工回灌地下水,每年回灌 500 万 ~ 1 000 万 m^3。

5. 希腊

尽管希腊拥有足够的大气降水,但时空分布不均,降雨主要集中于夏季,水资源分布不平衡,尤其是山区地带水资源稀少,同时不同季节对灌溉用水的需求也限制了当地农业的发展。为此,希腊加强了对再生水利用的探索与发展,尤其是在东南部地区,再生水得到了广泛应用。目前,希腊有 300 多个污水处理厂,可以满足全国 65% 的人口对于再生水使用的需求。

希腊的克里特岛在过去 20 年中,由于城市发展和旅游活动的增加,再生水的利用得到普及,不但有效地用于农业灌溉,而且减少了对海洋的污染。克里特岛 Palekastro 再生水厂每天通过过滤和紫外线消毒的三级处理方式可处理 280 m^3 的污水,用于对橄榄树的灌溉,每年可以有效节约 5.1% 的淡水资源。

1.4.6 中东地区再生水资源利用历程及现状

1. 以色列

以色列再生水利用最突出的特点是它已经把再生水作为国家水量平衡的重要组成部分。以色列长期缺水,认为把城市污水作为非传统的水资源加以开发利用是唯一的出路,也是容易实现的,早在 20 世纪 60 年代,就把回用所有污水列为一项国家政策,规定:废水如果没有用尽,不可采用海水淡化;城市的每一滴水至少应回用一次。污水再生成本是海水淡化的 1/5 ~ 1/3,这种经济性使人们认识到必须优先利用污水。

以色列是全世界再生水利用程度最高的国家之一,目前全国几乎所有的家庭都实现了自来水和再生水的双管供水系统,100% 的生活污水和 72% 的市政污水得到了回用。

以色列国家税务局是政府负责水经济的机构,职责包括水经济的管理、自然水资源的保护、新水资源的开发和对水生产者、消费者的监督,以保证水质和污水处理的可靠性。以色列法律要求全国统一水价,并设有“水费调节基金”,以减少全国各地水费差异。同时,以色列将水源分为天然淡水、淡化海水、地下咸水、再生水和拦截雨水等类别,不同类别的水价格不同。此外,以色列政府还按总用水量的 1/3 收取污水处理费。政府还为污水处理后的净化水另外规定了价格,鼓励水资源的回收和再利用。为了实施“替换工程”,即鼓励农业大量使用再生水,政府给农民用水规定了用水阶梯价格:在用水额度 60% 以内水价最低,用水量超过额度 80% 以上水价最高。

以色列 1972 年就开始规模化污水再生利用，目前，再生水已成为其重要的农业水资源，全国 1/3 的农业灌溉使用城市再生水，农业灌溉用量占其污水处理总量的 46%，且这一数值还在不断增加。为便于污水的农业利用，以色列将全国按自然流域划分为 7 个大的区域，每个区域内按污水产生量都制订了利用计划，在一些地区，几乎所有的污水都得了处理和利用。针对城市污水处理后回用农业的安全性问题，以色列对城市污水处理厂的进水进行严格控制，对重污染企业的废水进行分类管理，达标后才能进入污水处理厂，同时对农作物、蔬菜、果树的灌溉水质均制定了较为严格的水质标准。

2. 约旦

约旦的常规水资源非常有限，年人均水资源为 102 m^3，是人类生存的基本水平，因此对约旦而言，开发非常规水资源是解决由于人口增长带来的水资源不足的重要途径。

20 世纪 80 年代，约旦政府的政策主要是提高污水收集、输送、处理、排放和回用系统的普及率，因此城市卫生设施包括污水管网的发展速度非常迅速。约旦 1995 年颁布了污水再生利用标准《水回用》(JS 893/1995)，标准提出了下列回用途径的水质指标：①灌溉经过烹调食用的蔬菜；②灌溉果树、森林、工业作物、谷物；③排放到河流及汇水区；④人工回灌地下水；⑤水产利用（鱼苗孵化场）；⑥灌溉公园；⑦灌溉草场等，共提出了 47 项水质指标。2003 年，约旦政府对上述标准进行了修订，成为《水回用》(JS 893/2002)，即现行标准。

2005 年，约旦 23 座污水处理厂的处理水年排放量为 7 900 万 m^3，在污水处理厂附近地区，约有 1 400 hm^2 农田进行限制性灌溉，主要灌溉饲料作物、谷物、树木等。在约旦河的中部和南部，将污水处理厂出水与地表水混合后用于 11 000 hm^2 农田灌溉。

1.5　我国再生水利用现状

1.5.1　我国再生水利用发展历程

我国的再生水利用事业大致可分为 4 个阶段：1985 前的“六五”期间是起步阶段；1986 ~ 2000 年的“七五”“八五”“九五”，这 15 年时间是技术储备、示范工程引导阶段；2001 年以“十五”纲要明确提出以污水回用为标志，我国进入全面启动再生水利用工作阶段；2005 年以后，随着相关再生水利用的标准体系逐渐健全，我国的再生水利用进入了稳步发展阶段。

1. 起步阶段

我国初步进入以经济建设为中心的新时期时，水资源紧缺，已经对国民经济发展产生了影响，因此引起了领导和专家的关注。建设部在“六五”专项科技计划中，最先列入了城市污水回用课题，分别在青岛、大连开始做试验探索。大连的小试于 1983 年 10 月 27 日通过了建设部鉴定，认为是国内首次提出有关城市污水回用的技术成果，填补了国内空白。青岛于 1984 年也顺利完成了中试。这两个结果表明，污水可以通过后续的深度处理再次回用，是很有前途的水源，我国污水回用完成了起步阶段工作。

2. 技术储备,示范引导阶段

从1986年开始,污水资源化相继列入了国家“七五”“八五”“九五”重点科技(攻关计划)。从“七五”到“九五”这15年期间,以科技为先行,以示范工程为样板,使我国的污水回用技术达到了国际水平。

“七五”期间,科技攻关项目名称是“水污染防治及城市污水资源化技术研究”,就再生水回用于不同对象的工艺技术、相关技术经济政策等进行了系统研究。北京市于1987年颁布了《北京市中水设施建设管理试行办法》,国家于1989年颁布了《生活杂用水水质标准》(CJ 25.1—89)。

“八五”期间,科技攻关项目名称为“污水净化与资源化技术研究”,提出了城市污水回用于不同途径的成套工艺技术及相关水质标准(规范),污水回用中的水质净化、深度处理、水质稳定、管道设备防腐防垢、微生物污染及卫生学等技术问题得到重视,并在大连、天津等地建设了9个实验基地、中试基地和示范工程。“八五”期间的研究成果较“七五”提高到实际应用水平,研究内容经过了生产性验证,涵盖了污水再生利用的大部分领域。建设部于1995年颁布了《城市中水设施管理暂行办法》,中国工程建设标准化协会分别于1991年、1994年颁布了推荐性规范《建筑中水设计规范》(CECS30:91)、《城市污水回用设计规范》(CECS61:94)。

“九五”期间,科技攻关所属项目为“污水处理与水工业关键技术研究”,具体对两部分内容进行研究:①回用技术集成化研究。通过将单项技术成果和示范工程经验筛选整理优化,提供系统的完整的集成化技术;②城市污水地下回灌深度处理技术研究。“九五”期间,建设部于2000年颁布了《再生水回用于景观水体的水质标准》(CJ/T 95—2000)。

但由于管理体制限制,一些城市水资源规划中没有涉及污水回用规划,回用工程资金出现缺口以及一些地方的行业主管部门没有从传统观念上解脱出来,这期间全国没有形成污水回用的大气候,回用工程还较少。

3. 全面启动污水回用阶段

2000年的大旱,给人们敲响了警钟,中国的水资源问题非常严重,寻找替代水源被提上日程。以全国城市供水、节水会议为契机,以“十五”纲要为标志,污水回用被正式写入文件,表明全国开始启动污水回用,要大力推行把污水变成城市第二水源。

“十五”期间,科技攻关所属项目为“水安全保障技术研究”,专题主要研究内容为:①城市污水再生利用发展战略及技术、经济和产业政策体系研究;②再生水分类水质指标体系及准则研究;③城市污水再生利用的关键技术研究与示范。该项目研究成果提出了城市污水再生利用的发展战略与规划分区、经济与产业发展政策建议报告、技术路线与技术政策建议报告以及再生水价格管理办法,对我国城市污水再生利用的发展产生了巨大的推动作用。

“十五”期间《国民经济和社会发展第十个五年计划纲要》提出要积极开展“污水处理回用”,标志着我国的再生水利用全面启动,各地涌现了一批大中型污水回用项目,使得我国再生水利用进入到全面实施阶段。建设部、国家环境保护总局、科技部发布了《城市污水处理及污染防治技术政策》(建城〔2000〕124号),对再生水利用的总则、用途、工艺做出了具体要求。

国务院在国发〔2000〕36号文件《国务院关于加强城市供水节水和水污染防治工作的通

知》中明确提出:“十五”期间,所有设市城市都必须建设污水处理设施。到2005年,50万以上人口的城市,污水处理率应达到60%以上;到2010年,所有设市城市的污水处理率应不低于60%,直辖市、省会城市、计划单列市以及重点风景旅游城市的污水处理率不低于70%。今后,城市在新建供水设施的同时,要规划建设相应的污水处理设施;缺水地区在规划建设城市污水处理设施时,还要同时安排污水回用设施的建设;城市大型公共建筑和公共供水管网覆盖范围外的自备水源单位,都应当建立中水系统,并在试点的基础上逐步扩大居住小区中水系统建设。要加强对城市污水处理设施和回用设施运营的监督管理。

“十五”期间,我国城市污水再生利用的系列标准得到完善,先后颁布实施了《城市污水再生利用 绿地灌溉水质》(GB/T 25499—2010)、《城市污水再生利用 分类》(GB/T 18919—2002)、《城市污水再生利用 城市杂用水水质》(GB/T 18921—2002)、《城市污水再生利用 景观环境用水水质》(GB/T 18921—2002)、《污水再生利用工程设计规范》(GB/T 50335—2002)、《城市污水再生利用 地下水回灌水质》(GB/T 19772—2005),这些标准、规范的颁布实施推动了我国的污水再生利用工作。

4.稳定发展阶段

“十一五”期间,鼓励再生水利用的系列法规、政策不断出台,“扩大再生水利用”写入2006年3月颁布的《中国国民经济和社会发展“十一五”规划纲要》,提出“加强城市供排水、中水管网改造和建设,增强安全供水能力,扩大再生水使用范围”“抓好城市节水工作,强制推广使用节水设备和器具,扩大再生水利用。加强公共建筑和住宅节水设施建设。积极开展海水淡化、海水直接利用和矿井水利用”“合理调整水利工程供水、城市供水和再生水价格”。《全国城镇污水处理及再生利用设施建设“十一五”规划》明确提出:“要大力发展再生水利用,提高水资源利用率,力争到2010年底,北方地区缺水城市再生水利用率达到污水处理量的20%以上”。建设部和科技部共同颁布的《城市污水再生利用技术政策》(建科〔2006〕100号),对再生水的设施建设、运营与监管、再生水利用安全保障、技术创新以及再生水利用的保障措施做出了要求。

“十一五”期间,我国颁布实施了《城市污水再生利用 工业用水水质》(GB/T 19923—2005)、《城市污水再生利用 农田灌溉用水水质》(GB/T 20922—2007),颁布了《城镇污水热泵热能利用水质》(CJ/T 337—2010)等标准。上述标准同“十五”期间我国已经颁布的再生水利用系列标准,共同构成了我国污水再生利用的标准体系,标志着我国的污水再生利用进入了稳定发展的新阶段。

1.5.2 北京市

北京是一个水资源十分匮乏的城市,人均水资源占有量不足300 m^3,仅为全国平均值的1/8,世界平均值的1/30,远低于国际公认的人均1 000 m^3 的水资源安全线,水资源供需矛盾十分突出。

北京作为较早展开污水资源化实践的城市,早在20世纪50年代就开始利用工业废水进行灌溉,灌溉面积主要集中在丰台区、朝阳区、大兴区和通州区。

20世纪80年代,北京陆续实施了一些小型污水再利用工程,主要为小型中水设施,即利用建筑本身产生的污水或污染较小的洗涤水,经处理后用于冲厕所和庭院绿化等市政杂用水。1987年,北京颁布实施了《北京市中水设施建设管理试行办法》,这是我国有关污水再生利用的第一个地方性规范。1991 年颁布了《北京市水资源管理条例》及《北京市城市节约用水条例》。

随着高碑店、酒仙桥污水厂相继投入运行，特别是高碑店污水处理厂再生水回用项目的建成，北京市再生水利用进入了高速发展阶段。高碑店污水再生利用工程于 1999 年开工建设，2001 年投入运行，日供水量可达 47 万 m^3，其中一部分出厂向北至高碑店湖，作为高碑店湖景观用水的同时，替代通惠河上游来水满足第一热电厂冷却循环使用；另一部分出厂向南，途中为华能热电厂供水，然后至第六水厂经深度处理后，经管线输送到东便门、南二环沿线和西便门。主要用户包括东郊工业区的化工二厂，沿线的四大公园即龙潭湖、天坛、陶然亭及大观园，住宅小区如百环家园、富丽城等，还有沿线的绿化、环卫、洗车等。

同期，北京市相继出台并不断完善再生水利用的政策和法规，再生水利用规模急速扩大，管网建设不断扩张，再生水经营企业不断转变思路，取得突破，工作核心已由基本建设转到供水保障。2001 年，北京市颁布了《关于加强中水设施建设管理的公告》，明确要求建筑面积 5 万 m^2 以上，或可回收水量大于 150 m^3/d 的居住区和集中建筑区等必须建设中水设施。

按照 2001 年北京市出台的《北京市区污水处理厂再生水回用总体规划纲要》要求，2002～2007 年期间，北京市投资近 15 亿元，由北京排水集团所属京城中水公司陆续建设完成酒仙桥再生水厂（6 万 m^3/d）、吴家村再生水厂（4 万 m^3/d）、清河再生水厂（8 万 m^3/d）、方庄再生水厂（1 万 m^3/d）、小红门污水资源化再利用输水泵站工程（30 万 m^3/d）及 400 km 配套管线，实现再生水年供水量达 3.5 亿 m^3。

值得一提的是，2003 年北京市正式确定中水价格为每立方米 1.00 元，由生产供应单位向用户按使用的水量计量收取，在价格体系中确立了再生水的地位，为再生水经营企业注入了运行活力。

2004 年北京市水务局成立，负责统一管理水资源（包括地表水、地下水、再生水及外调水）。水务管理模式的改变有利于解决“政出多门、各管一方”所带来的问题。同年，北京市政府批准成立了第一家专业再生水经营公司，即北京京城中水公司，以进一步推动再生水的利用与发展。专业经营有 3 方面的效益：①符合大市政再生水供水系统的规划布局；②利用各系统之间的调配；③客户服务能够保证一致性。同期发布了《北京市实施〈中华人民共和国水法〉办法》。

2005 年实施的《北京市节约用水办法》进一步明确“统一调配地表水、地下水和再生水”，再生水正式成为境内水源的重要组成部分。2006 年起再生水被列为“循环经济”的重要组成部分。2006 年再生水占北京市全部供水水源总量的 10%；2007 年再生水供水量达到 4.8 亿 m^3，占全市供水水源总量的 14%；2008 年再生水供水量达 6.2 亿 m^3，回用率达到 50%，再生水利用量首次超过地表水（5.7 亿 m^3）；2009 年，北京市再生水供水量达 6.5 亿 m^3，再生水已占全市总用水量的 18%，成为北京市稳定可靠的新水源。北京市中心城区再生水供水系统、规模及工艺见表 1.5；中心城区再生水各种用途所占比例如图 1.7 所示。

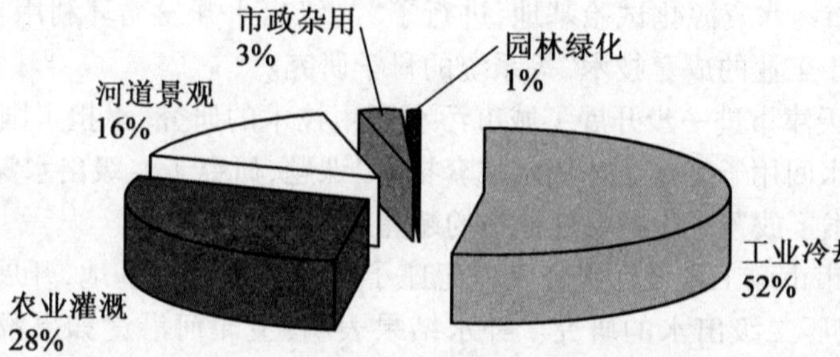

图1.7　北京市中心城区再生水各种用途所占比例

表1.5　北京市中心城区再生水供水系统、规模及工艺

区域	供水系统	生产及输配设施	工艺
北部	清河	清河再生水厂(8万 m^3/d);140 km	超滤膜过滤
	北小河	北小河再生水厂(6万 m^3/d);60 km	膜生物反应池(MBR)+反渗透(RO)
东部	酒仙桥	酒仙桥再生水厂(6万 m^3/d);163 km	混凝—沉淀—过滤—消毒
东南部	高碑店	高碑店泵站、大观园泵站、八一湖泵站、刘娘府泵站(45万 m^3/d);85 km	
	方庄	方庄再生水厂(1万 m^3/d);12 km	石灰(BS)法
西南部	吴家村	吴家村再生水厂(4万 m^3/d);65 km	微絮凝工艺
	小红门	小红门再生水厂(30万 m^3/d);45 km	
	卢沟桥	卢沟桥再生水厂(10万 m^3/d);58 km	反硝化滤池+硝化滤池
合计		110万 m^3/d;627 km	

2010年《北京市排水和再生水管理办法》确定"本市将再生水纳入水资源统一配置,实行地表水、地下水、再生水等联合调度、总量控制",2012年发布《北京市节约用水办法》及《北京市河湖保护条例》。

2015年北京规划市区还将继续投资近百亿元,对现有8座污水处理厂实施升级改造工程。污水处理厂升级改造的直接目标是提高现有污水处理厂的出水水质,从排放标准提升至使用标准,达到再生水利用标准。最终目标是通过调配再生水更大程度地改善中心城区水环境,形成各供水区域的联通,进一步提高全方位的调配功能,重点是补充干涩、断流河道,满足北京市整体水系的用水需求。届时生产能力达到267万 m^3/d,年供应优质再生水能力达到9.7亿 m^3,输配管网达到700 km。

1.5.3　天津市

天津是缺水城市,人均水资源占有量为160 m^3,为促进水资源的合理配置,天津市很早就积极开展污水再生利用工作。

天津市从"七五"开始,以纪庄子污水处理厂为依托,开展污水回用科研与生产相结合的工作,建成了城市污水资源化试验基地,进行了“二级出水开发循环利用自然净化技术”及“二级出水回用于工业的成套技术”等系统的科学研究。

“八五”期间,天津市进一步开展了城市污水回用技术的研究,承担了国家“八五”攻关项目中的“城市污水回用于工业工艺用水成套技术”课题,研究了二级出水深度处理工艺的优化组合,同时探索了放置于生物曝气池中的超滤膜污水回用技术。

1993年,天津市市政工程设计研究院以纪庄子污水处理厂为基地,开展了向卫津河补充纪庄子污水处理厂二级出水的研究。补水结果表明:卫津河沿途如果没有其他污水进入,补水后的河道具有一定的自净能力,并能保持输水水质。

2000年,天津市政府为改善市内的缺水情况,加大了污水再生利用的力度,决定建设一座再生水厂,将新开发的梅江居住区作为污水回用示范工程,再生水厂的原水为纪庄子污水处理厂二级出水。

2001年,天津经济技术开发区编制完成并颁布了《天津经济技术开发区水资源综合利用总体实施计划》,提出天津经济技术开发区要对污水处理厂二级出水进行不同程度的处理,以满足绿化、景观环境补充水、城市杂用水以及部分工业纯净用水的水质标准。

2002年,天津市中心城区开始建设纪庄子污水回用工程,于2002年底投入运行。该工程是当时全国5座污水回用重点示范工程之一。该工程第一次大规模地将再生水综合回用于工业、市政杂用和环境用水等领域,对天津及北方地区污水回用工程具有较强的示范作用。同年,天津市颁布了《天津市节约用水条例》,要求全面提高水的利用率,建设节水型城市。该条例于2005年进行了修订。

2003年9月,天津市人大颁布了《天津市城市排水和再生水利用管理条例》,以立法的形式对再生水利用的规划、建设、管理等做出了规定,于2003年12月开始正式实施,2005年7月进行了修订。

2004年,天津市人民政府正式批复《天津市中心城区再生水资源利用规划》,明确了再生水资源的利用方向,再生水主要回用于农业、工业、景观水体补充水、城市杂用水等;规划还提出了再生水厂的建设规模。

2004年年底,位于北塘水库附近的北塘再生水厂完工,总面积为4 567 m^2,总投资达3 000万元,供水能力为5万 m^3/d,北塘再生水厂的出水用于散货物流中心的压尘用水、临港工业区的建设施工用水、天津碱厂的工业用水和绿化景观用水。它的建成可以大量节省洁净水,促进北塘的可持续发展。

2007年,天津市建设管理委员会颁布了《天津市再生水设计规范》(DB 29—167—2007),结合天津市开展再生水利用的实际情况及近远期城市发展对再生水的需求情况,按城市中心区、滨海新区和二区三县对再生水的使用要求和经济承受能力制定了相应的技术路线。

2008年8月,咸阳路再生水厂建成,其位于咸阳路污水处理厂污水处理区的南侧,占地面积约为1.94 hm^2。再生水的处理工艺采用混凝、微滤,还有部分采用RO工艺,设计处理能力为5万 m^3/d。环内服务面积为72.6 km^2。服务范围北起子牙河,南至吴家窑大街;西起外环线,东至海河;环外包括杨柳青热电厂、华苑产业园区、第三高教区以及凯信佳园、城南新世家、天赐园等31片居住小区。

滨海新区也建成了处理能力为2万 m^3/d 的泰达新水源一厂,并已有长度37.015 km的管网,2008 年 1 ~ 9 月份通过管网供水共 71.6 万 t,再生水主要用于景观和绿化,每年要给景观湖补水 2 ~ 3 次,用水量达 200 万 t 左右。

2009 年,天津市对市行政区域内再生水系统进行了重新规划,规划年限为 2008 ~ 2020 年,近期规划年限为 2008 ~ 2012 年,城市污水再生利用率达到 30% 以上;远期规划年限为 2013 ~ 2020 年,城市污水再生利用率达到 35% 以上,其中中心城区达到 40% 以上,环城四区达到 45% 以上,滨海新区达到 35% 以上。

目前,天津市共有 6 大排水系统,分别为纪庄子排水系统、东郊排水系统、咸阳路排水系统、北辰排水系统、双林排水系统和张贵庄排水系统。天津市现已建成 6 个再生水厂,其中 4 个排水系统内都已建成自己的再生水厂,包括纪庄子再生水厂、东郊再生水厂、咸阳路再生水厂及北辰再生水厂,另外,滨海新区还建有泰达新水源一厂和北塘中水厂,总设计回用水量达到 23 万 m^3/d,双林再生水厂和张贵庄再生水厂也将建成,届时,天津市的 6 大排水系统内分别有各自的再生水厂,为市区及外环线以外的部分地区提供再生水水源。

1.5.4　西安市

西安市的人均地表水资源占有量不足 350 m^3,为了科学合理地利用城市污水资源,自 2000 年 9 月开始,西安市决定对可以使用城市自来水和再生水的区域,分期分批封闭自备水源井。

2001 年 9 月,西安市开始建设北石桥污水深度处理再生利用工程,该工程主要工业用户为西郊化工区,大用户为西郊热电厂;河湖景观水体用水主要服务环城河、桃园湖等水体;绿化浇灌主要服务南二环绿化、高新区绿带等。2003 年 4 月,以上工程开始通水调试。该工程近期用水以工业用水为主,远期景观用水占有较大比重。

2002 年,西安市编制了《西安市污水再生利用工程规划》,将再生水利用纳入西安市城市总体规划中,规划明确了西安市再生水利用方向为工业冷却水、河湖景观水体补充水源、市政、园林绿化用水等。

2012 年,《西安市城市污水处理和再生水利用条例》开始实施,条例中指出再生水应当纳入水资源统一配置;鼓励发展城市再生水利用产业,引导社会投资再生水利用项目;逐步建立合理的水价体系和用水结构,引导用水单位和个人积极利用再生水,强制部分行业使用再生水。

2013 年,西安市水务局加大再生水利用试点工作,推动污水处理及中水利用工作开展。已建成污水处理厂 21 座,在建 6 座,并在其中 6 个污水处理厂建设了再生水利用工程,铺设再生水管网 115 km,建设完成 28 个再生水取水点,有 15 个已投入使用,供水能力达 230 m^3/h。此外,以浐灞生态区、高新区等区域为重点,景观湖泊再生水利用也提上日程;以一污、二污、四污和西三环、北客站沿线为重点,积极推进再生水设施和管网建设,全面提高再生水的利用率。

2014 年 3 月 1 日,《西安市城市供水用水条例》正式实施。该条例明确规定,市容环境卫生、园林绿化等公共事业用水和景观用水,应当优先使用再生水。

2014 年,新建污水处理厂 5 座,新增污水处理能力达 16 万 m^3/d,新建再生水管网 10 km,新增再生水日利用设施规模 6 万 m^3,再生水利用率达到 20%,规划远期(2020 年)污水再生利用率达到 40% 以上。

1.5.5 深圳市

深圳本地水资源紧缺，年平均水资源总量为 20.51 亿 m^3，全市人均水资源占有量约为 230 m^3，仅为全国的 1/9，广东省的 1/10，70% 以上的供水主要依靠境外的东江。而东江径流年内、年际分布极为不均，一旦遭遇特枯年和遭受水污染，深圳市供水将无法保障，城市供水在较大程度上存在安全隐患。随着城市化进程的加快，城市用水量不断增大，加剧了水危机。为发展循环经济，缓解淡水资源短缺，深圳市大力推进再生水利用工程。

早在 1992 年，深圳市就颁布了《深圳经济特区中水设施建设管理暂行办法》，要求根据地区性质及建筑规模配套或逐步配套建筑中水设施；不按规定设计中水设施的工程项目，规划国土部门不得发给建筑许可证；中水设施由建设单位负责建设，并与主体建筑工程同时设计，同时施工，同时交付使用；中水设施的建设投资纳入主体工程预决算。

2001 年，深圳市政府编制了《深圳特区城市中水道系统规划(2001～2010 年)》，要求近期深圳市污水再生利用厂利用规模达到 22 万 m^3/d，远期达到 49 万 m^3/d。

2004 年，深圳市中银大厦的中水设备系统在经过近半年的改造调试之后已正式启用。这是深圳市第一套实际投入使用的住宅区中水回收设施系统，日设计处理能力为 500 m^3。中银大厦建筑中水设施采用“生物处理 + 沉淀 + 过滤工艺”。处理后的水主要用于小区内的园林绿化和喷洒道路等。

2005 年，深圳市出台了《深圳市节约用水条例》，成为华南地区首个为节水工作立法的城市。《深圳市节约用水条例》遵循统一规划、总量控制、计划用水、综合利用、讲求效益的原则，规定“学校、宾馆、饭店、公共浴室、大型文化体育设施、洗车行等用水量大的单位及居住小区，应当配套建设中水回用设施。园林绿化、建筑施工、环境卫生、洗车等行业应当优先使用符合标准的再生水和其他非传统水资源。用水单位应当对空调冷却水和设备冷却水(不含海水)进行处理回用”。

2006 年，深圳市在罗湖区莲塘建成了畔山路中水回用工程，投资为 560 万元的处理装置日处理污水可达 300 t 左右，处理成本约为 1 元/t，加上设备折旧费，每吨成本约为 1.5 元。

为了切实推动中水的利用，广东省建设厅与深圳市水务局共同研究，确定深圳市作为全省的中水利用试点城市，并启动了深圳市“十一五”中水利用计划，争取“十一五”全市中水生产能力达到 130 万 t/d，污水处理回用率达到 20% 以上。同时，深圳市在星河丹堤、鲸山别墅等一系列住宅小区开展了中水利用示范工程，见表 1.6。其中，星河丹堤生活小区设计处理水量为 480 m^3/d，总投资 1 000 万元，2006 年 3 月已经完成一期工程，进入试运行，目前处理水量为 80～150 m^3/d，全部回用为绿化、道路、车辆冲洗、景观水补水换水、施工及公共厕所冲洗用水，效果很好。

表 1.6　中水利用示范工程

名称	规模/($m^3 \cdot d^{-1}$)	水源	用途
星河丹堤中水回用	480	生活污水	绿化、景观、洗车等
海运大厦中水回用	500	生活污水	绿化、景观、洗车等
理光(深圳)工业公司	450	生活污水	冲厕、绿化
人民大厦中水回用	200	生活杂排水	冲厕、绿化
梅山苑住宅小区(人工湿地)一、二期工程	50	生活杂排水	冲厕、绿化
梅山苑住宅小区三期工程	50	生活杂排水	冲厕、绿化

2007 年,盐田区建成了深圳市首个大规模中水回用示范项目——盐田污水处理厂深度处理中水,目前中水生产能力达到 2 000 m^3/d,实际使用中水 600 m^3/d,主要用于该区市政绿化和道路清洗,可实现年节约自来水 220 000 万 t。

在全面调研深圳市工业生产、生活、农业和生态用水节水现状的基础上,依据城市总体规划和中长期供需水量的预测,通过测试、核查和分析论证,2007 年提出深圳市中长期节水目标及实施措施《深圳市节约用水规划(2005~2020 年)》。规划中提出:深圳市要以基本需水量为基础,在不考虑增加新的外引水资源量的前提下,通过节水措施的开发和非传统水资源利用的方式补充供水缺口,2010 年城市污水再生利用率达到 20% 以上,2020 年城市污水再生利用率达到 40% 以上。

2007 年,深圳市制定了《深圳水战略》,提出了水资源保障战略、水环境修复战略、水安全保障战略和水文化提升战略。水资源保障战略,提出了"节水为先、涵养大地、雨洪利用、流域合作、循环再生"的基本对策。对于再生水的利用,提出了"以科技为支撑,以市场为依托,大力发掘再生水资源,实行优水优用,利用市场机制,全面提高再生水利用率"。

2007 年,深圳市颁布《深圳市计划用水办法》,对节水的新技术、新工艺、新设备的研发应用与推广做了明确规定。鼓励开展污水资源化和中水设施的研究与开发,对研究推广节约用水技术、工艺、设备、器具等有突出贡献的,对节约用水和进行有关科学研究成绩显著的单位和个人给予奖励。《深圳市计划用水办法》提出:"单位用户使用的中水,经处理的污水、雨水、海水或者从其他非城市饮用地表水水源中取的水,不纳入用水计划管理,免收该部分污水处理费。"

深圳市以建设项目的规划、设计、施工和运行使用为主线,根据《深圳市建设项目用水节水管理办法》,新建、改建、扩建建设项目使用城市供水的,除建设城市自来水供应管道系统外,还应当按节水规划配套建设中水、海水和雨水(以下简称非传统水资源)利用管道系统。除城市非传统水资源输配水管线规划覆盖范围以外的下列新建、改建、扩建建设项目应当配套建设相应规模的中水利用设施:①建筑面积超过 2 万 m^2 的旅馆、饭店;②建筑面积超过 4 万 m^2 的其他建筑物。既有建筑符合以上规定且具备建设场地的,应当建设相应规模的中水利用设施。中水来源水量或者回用水量小于每日 100 m^3 的,可以不单独建设中水处理设施,但需配套建设非传统水资源利用管道系统。

2008 年,深圳市大沙河公园再生水利用工程完成。该再生水工程的原水取自大沙河,是大沙河上游城中村排出的尚未进入城市污水管网的生活污水以及大沙河流域范围内的雨水。出水用于公园内的绿化浇洒、道路清洗和公共厕所冲洗，水质满足国家《城市杂用水标准：绿化》。日处理水量为 500 t，整个工程占地面积约为 80 m^2。日常运行成本为 0.60 元/t，整个工程采用自动控制。

同年，深圳市福田区政府与深水集团达成战略合作协议，政企携手，强强联合，建设滨河中水厂项目。该厂在滨河污水处理厂内，利用现有出水，建设一座规模为 10 万 t/d 的中水处理厂，集中供应福田区市政设施用水。滨河厂污水回用对象为河湖生态景观补给水、公园绿化用水、市政杂用水、市中心区公共建筑杂用水以及部分洗车用水和公厕冲洗水等几个方面。主要服务用户有：新洲河、福田河、荔枝湖、香蜜湖等生态补水；荔枝公园、笔架山公园、中心公园、莲花山公园等绿地浇洒；福田区市政道路绿化浇洒和道路冲洗；市委大院、市民中心、福田区政府大院及福田区各大医院绿地浇洒；政府修建的居宅小区的绿地浇洒；福田区环卫设施冲洗用水；市中心区杂用水。

2008 年和 2009 年，按照市人民政府办公厅《关于印发深圳市创建节水型城市和社会行动方案的通知》和《〈深圳市提高工业用水重复利用率专项行动实施方案〉的批复》（深府办函〔2008〕76 号）精神，深圳市制订了一整套统计报表，并逐步纳入全市节水统计管理。《深圳市创建节水型城市和社会行动方案》提出：自 2007 年开始凡新建公园绿地、景观、道路清扫等用水，一律从污水回用，中水、雨洪利用等非传统水资源开发利用渠道解决。2008 年后特区内现有公园及 2010 年后特区外现有公园，均应采用中水、雨水和污水回用解决绿化和景观用水需要；污水回用水管网覆盖区域内均应利用污水回用水作为市政杂用水。

2010 年，深圳市人民政府发布《关于加强雨水和再生水资源开发利用工作的意见》，要将雨水和再生水系统建设项目纳入城市基础设施总体建设计划中统筹开展，确保实现 4 个同步：一是符合规划的再生水利用设施与污水处理设施要同步建设；二是雨水和再生水利用管网与城市道路、供水管网的新改扩建工程要同步建设；三是相关的雨水利用工程和再生水利用工程要同步建设；四是符合规定的雨水和再生水利用项目与自来水供水系统的新改扩建工程要同步建设。

为缓解水资源的紧张形势，合理开发利用深圳市再生水资源，加强对深圳市再生水利用推广和监督管理工作的指导与规范，深圳市总结再生水的工程示范经验，并借鉴了国内外相关标准规范，于 2010 年颁布了《深圳市再生水、雨水利用水质规范》（SZJG 32—2010）。该规范在基本控制指标上已经接近自来水水质标准——《生活饮用水卫生标准》（GB 5749—2006）的要求，在两者相同的 17 项基本控制指标检测项中，就有 13 项指标限制完全一致，仅 4 项指标限制略低于生活饮用水卫生标准，分别为浊度 3 NTU；色度 30；氨氮 1 mg/L；阴离子表面活性剂 0.5 mg/L。该标准与国家再生水水质相关标准：《城市污水再生利用工业用水水质》（GB 19923—2005）及《城市污水再生利用城市杂用水水质》（GB 18920—2002）相比，某些指标十分严格，如氨氮、总大肠杆菌指标等。再生水水质标准制定严格，能充分保证用户使用安全，消除潜在用户的担忧，然而，过于严格的标准则会由于可实施性及经济性影响再生水的推广。

深圳市人居环境委员会、市水务局和市节水办等与节水和水环境相关的部门，设立了专门的资助基金，如《深圳市环境科研资金与课题管理暂行办法》（深环〔2007〕279 号）、《深圳市水务发展专项资金管理暂行办法》和《关于印发深圳市节水专项资金管理若干规定的通知》（深水务〔2009〕203 号），完善了深圳市节水专项资金的投入和管理制度。

此外,深圳市节水办每年还开展节水新技术示范项目申报和评选工作,对确认为采用新技术、新工艺和新设备的示范项目,予以一定比例的资金补助。自2006年以来,已资助莲塘中水示范项目、星河丹堤中水工程、大沙河公园再生水工程、梅山苑再生水示范工程等20多项,资助总额约1 400万元。

目前,深圳市原特区内已建成6大污水再生水厂,分别为罗芳再生水厂、滨河再生水厂、福田再生水厂、南山再生水厂、盐田再生水厂和西丽再生水厂。同时,以污水再生水厂为中心,建设了辐射整个服务范围内的再生水用户的再生水管道,污水再生利用于用户的顺序为景观环境、市政杂用、工业和居民。

第 2 章　再生水设施调研

2.1　总体目标与要求

再生水的利用经过长期持续不断的努力，正在进入一个新的时代。国家已经开始将再生水的利用放到水资源发展战略的地位，并将其纳入“十二五”规划中。目前，我国主要城市都已建设或规划建设再生水厂，分散型的再生水设施也得到了各级政府的重视和发展，全国再生水利用设施建设进入快速发展阶段。“十二五”期间，全国规划建设污水再生利用设施规模达 2 676 万 m^3/d。全部建成后，我国城镇污水再生利用设施总规模接近 4 000 万 m^3/d，其中城市超过 3 000 万 m^3/d，将有效缓解用水矛盾。

但是由于再生水设施的设计缺陷、运行维护不到位及监督管理不利，一部分再生水设施并未能正常、稳定运行。特别是一些分散型的再生水设施运行一段时间后，常常被弃之不用。

为了了解再生水厂、再生水设施及企业回用水设施的运行现状，掌握再生水设施在设计、建设、运行和管理中存在的问题，笔者开展了针对城市再生水厂、分散型再生水设施、企业回用水设施及再生水设施使用情况的调研。此次调研的主要目的在于：客观了解各种类型再生水设施的运行现状，收集再生水运行方及使用方的具体意见和建议，从再生水利用设施的建设过程、运行维护和监督管理等各个环节为再生水设施的稳定运行提供有效的技术支撑，提高人们对再生水的接受程度，避免再生水设施“能建不能用”或“能用但用不好”的后患，切实发挥再生水利用设施的节水作用。

2.2　调研计划与程序

考虑到此次再生水设施调研所要求的客观性、广泛性和全面性，笔者所在的研究团队制订了以下工作计划与路线。

(1)研究国内外再生水利用的相关理论与实践经验，并结合此次调研的具体目的和要求，确定此次调研再生水设施设计、运行、监管所应采用的调研思路。

(2)按再生水设施规模、类型及区域特点，对再生水设施进行调研分类。

(3)设计不同的调研问卷。具体工作包括确定问卷的组成部分，确定指标及问题的类型，进行问卷测试，以及根据测试结果修改调整问卷的相关内容等。

(4)根据不同再生水设施的特点，选取代表调研对象，按区域和规模所占份额确定调研问卷发放数量，确保在调研过程中采集数据的样本均匀分布。

(5)确定对各再生水设施进行调研的方式及项目进度表,包括现场调研、电话调研、电子邮件调研、委托专业问卷调研公司等。

(6)严格按照所确定的调研方式与进度组织实施再生水设施问卷调研。

(7)对调研、采集的数据和建议进行录入汇总,并且进行分类整理。

(8)分析统计再生水设施运行情况的调研结果,汇总分析具体的意见和建议。

(9)根据调研结果,总结再生水利用设施的建设过程、运行维护和监督管理等各个环节存在的问题,并为再生水设施的稳定运行提供有效的综合性建议。

再生水设施调研工作程序如图2.1所示。

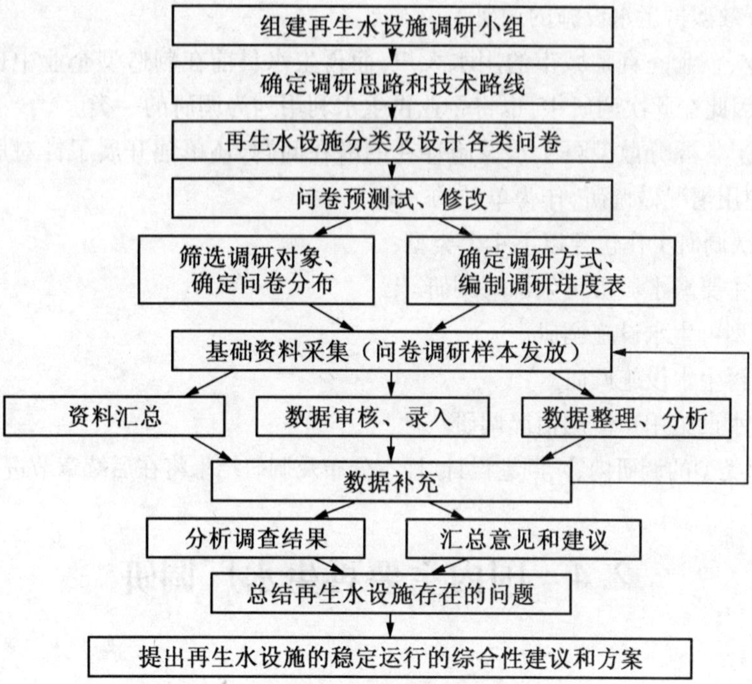

图2.1 再生水设施调研工作程序

2.3 调研思路和分类

由于再生水设施的规模、类型及区域具有较大的差异性,因此,需对再生水设施进行细化分类,分别开展调研。

再生水设施根据利用方式大致可分为两种,即“分散式”和“集中式”。

①对于大城市来讲,由于污水处理厂规模都较大,一般将污水处理厂的二级处理污水根据回用水水质要求进一步处理,然后再通过输、配水管网进行回用,称为集中式回用,目前一般泛指污水处理厂的后续深度处理单元或是新建的再生水厂。这种方式技术设备要求高,建设规模较大,便于统一管理运行,且能够适应城市发展的需求,有一定的规模效益,

是污水资源回用的发展趋势。

②对于小城市或者大型小区等较小规模的污水回用，较多采用分散建设的模式，此回用模式也称为建筑中水工程。这种方式设备较简单，建设规模小，可就近回用；而且可以根据不同的回用对象、不同的水质要求，确定灵活的处理工艺，节约费用，易于建设，基本无拆迁困难，无须长距离输水等优点，是一种较有前途的生活节水方式。尤其是对大型公共建筑、宾馆、写字楼和新建高层住宅区而言，分散处理相比集中处理，节省了大量管网建设费用，容易做到再生水的回用；其缺点是管理不便，水质无法得到保证，不具有规模效益。

因此，笔者根据再生水设施不同的利用方式，开展了针对集中式设施的再生水厂调研和针对小型分散型再生水设施的调研。

由于工业、企业一直是城市的用水大户，而再生水目前在制造型企业中也得到了较为广泛的重视，因此在此次调研中，也将企业再生水利用列为调研的一类。

此外，为了掌握分散型再生水设施存在的潜在问题，还单独开展了针对居民区再生水设施的居民使用情况做调研，作为单独的一类。

因此，此次调研工作包含以下4个类型：

(1)国内主要缺水城市再生水厂调研。

(2)分散型再生水设施调研。

(3)企业再生水设施调研。

(4)再生水设施用户使用情况调研。

具体每个类型的调研内容、问卷设计、样本分布及调研结果将在后续章节进行详细论述。

2.4　国内主要再生水厂调研

2.4.1　调研方式

通过前期文献调研和情况摸底，笔者选取了我国主要缺水城市的再生水厂进行调研，主要采取实地考察和现场访谈的方式，以便能获得再生水厂设计运行管理的一手资料。

2.4.2　调研对象

根据已经了解的我国已建再生水厂的情况，除了深圳本地的几座再生水厂以外，选择了几个典型的缺水城市，如北京、天津、青岛、西安、成都及深圳，总共20家再生水厂作为集中调研对象，具体见表2.1。

表2.1 再生水厂调研对象

城市	再生水厂名称
北京	高碑店再生水厂
	小红门再生水厂
	清河再生水厂
	酒仙桥再生水厂
	卢沟桥再生水厂
	北小河再生水厂
	吴家村再生水厂
	方庄再生水厂
	肖家河再生水厂
	第六再生水厂
天津	咸阳路再生水厂
	张贵庄再生水厂
	纪庄子再生水厂
青岛	海泊河再生水厂
西安	北石桥再生水厂
成都	三瓦窑再生水厂
深圳	西丽大沙河再生水厂
	横岗再生水厂
	滨河再生水厂
	罗芳再生水厂

2.4.3 调研问卷设计

调研问卷是整个研究调研活动数据处理的基础,因此对调研问卷的设计工作尤为重要。在设计此次再生水设施调研问卷时,按照惯例遵循了以下设计原则:①问题简明,避免模糊;②问题具有可回答性;③避免诱导性问题;④避免敏感性问题;⑤有利于统计和分析。

1. 问题设计

再生水厂调研问卷的问题类型主要有封闭型和开放型两种。所谓封闭型问题,就是在提出问题的同时,给被调研者提供若干个可选择的答案,被调研者从中选择符合自己意愿的答案。封闭型问题能使获取的数据标准化,便于计算机录入、汇总和统计分析,是调研中最为普遍采用的题型。开放型问题不提供具体的选择答案,允许被调研者自由做出回答,答案灵活多变,不局限于某种格式,但不便于计算机进行编码和统计分析。开放型问题主要用于收集被调研者的各种信息,以及对再生水设施设计、运行、管理的意见和建议。

考虑到本次研究对量化分析和定性分析的双重要求,根据所需要获取信息的类型和内容，将用于本次研究的调研问卷的问题设计成封闭型与开放型兼容的形式。

2. 问卷组成

再生水厂的调研问卷在设计时根据所确定的此次课题3大部分的主要内容：再生水设施的设计建设、再生水设施的运行维护、再生水设施的监督管理，并加上再生水厂基本信息以及存在的问题和建议，设计了问题及调研内容。因此，再生水厂调研问卷内容包括五个部分：

第一部分是再生水厂的基本情况，包括再生水厂所在城市的基本水资源信息及再生水厂的基本信息两个方面的问题。再生水厂的基本信息主要涉及水厂的名称、投产时间、投资方和运营方、工程投资方式、水厂规模、水厂周边环境等。

第二部分是再生水厂的设计建设。该部分内容包括9个封闭型问题和8个开放型问题。问题主要包括再生水厂设计建设所关注的5个方面，分别是再生水的用途、再生水厂的水源、再生水管网、水质水量及再生水厂的设计工艺。

第三部分是再生水厂的运行维护。该部分内容包括9个封闭型问题和7个开放型问题。问题主要包括水厂的工艺运行、水质监测、废渣废液处理、药剂的使用和贮存、气体的安全使用和贮存以及机电设备的维护和检修等。

第四部分是再生水厂的监督管理。该部分以开放型问题为主。问题包括再生水厂的主要规章制度、运营管理模式、水源、管网、工艺的监管、人员培训、用户宣传及应急处理方式。

第五部分是存在的问题和建议。此部分为两个大的开放型问题，主要调研再生水厂在设计、运行和管理中存在的主要问题及建议。

3. 问卷的试测试

问卷设计完毕后，首先选取了深圳本地的一个再生水厂进行了尝试性的调研，以检验问卷的科学性与可行性。在经过尝试性的调研后，根据试测试的结果，课题组经商议对问卷内容进行了调整和修改，最终形成了此次“再生水厂建设运行管理调研问卷”的确定稿，见附录1。

2.4.4 调研结果分析

根据拟定的调研方案，本次再生水厂运行管理调研共发放问卷20份，回收问卷20份，有效问卷20份，问卷全部采用现场考察加访谈的方式。课题组根据回收的问卷，总结了主要的调研结果。国内主要再生水厂调研结果统计见表2.2。

表2.2 国内主要再生水厂调研结果统计

名称	工程投资	设计规模	出水用途	进水水质	出水水质标准	采用工艺	污泥处置
北京市高碑店再生水厂	工程总投资280 308.1万元	100万m^3/d	河湖补水，工业回用，城市杂用	高碑店污水处理厂（一级B）的出水水质	按照处理厂出水的主要用途，设计出水水质满足相关再生水水质要求，部分水质达到《地表水环境质量标准》Ⅳ类水体水质标准	AAO（填料）+反硝化生物滤池+滤布滤池	以剩余污泥的形式排出水处理系统，对剩余污泥进行厌氧消化

续表2.2

名称	工程投资	设计规模	出水用途	进水水质	出水水质标准	采用工艺	污泥处置
北京市卢沟桥再生水厂	工程总投资88 885万元	10万 m^3/d	景观环境用水,城市杂用水,工业用水	卢沟桥污水处理厂(一级B)的出水水质	出水水质应达到《再生水回用于景观水体的水质标准》,部分水质满足《地表水环境质量标准》(GB 3838—2002)的Ⅳ类地表水水质要求,其中总氮要求参照“集中式生活饮用水地表水源地”的有关标准制定	两级生物滤池+膜过滤+臭氧接触氧化	直接靠重力排入厂外污水管,再生水处理系统不直接处理污泥
北京市小红门再生水厂	工程总投资109 878万元	60万 m^3/d	景观环境用水,农业灌溉,城市杂用水	小红门污水处理厂二级生物处理的出水,其出水水质除TP外基本达到一级B标准	河湖补水执行《地表水环境质量标准》(GB 3838—2002),其中总氮要求参照“集中式生活饮用水地表水源地”的有关标准制定;小红门再生水厂出水分别排入凉水河水系、凉风灌渠和再生水管网,卫生学指标执行《城市污水再生利用景观环境用水水质》和《城市污水再生利用城市杂用水水质》标准	两级生物滤池+滤布滤池+臭氧接触氧化	反冲洗水池的沉淀物质用提升泵送入厂内污水管;滤布滤池反洗水中含有的悬浮物质,直接靠重力排入厂内污水管。再生水处理系统不直接处理污泥
北京市清河再生水厂	工程总投资230 542万元	一期15万 m^3/d;二期32万 m^3/d	河湖补水(奥运公园水系),道路清扫,绿地浇洒,住宅区卫生冲厕用水	清河污水处理厂二级生物处理的出水	《再生水回用于景观水体的水质标准》,部分水质满足《地表水环境质量标准》(GB 3838—2002)的Ⅳ类地表水水质要求,其中总氮要求参照“集中式生活饮用水地表水源地”的有关标准制定	污水处理厂生物处理系统升级改造+膜+臭氧处理工艺	生物滤池反冲洗水中含有脱落的生物膜及悬浮物质,反冲洗水用提升泵送入二级生物处理工艺总进水处,进行二级处理

续表 2.2

名称	工程投资	设计规模	出水用途	进水水质	出水水质标准	采用工艺	污泥处置
北京市酒仙桥再生水厂	工程总投资55 412万元	20万m^3/d，峰值流量为24万m^3/d	景观环境用水，城市杂用水，工业用水	酒仙桥污水处理厂处理的出水	《城市污水再生利用景观环境用水水质》，部分水质满足《地表水环境质量标准》（GB 3838—2002）的Ⅳ类地表水水质要求，其中总氮要求参照"集中式生活饮用水地表水源地"的有关标准制定	生物滤池＋滤布滤池＋臭氧	系统中产生的污泥都进入现有污水污泥处理系统中，深度处理部分不单独建设污泥处理系统
北京市北小河再生水厂二期工程	工程总投资16 650万元	总规模为10万m^3/d	4万m^3/d排入河道；5万m^3/d作为城市杂用水，1万m^3/d作为奥运公园高品质再生水的水源，进行RO处理	北小河污水处理厂处理的出水	改扩建工程规模4万m^3/d受纳水体是北小河，执行《城镇污水处理厂污染物排放标准》（GB 18918—2002）中一级B标准；改扩建规模6万m^3/d扩建部分的5万m^3/d出水排入城市再生水管网，执行《城市污水再生利用城市杂用水水质》（GB/T 18920—2002）标准中较为严格的车辆冲洗水质的要求，规模1万m^3/d出水作为奥运公园高品质用水，参照《地表水环境质量标准》（GB 3838—2002）中Ⅲ类水体的部分标准（除TN外）	MBR＋臭氧接触氧化	剩余污泥由膜池内新设的剩余污泥泵输送至现况污泥浓缩脱水机房，直接进行浓缩脱水
北京市吴家村再生水厂二期工程	工程总投资13 512万元	8万m^3/d	吴家村流域的河湖补水，绿化，市政杂用，工业冷却用水	吴家村污水处理厂处理的出水	满足《城市污水再生利用景观环境用水水质》和《城市污水再生利用城市杂用水水质》要求，主要指标达到《地表水环境质量标准》（GB 3838—2002）的Ⅳ类地表水水质（除TN外）要求	生物滤池＋滤布滤池＋臭氧接触氧化	

续表 2.2

名称	工程投资	设计规模	出水用途	进水水质	出水水质标准	采用工艺	污泥处置
天津市咸阳路再生水厂	13 376.6 万元	5 万 m^3/d	杨柳青热电厂的工业冷却水，华苑产业园区、第三高教区的城市杂用水(含城市绿化、道路清扫、观赏性景观环境用水等)	咸阳路污水处理厂处理的出水；氨氮、总氮达到一级 A 标准，色度、动植物油、石油类达到二级标准，其他指标达到一级 B 标准	不同季节水质标准不同。冬季由于没有绿化、道路冲洒和景观水体的补充，再生水只回用于电厂冷却水、居民冲厕，再生水厂出水水质指标中的氨氮等标准适当放宽	混凝 + 微滤 MF + 部分 RO	
天津市张贵庄再生水厂	约 10 000 万元	6 万 m^3/d	循环冷却水，此外还将供给附近新市镇用于城市杂用水	污水处理厂出水，进水水质按一级 A 标准执行	近期主要满足循环冷却水水质标准	双膜法 + 臭氧脱色	
天津市纪庄子再生水厂	10 500 万元	6 万 m^3/d	工业用水，城市杂用水	纪庄子污水处理厂出水	天津市中心城区再生水出水水质标准；采用分质供水方案	其中工业区采用混凝沉淀 + 石英砂过滤 + 消毒的工艺；居民区采用微滤 + 臭氧氧化 + 消毒	
深圳市西丽大沙河再生水厂	17 956.43 万元	总规模 5 万 m^3/d	直接排大沙河作为景观用水	市政污水	出水达到《城镇污水处理厂污染物排放标准》(GB 18918—2002)一级 A 标准；臭气排放达到《城镇污水处理厂污染物排放标准》(GB 18918—2002)一级标准	核心处理工艺是 BIOSTYR 生物滤池工艺，深度处理采用 ACTIFLO 加砂高密度沉淀池技术；臭气采用生物除臭技术	本工程污泥处理不考虑消化，按直接浓缩、脱水工艺进行设计。再生水厂脱水污泥含水率小于 80%

续表 2.2

名称	工程投资	设计规模	出水用途	进水水质	出水水质标准	采用工艺	污泥处置
深圳市滨河再生水厂	28 000 万元	污水深度处理规模为 30 万 m^3/d，其中 10 万 m^3/d 进行污水回用	新洲河、福田河、荔枝湖等的生态补水，道路绿化浇洒用水，公园绿化用水，以及市中心区建筑杂用水	污水回用取自滨河厂污水深度处理后的尾水	《城市污水再生利用景观环境用水水质》《城市污水再生利用城市杂用水质》	生物处理 + 沙滤池 + 紫外消毒回用水部分 + 次氯酸钠消毒	
深圳市横岗再生水厂	4 395.61 万元	5 万 m^3/d	保证大运中心景观用水需求，同时也可以向周边地区提供环境景观、市政杂用	横岗污水厂出水	执行《地表水环境质量标准》（GB 3838—2002）Ⅳ类标准、《杂用水标准》（CJ 25.1—89），COD_{Cr}、TN、NH_3-N、TP 适度放宽；大气污染物排放执行《城镇污水处理厂污染物排放标准》（GB 18918—2002）一级标准	超滤 + 臭氧工艺深度处理	
深圳市罗芳再生水厂	19 382 万元	35 万 m^3/d	深圳河生态补水 27 万 m^3/d；深圳水库排洪河生态补水 5 万 m^3/d；市政杂用水 3 万 m^3/d	罗芳污水厂出水	综合《城镇污水处理厂污染物排放标准》（GB 18918—2002）、《景观环境用水水质标准》（GB/T 18921—2002）、《城市杂用水水质标准》（GB/T 18920—2002），取 3 个标准中的高限值确定经深度处理后的回用水标准	滤布滤池、复氧池、紫外线消毒渠	

本次调研结果的主要结论如下：

（1）调研的再生水厂目前均处于正常运转状态。

（2）水厂规模。水厂的设计规模介于（5～100）万 m^3/d，北京的再生水厂设计规模均较大，高碑店再生水厂的设计规模最大，达到 100 万 m^3/d；小红门和清河再生水厂的设计规模也分别达到 60 万 m^3/d 和 47 万 m^3/d。

(3)水源。在所调研的再生水厂中,除了深圳市西丽大沙河再生水厂使用市政污水作为水源外,其他再生水厂水源均为污水厂的二级出水。

(4)出水用途。再生水厂的出水一般都有多个用途,主要用于景观环境用水、工业用水及城市杂用水,其中用于景观环境用水的比例最高,达到40%以上。

(5)出水水质。天津市纪庄子再生水厂采用分质供水,分为两个处理工艺系统,其中工业区采用混凝沉淀+石英砂过滤+消毒的工艺,向工业用户供水;居民区采用微滤+臭氧氧化+消毒的处理工艺,出水供城市杂用。其他再生水水厂均采用统一水质供水,对于不同出水的用途,执行多个标准中的高限值确定经深度处理后的回用水标准。

(6)再生水工艺。各再生水厂均根据各自所在城市的气候、进水水质等情况选择了不同的处理工艺。总体看来,北京市应用较多的是生物滤池+滤布滤池+臭氧工艺;天津市则较多采用双膜法+臭氧工艺;深圳市各再生水厂采用的工艺均有区别,各工艺有各自的优缺点,也在运行中不断得到调整和改进。臭氧技术与膜技术相结合的处理工艺,可大幅度提高再生水的水质,特别是可以将再生水用于工业,使再生水真正成为城市基础设施的重要组成部分,在经济的可持续发展中发挥重要作用。

调研中发现的问题和建议:

(1)绝大多数再生水厂以污水处理厂出水作为水源,在厂址的选择上也基本都在原污水处理厂内或者附近;一些原有污水处理厂占地规模有限,在一定程度上限制了再生水厂的占地和规模。

(2)一些污水处理厂进水中工业废水的比例较高,如北京高碑店水厂进水中工业废水占50%以上,如果处理不当,对再生水厂的运行会产生较大的冲击。因此,对于进水中含有较高比例工业废水的污水处理厂,应密切监控其进出水,保证再生水厂的稳定运行。

(3)北方再生水的水量存在季节性因素,在冬季冰冻期,河道不宜大量补水,绿地也不宜在冬季浇灌,此时再生水用水量大幅减少。建议此时对小流量用户采用自来水供水,可利用这个时期对水厂及管网进行必要的系统检修。

(4)对于用于湖泊景观补水的再生水,要控制好补水量,补充的回用水在湖泊中静止停留的时间不得超过规范所要求的3 d,否则会对湖泊造成富营养化。

(5)出水色度指标的选择。通常污水处理厂在正常运行时出水略带黄色,色度在30度左右,接近再生水的水质指标要求。但是,这种出水排入河道,与正常天然河水比较,出水的黄色比较明显,感官效果不佳。当脱色处理后的出水色度达到15度左右时,水体透亮,接近正常的天然河水,感官效果很好。因此,对于用作河流、湖泊补水用途的再生水,在确定再生水出水指标的色度要求时,要考虑感官因素。

(6)消毒单元。当再生水的出水用于城市杂用水时,根据《城市污水再生利用 城市杂用水水质》(GB/T 18920—2002)中有关的要求,细菌指标总大肠杆菌群不大于3个/L,因此对处理设施的设计应考虑单独加强消毒处理,并分质供水。

(5)一些污水处理厂建在市区内甚至是老城区内,污水处理厂、再生水厂产生的臭气会对周边环境产生影响,造成居民的反感。因此,这一类再生水厂一定要做好臭气控制措施,使得排放的气体达到国家标准。

2.5　深圳分散型再生水设施调研

2.5.1　调研方式

分散型的再生水设施是相对于集中型的再生水处理厂的另一种再生水利用方式。针对深圳市分散型再生水设施的调研，采用的也是实地考察和现场访谈的方式。

2.5.2　调研对象

据统计，从《深圳经济特区建筑再生水设施建设管理试行办法》出台至今，深圳已有约70个小区安装了再生水利用管道系统，再生水处理设施近30座。此外，一些公共建筑、公共服务单位也积极开展再生水的利用。因此，课题组又进一步对分散型再生水设施进行了划分，使得调研更为细致、准确，涵盖面更广。深圳市分散型再生水设施的调研对象主要分为3个小类。

(1)居民区再生水设施：对象涵盖深圳原特区内外的主要区域(表2.3)。

表2.3　居民区再生水设施调研对象

序号	名称	区域
1	万科城	龙岗区
2	深云村	福田区
3	侨香村	福田区
4	梅山苑	福田区
5	汇文荔海	南山区
6	蕙兰雅居	罗湖区

(2)公共建筑再生水设施：对象涵盖商业中心、酒店、公园、公共服务单位等(表2.4)。

表2.4　公共建筑再生水设施调研对象

序号	名称	性质
1	南山商业文化中心区	商业中心
2	万科总部大楼	公共建筑
3	深圳市建科大楼	
4	深圳大沙河公园	公园
5	深圳巴士集团	公共服务
6	市民中心洗车场	公共服务
7	圣庭苑酒店	酒店

2.5.3　调研问卷设计

分散型再生水设施的调研问卷设计原则及设计步骤与再生水厂调研问卷相同,内容也具有相似性。因此,笔者对再生水厂调研问卷进行了相应的缩减,用于分散型再生水设施的调研。该调研主要涵盖 5 个方面的内容:分散型再生水设施的基本信息、再生水设施的设计建设、再生水设施的运行维护、再生水设施的监督管理以及存在的问题和建议。具体内容因与再生水厂调研问卷具有较高的相似性,不再赘述。

2.5.4　调研结果分析

(1)所调研的深圳市分散型再生水设施,目前总体运行情况不佳,多数设施处于偶尔运行或停滞运行状态。

(2)分散型再生水设施目前运行成本普遍较高。使用膜处理工艺的总运行成本为 3 ~ 4 元/t;使用生物处理工艺成本相对较低,为 1 ~ 2 元/t。

(3)设施的规模越大,处理能力利用越充分,则中水设施的运行成本会越低。但在调研中发现,再生水设施的设计规模普遍没有被充分发挥,设施普遍处于低负荷运行状态,这也是造成分散型设施处理成本较高的原因之一。

(4)从调研中还发现,再生水处理设施得不到充分利用,还与一些处理单元设计不合理有直接关系。例如:一些调节池及水箱的设计容量偏小,将会导致不必要的资源和能源浪费。特别是以优质杂排水作为水源时,排水高峰集中在早晨和晚上,在高峰排水时,会出现调节池溢流现象,而此时再生水水箱却因进水不足而需要大量补充自来水,使得实际处理能力与设计能力相差较大。

(5)目前自来水价格偏低,再生水价格与自来水价格并未形成明显的差距,导致使用者没有主观意愿使用再生水;使用量减少又导致再生水设施的设计规模未达到充分发挥,甚至影响工艺运行,出水水质难以保证,造成使用者更不愿意使用的恶性循环。

(6)一些设施的设备选型不过关,达不到预期效果。

(7)设施的正常运行,还受到运行管理单位和环保设备公司整体技术水平、资质等限制,有些设施运行调试不完善,管理人员对于设施的运行管理水平不高,出现问题不能及时解决,使水质、水量常常发生较大的波动,甚至停产。

2.6　企业再生水设施调研

2.6.1　调研方式

工业企业是用水大户,且工业用水价格高昂,用水成本将直接影响企业的经营成本和效益。在水质完全符合工业用水标准的前提下,再生水可以大大降低成本,理论上会成为企业用水的首选。

除了深圳本地的企业外,本次调研工作还选取了全国各地的制造型企业开展再生水利用的调研。

深圳本地企业的调研方式采用现场走访、电话交谈和电子邮件的形式;外地的制造型企业,笔者委托了当地的研究人员进行现场走访、电话交谈、电子邮件以及邮寄问卷的形式开展调研。

2.6.2 调研对象

(1)深圳本地的制造型企业。课题组根据其企业类型,选取了本地20家企业,涵盖了电子、印染、汽车制造、食品、板材等不同的产品类型,具体见表2.5。

表2.5　深圳企业再生水设施调研回收有效问卷名单

序号	名称	产品类型
1	深圳统信电路电子有限公司	电子
2	金源康实业有限公司	五金
3	日立环球存储科技(深圳)有限公司	电子
4	深圳方正微电子有限公司	电子
5	游晟印染(深圳)有限公司	印染
6	深南电路有限公司	电路板
7	比亚迪公司	汽车制造
8	吉田拉链(深圳)有限公司	生活用品
9	天马微电子股份有限公司	电子
10	铭基食品有限公司	食品
12	波尔亚太(深圳)金属容器有限公司	五金
13	深圳市创益科技发展有限公司	其他
14	川億电脑(深圳)有限公司	电子
15	深圳华美板材有限公司	板材
16	欧姆龙电子部件(深圳)有限公司	电子
17	深圳深爱半导体有限公司龙岗分厂	半导体
18	深圳金威啤酒酿造有限公司	食品
19	超捷织造(深圳)有限公司	纺织
20	深圳青岛啤酒朝日有限公司	食品

(2)全国其他地区的制造型企业调研。总计发放了300份问卷,回收有效问卷110份,有效问卷企业名单见表2.6。调研区域涵盖我国华东、华南、华中、华北、西北、西南及东北地区(图2.2)。调研企业类型涵盖电子、五金印染、食品、塑胶、化工、造纸、机械、生活用品和其他(图2.3)。

表 2.6　全国其他地区企业再生水设施调研有效问卷清单

序号	国内调研企业名称	所属行业及主要产品
1	丽鹏股份	饮料瓶盖
2	沈阳远大企业集团	集建筑幕墙、电梯制造、机电装备、风力发电、集成门窗和环境工程
3	浙江国泰密封材料股份有限公司	制造业;密封件
4	北京力达塑料制造有限公司	塑胶化工
5	上海造币有限公司	纸币
6	源光亚明国际控股有限公司	无极灯、电器、光源、触发器、镇流器
7	江西东元电机厂	制造业;发电机
8	宁夏石嘴山市大武口区印刷厂	生产加工印刷杂志、书籍、报刊
9	温州冠宝汽车泵业有限公司	汽车水泵
10	成都凯隆精密机械制造有限公司	不锈钢、碳钢法兰锻造和加工
11	北京利达塑造制造有限公司	制造业
12	恒安集团	纸业;生活用品
13	广东龙兴机械科技有限公司	制造业;机械设备
14	北京蓝畅机械有限公司	从事轻型液压支架的研发与生产
15	厦门万里石股份有限公司	建筑装饰石材、景观石材及承接装饰工程施工、安装服务
16	上海三菱电梯有限公司	销售企业;电梯制造
17	浙江环球滤清器有限公司	滤清器
18	威海金鼎机械设备制造有限公司	主要生产超高压截止阀、单流阀、背压阀、电缆穿越器等 6 个品种、120 多个规格的产品
19	北京金草帽粮油机械设备销售中心	销售机械设备、电器设备、仪器仪表、电子产品、电子元器件
20	上海临港再制造产业发展有限公司	再制造产业;汽车零部件
21	南京莫愁热能设备制造有限公司	有机热载体(导热油)锅炉、沼气锅炉、环保型煤锅炉、生物质锅炉等
22	茂名重力石化机械制造有限公司	制造业;化工用品、化学试剂
23	威海金鼎机械设备制造有限公司	机械设备制造业;阀门
24	北京时代科技股份有限公司	切割机
25	北京七一八友益电子有限责任公司	制造业;电子元器件
26	中国石油化工集团公司	制造业;石油
27	江西信达有限公司	钨金属
28	上海纺织(集团)有限公司	纺织产业;纺织品、新型纤维

续表 2.6

序号	国内调研企业名称	所属行业及主要产品
29	烽火网络责任有限公司	通信设备制造业
30	双叶家具实业有限公司	家具
31	上海临港再制造产业发展有限公司	新能源装备、汽车整车及零部件、船舶关键件、海洋工程
32	厦门太古可口可乐公司福州闽侯分公司	食品行业;主要产品为冰露矿泉水
33	上海大众汽车有限公司	汽车
34	上海万象汽车制造公司	大宇公交车
35	茂名通威九鼎饲料有限公司	农林牧渔业;高档断奶料、乳猪料、小中母猪料等产品
36	恒安(福建)妇幼用品有限公司	生活用品类
37	济源市伊思源清真食品有限公司	含乳饮料、植物蛋白饮料、苏打水饮料、果汁饮料、果粒饮料、茶饮料
38	山东华泰轴承制造有限公司	制造业;轴承
39	三一重工环卫机械事业部	环卫车辆机械制造
40	天津龙腾机械制造有限公司	建筑材料及其他非金属矿物制品专用设备制造业;主要产品为新型墙体材料生产设备
41	上海必格机械制造有限公司	轴、轴承、轴套、金属壳体、箱体、不锈钢件等产品
42	内蒙古伊利集团股份有限公司	奶粉、雪糕等奶制品
43	东莞市裕元鞋厂	制造业;鞋子
44	宁波开关电器制造有限公司	熔断器、熔断器组合电器、热过载继电器及各种低压断路器
45	上海肯恩电气设备有限公司	机械、设备、重工;仪器仪表
46	河南神火煤电股份有限公司	采矿业;煤炭
47	宝山钢铁股份有限公司	钢铁行业;高档钢材和其他钢铁产品
48	中山市帝豪不锈钢制品有限公司	一分厂生产高端家具五金配件;二分厂生产高端家具
49	上海纪本电子仪器有限公司	环境监测专用仪器仪表
50	杭州天荷食品有限公司	制造业;藕粉
51	郑州众邦超硬工具有限公司	五金行业;金刚石制品
52	星港电器有限公司	小家电制造
53	宁波萍钢公司	贸易
54	上海汉钟精机股份有限公司	通用设备制造业;螺杆式压缩机
55	永盛玩具厂	制造业;塑胶玩具

续表 2.6

序号	国内调研企业名称	所属行业及主要产品
56	亿滋食品(江门)有限公司	食品加工业
57	桂林金鹰家私制造有限公司	居室装潢设计,家具,灯具,装饰材料,木材收购,室内装饰
58	北京红星股份有限公司	酒类
59	上海泰胜风能装备股份有限公司	电气设备制造业;风力发电机塔架
60	广州市轻穗机械制造有限公司	不锈钢压力容器制造/大型换热器
61	上海欧亚钢琴乐器有限公司	制造业;钢琴
62	中山市丽莎涂料有限公司	化工原材料的研发与生产,包装制造、木塑新材料等多元化业务于一体
63	中信渤海铝业控股有限公司	制造业;铝型材生产及深加工
64	史丹利五金有限公司	手工业
65	茂名市建茂金属制造有限公司	金属制造领域,专业生产金属结构制品及机械加工
66	心悦制造有限公司	水泵
67	成都菊乐制药有限公司	制药业;主要产品:5－羟基色氨酸,葛根黄酮,十五烷基溴化吡啶
68	中山市捷宝电子电器有限公司	制造业;潜水泵、气泵、过滤器、雾化器、变压器、水族器材、养鱼池配件等产品
69	秦皇岛首钢板材有限公司	金属板材制作加工
70	茂名市鸿瑞石化有限公司	制造业;石化产品
71	上汽马瑞利动力有限公司	变速箱
72	中建三局武汉公司	工程建设
73	广州市华灯电器有限公司	电器
74	厦门益照光学有限公司	制造业;太阳眼镜
75	上海恒易家具厂	家具制造
76	郑州市鸿图纺织有限公司	制造业;纺织品
77	中山市中侨纸业有限公司	纸品制造业
78	富士施乐实业发展有限公司	打印机、复印机
79	江苏亚麻纺织有限公司	服装制造业;亚麻半成品
80	厦门瑞亚特工贸有限公司	制造业;包装胶带、文具胶带、蓄电池、紫外线灯管、其他胶带
81	浙江华虹光电集团有限公司	制造业;光盘
82	江西铜业集团公司	制造业;铜等金属产品
83	福润金利商贸有限责任公司	批发零售业;黄金

续表 2.6

序号	国内调研企业名称	所属行业及主要产品
84	北京中彩印制有限公司	印刷业;广告印刷品、宣传单
85	哈尔滨九洲电气	电气设备制造业;变压器蓄电池成套开关设备
86	宁波申洲公司	针织业
87	北京第一机床厂中型铣床制造部	制造业;机床
88	北京心相印纸制品公司	纸业
89	惠普公司	IT 业
90	吉林省卓越股份有限公司	制造业;肉质食品
91	上海台橡实业有限公司	弹性体
92	久盛地板有限公司	五金丝网
93	北京德丰宝金属结构厂	制造、加工建筑模板、金属零件及租赁建筑设备
94	上海安赐机械设备有限公司	化工制造业;过滤器
95	上海志豪电子有限公司	称重仪表
96	科成机械设备有限公司	生产输送机及其配件
97	广西贺州市鑫隆食品有限公司	食品制造业;贺州特产生产加工
98	希尔制版有限公司	制造业;制版印刷
99	王氏造纸有限责任公司	造纸业;纸
100	诺基亚公司	手机基站
101	东莞市港亚精密机械制造有限公司	数控转塔冲床模具、折弯机模具、五金模具和工装夹具等高精度五金配件
102	广州中群叉车有限公司	叉车、叉车配件、轮胎等
103	西安银河电缆厂	电缆
104	海田公司	制造业
105	任丘市太达机电制造有限公司	机电产品
106	北京赛生药业有限公司	制药
107	柳工柳州铸造有限公司	铸铁件,铸铝件
108	烟台恒邦泵业股份有限公司	机械制造业;耐腐蚀泵
109	中国达派箱包有限公司	制造业;箱包
110	秦皇岛冶金机械有限公司	制造业;阀门

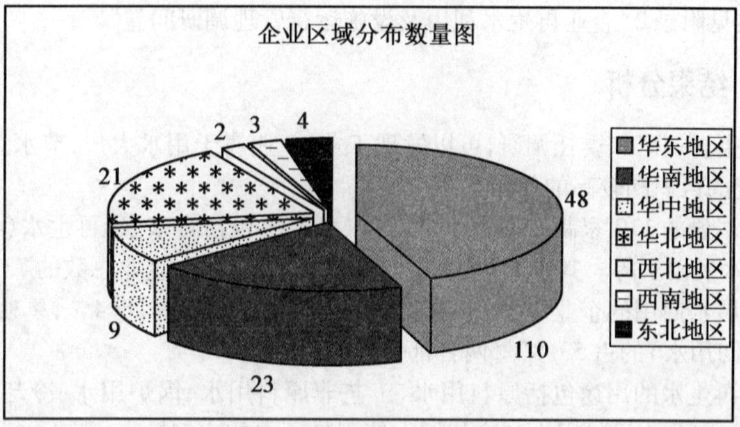

图 2.2　调研企业区域分布情况

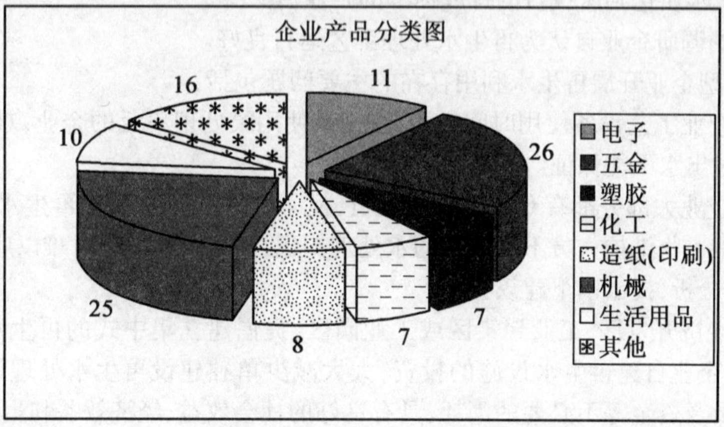

图 2.3　调研企业产品类型情况

2.6.3　调研问卷

由于企业再生水利用具有一定的特殊性，一些企业除了利用市政再生水以外，还会对企业内部的水进行回用，因此设计了单独针对企业再生水利用情况的问卷，该问卷也由 5 个部分组成。

(1)企业基本信息：包含企业名称、地址、所属行业、主要产品、产值、企业周边情况等。

(2)企业用水情况：包含用水总量、取水总量及分类、再生水来源及使用量、再生水用途及使用量、未来计划使用再生水类别及用量等。

(3)污水产生及排放情况：包含污水产生总量、污水排放总量、排污口情况、自建污水处理设施情况及工艺等。

(4)再生水生产情况：包含再生水总产量、处理设施工艺、处理设施维护人数、在线监测系统、进出水水质、工艺运行情况、企业再生水利用率等。

(5)问题和建议：主要了解企业再生水处理设施在设计建设、运行维护、监督管理上存在的突出问题和建议。

具体问卷见附录2“企业再生水利用及设施运行管理调研问卷”。

2.6.4 结果分析

(1)通过走访调研和委托调研，可以发现工业、企业属于用水大户，节水意识都较高，对再生水有一定的认识和较高的使用意愿。

(2)在所调研的110家制造型企业中，其取水来源包括自来水、再生水(循环回用水)、地下水、地表水及雨水等。其中有96家企业开展了水回用，占企业总数的73.8%。

(3)在开展水回用的企业中，其中单独使用市政再生水的占28.4%，单独使用企业内部再生水(循环回用水)的占53.8%，两者都使用的占17.8%。

(4)企业再生水的用途包括原料用水、工艺非原料用水、锅炉用水、冷却用水和厂内生活用水。其中，工艺非原料用水和冷却用水使用量所占的比例最高。

(5)在使用企业内部再生水(循环回用水)的企业中，80%的再生水工艺设置了在线监控系统；再生水水质达到所执行的排放标准的企业占95%。

(6)90%的调研企业自认为再生水处理工艺运行良好。

目前制造型企业开展再生水利用存在的主要问题包括：

(1)部分企业工艺设备使用时间较长，特别是使用膜处理单元的企业，难以做到定期更换膜组件，有时出水不能保证。

(2)大型企业大部分都有专业的技术人员，但一些小型企业对于再生水设施维护管理不到位，特别是一些维护人员不懂专业的水处理知识，出现突发情况时难以应对。

根据以上分析，提出以下建议：

(1)对于经济开发区、工业聚集区或工业园区，提倡建立集中式的再生水供给设施，这样可省去各个企业自建再生水设施的投资，大大减少单独建设再生水处理设施的设备、仪器、电力和人员及资金等不必要的消耗，具有良好的社会效益、经济效益和生态效益。

(2)在同一地区有多个同类厂或取水用途相近的企业，可以集中建设再生水设施共用。在德国这样的做法比较普遍，有几家产品相似的企业，合建再生水处理厂和污水处理厂，并使之形成一家独立的股份制企业，再由政府来管理和监督。一旦附近有新的企业成立，或者有企业准备新建再生水处理系统，政府就会建议企业不必自己兴建，只需要铺一条管道从企业合力建设的再生水处理厂引水即可。

(3)工业区内，对水质有特殊要求的企业，可单独自建深度处理单元，满足自身企业的用水要求。

(4)建议加强对企业再生水利用和水回用的监督管理，鼓励制造型企业开展再生水利用，电力生产企业必须进行再生水利用。但同时应注意，食品、饮料等生产和加工企业不宜利用再生水；若工业产品中含水且产品可能与人体直接接触，带来人体健康或其他方面不利影响的工业企业，应慎重使用再生水。

2.7　再生水设施用户使用情况调研

2.7.1　调研方式

再生水设施建成后，其使用期的长短与用户的意愿密切相关。如果使用者对再生水设施的认可度不佳，则会极大地影响再生水设施的正常、稳定运转。考虑到此方面的因素，除了以上针对再生水设施建设运行管理的调研之外，课题组特别针对居民使用再生水设施的情况设计了“再生水设施用户使用情况调研问卷”，以掌握使用方对于再生水设施的态度和建议。

居民使用再生水设施的调研采取了在深圳本地现场走访和发放问卷的形式。

2.7.2　调研对象

调研对象主要集中在深圳本地，包含原特区内外、建设新旧程度不一的50多个小区。

2.7.3　调研问卷

“再生水设施用户使用情况调研问卷”共包括25个问题，其中24个封闭型问题和1个开放型问题，具体问卷见附录3。

问卷主要包括以下内容。

(1)基本信息：居住地的水资源信息，小区基本信息，居民的收入、月用水量等。

(2)居民对于目前自来水价格的态度。

(3)居民对于再生水的态度：对于再生水的了解程度、再生水的作用、影响再生水使用的因素等。

(4)小区再生水设施的状况：宣传教育情况、小区再生水的利用途径、用户终端的管理等。

(5)居民对再生水设施的满意度及使用再生水的意愿情况。

(6)小区目前再生水价格及居民的心理价位。

(7)小区再生水设施在运管中存在的最大问题及建议。

2.7.4　结果分析

经过对深圳多个小区区民的走访调研和问卷调研，课题组得到如下的调研结果：

(1)对于居住地(深圳)的缺水情况认识，60%的调研居民认为“城市缺水甚至严重缺水”(表2.7)。

表2.7　调研结果

选项	比例
严重缺水	13.11%
比较缺水	47.54%

续表 2.7

选项	比例
不缺水	31.15%
不关注	8.2%

(2)被调研者的基本信息见表2.8～2.10。

表2.8 被调研者所在居住小区的信息

选项	比例
新建小区（5年以内）	27.87%
半新半旧小区(5～15年)	50.82%
旧小区(超过15年)	21.31%

表2.9 被调研者的家庭人口信息

选项	比例
1～2人	31.15%
3～4人	55.74%
5人以上	13.11%

表2.10 被调研者的月收入水平分布

选项	比例
<5 000元	18.03%
5 000～10 000元	21.31%
10 000～20 000元	32.79%
>20 000元	27.87%

(3)被调研者的家庭月平均用水量,57%的居民用水较为节约,每月家庭用水量在10 t以下(表2.11)。

表2.11 被调研者的家庭月平均用水量

选项	比例
<10 t	57.38%
10～15 t	27.86%
16～20 t	8.2%
>20 t	6.56%

(4)对于目前深圳的自来水价格,仅有约 15% 的居民表示不满意(表 2.12)。

表 2.12　居民满意度调研

选项	比例
满意	29.51%
一般	55.74%
不满意	14.75%

(5)对于现行水价对日常生活用水的影响,约 43% 的被调研者认为“有影响甚至影响较大”,57% 的被调研者认为“没有影响”(表 2.13)。

表 2.13　被调研者受影响程度

选项	比例
影响较大	4.92%
有影响	37.71%
没有影响	57.38%

(6)对于再生水的了解程度,仅有约 15% 的被调研者表示“不了解”,85% 以上的居民表示“了解或者听说过”,这说明深圳市居民对于再生水的认知度水平较高(表 2.14)。

表 2.14　被调研者对再生水的了解程度

选项	比例
很了解	16.39%
比较了解	31.15%
听说过	37.7%
不了解	14.75%

(7)对于以下影响居民使用再生水的因素中,被调研者认为的相关度水平为:供水的水质(如气味、颜色等)> 使用的安全性 >供水的稳定性>管道的铺设与改造 >再生水的价格 >心理上不能接受。

(8)被调研者可接受的再生水回用途径包括家庭冲厕、公共建筑冲厕、小区景观用水、浇灌小区绿化、喷洒道路、洗车及消防用水。对于这些回用途径的优先认可程度为:浇灌小区绿化>小区景观用水>喷洒道路>消防用水>公共建筑冲厕>家庭冲厕>洗车。

(9)对于小区开展再生水宣传教育的情况,67% 的被调研者表示所在小区从不开展此方面的宣传,这表明针对居民的再生水利用宣传还有待增加,尤其应加强监管(表 2.15)。

表 2.15　再生水宣传教育频率

选项	比例
经常	1.64%
偶尔	31.15%
从不	67.21%

(10)对于被调研者所在小区是否配备再生水处理设施,仅有 11% 的小区配备再生水设施,这表明深圳市小区中再生水利用水平还较低(表 2.16)。

表 2.16　被调研者所在小区配备再生水设施情况

选项	比例
是	11.48%
否	88.52%

(11)在具有再生水处理设施的小区中,有超过 85% 的小区有专门的机构或者专人管理再生水设施;但仍有近 15% 的再生水设施无专人管理和维护(表 2.17)。

表 2.17　对再生水设施的管理与维护

选项	比例
有	85.71%
没有	14.29%
不了解	0

(12)在具有再生水处理设施的小区中,有 82% 的被调研者表示所在小区提供的入户再生水设备设立了独立的标识,且入户再生水水管颜色与自来水水管有明显区别(表 2.18)。

表 2.18　被调研小区设立独立标识情况

选项	比例
有	82.86%
没有	17.14%

(13)对于合理的再生水价格,57% 的被调研者认为再生水价应低于 1 元/t(表 2.19)。

表 2.19　对再生水价格的调研

选项	比例
<1 元/t	57.14%
1.0~2.0 元/t	28.57%
2.0~2.5 元/t	14.29%
>2.5 元/t	0

(14)在具有再生水处理设施的小区中,对于再生水水费的收缴形式主要有与自来水水费同时收取和再生水公司单独收取两种(表 2.20)。

表 2.20　再生水缴费形式

选项	比例
与自来水水费同时收取	42.86%
由再生水公司单独收取	57.14%
购买水卡	0
网上缴费	0

(15)在具有再生水处理设施的小区中,对于小区提供的入户再生水,被调研者中没有人在一直使用;仅有 14% 的被调研者表示偶尔使用;有 28% 的被调研者曾经使用,但现在停用。这表明目前小区入户再生水使用情况较差,居民使用率很低(表 2.21)。

表 2.21　被调研者使用再生水的情况

选项	比例
一直在使用	0
偶尔使用	14.29%
以前使用,现在停用	28.57%
从未使用	57.14%

(16)对于停用或者从未使用小区提供的再生水的原因,被调研者认为几个最主要的原因是:担心水质、水价与自来水相比无优势、担心引起其他卫生问题(如蚊虫等)、再生水设施维护管理不到位等(表 2.22)。

表 2.22　未使用再生水的原因调研

选项	比例
担心水质	66.67%
水量不稳定	0

续表 2.22

选项	比例
心理上不能接受	16.67%
水价与自来水相比无优势	83.33%
担心引起其他卫生问题(如蚊虫等)	83.33%
再生水设施维护管理不到位	50%
其他	33.33%

(17)对于停用或者从未使用小区提供的再生水的调研者,当再生水价格低于自来水价格多少时,会考虑开始使用再生水,所有的被调研者均表示再生水与自来水差价应大于0.5 元/吨。有 85% 的被调研者认为差价应介于 0.5 ~1.5 元/t(表 2.23)。

表 2.23　再生水与自来水差价的调研

选项	比例
<0.5 元/t	0
0.5 ~1.0 元/t	42.86%
1.0 ~1.5 元/t	42.86%
1.5 ~2.0 元/t	14.29%

(18)被调研者表示对于所在小区再生水设施在运行使用中所存在的最大问题为:运行维护不到位、工艺设计存在缺陷及水价不合理。

综上所述,关于再生水设施用户使用情况可得到如下结论:

①对于再生水的了解程度,仅有约 15% 的被调研者表示“不了解”,85% 以上的居民表示“了解或者听说过”,这说明深圳市居民对于再生水的认知度水平较高。

②对于以下影响居民使用再生水的因素中,被调研者认为的相关度水平为:供水的水质(如气味、颜色等) > 使用的安全性 >供水的稳定性 > 管道的铺设与改造 >再生水的价格 >心理上不能接受。

③对于再生水回用途径的优先认可程度为:浇灌小区绿化 > 小区景观用水 > 喷洒道路 > 消防用水 > 公共建筑冲厕 > 家庭冲厕 > 洗车。

④对于小区提供的入户再生水,被调研者中没有人在一直使用,仅有 14% 的被调研者表示偶尔使用;有 28% 的被调研者曾经使用,但现在停用;这表明目前小区入户再生水使用率很低。

⑤所有的被调研者均表示再生水与自来水差价应至少大于 0.5 元/t。

⑥被调研者表示对于所在小区再生水设施在运行使用中所存在的最大问题为:运行维护不到位、工艺设计存在缺陷及水价不合理。

第3章　再生水利用的规划和政策

3.1　总体目标和要求

再生水的利用是缓解城市水危机的重要途径之一,然而对于我国大多数建设格局已经基本稳定的城市而言,因基础设施的改造成本过高,大规模地全面实施再生水利用还处于起步和探索阶段。但从城市规划的角度和战略政策的高度应努力创造条件,尤其对于各城市未来重点建设的新区及规划确定的改造片区,应为实现再生水的利用提供规划保障和政策支撑,逐步实施再生水的有效利用。

再生水利用的发展规划应具有两层目标:一是再生水发展要符合国家、城市整体大规划的要求;二是作为专项规划,再生水本身的发展规划应确定切实可行的分阶段的实施方案。

本章在总结、对比国内外再生水利用规划和政策经验的基础上,重点介绍深圳市的再生水规划、发展战略以及深圳市再生水利用的法律法规和政策管理体系。

3.2　国外再生水利用规划和政策经验

世界卫生组织(WHO)对再生水规划制定的导则以及2004年修订的《美国再生水利用指南》的规划部分,代表性地反映了国外再生水规划的基本内容。与再生水作为非常规、替代性水源的特殊性相对应,再生水项目规划集中关注可行性、合规性、比较性、成本有效性和技术环节的完整性。其主要做法和经验总结如下:

(1)再生水利用项目规划以可行性分析为核心。

国外再生水利用规划的基本思路是在各种限制条件下确定项目方案,规划过程与可行性分析形成"一体两面"的关系。这是因为再生水利用的特殊性:法律规范比较复杂,市场需要精确定位,处理技术有特殊要求,社会认知基础相对薄弱,健康和环境风险较高,管理的专业性强等。因此,较之其他供水项目,再生水项目的可行性问题更为复杂广泛,标准更加严格。可行性分析是再生水项目规划的核心内容,包括水源、市场需求、相对其他替代方案的竞争力、成本有效性、技术要求以及技术可行性、融资可行性、社会接受度、健康和环境影响、管理的专业性等。

(2)再生水项目规划以合规性为基本前提。

国外再生水项目规划以复杂而严格的法律规范为依据。再生水项目较一般供水项目有更多地涉及健康、环境、水资源保护方面的法规。这些法规的限制和支持决定了再生水项目的基本实施空间。各种规程所要求的水质和工艺标准、管理规范,以及再生水项目在融资、水资源管理、土地利用、环境保护等方面的法律规定，都必须纳入再生水项目规划中。

(3)再生水项目规划以全面比较作为基本方法。

再生水项目提供的是替代水源，且一次投入资金额较大，可行的再生水项目方案必须在实施效果、财务状况、环境影响等方面较之常规供水、调水和海水淡化等更具优势。首先，规划必须进行详细的市场调研，在各种供水相互竞争的格局下，全面比较，谨慎估算，充分利用法律法规和公共政策对再生水的支持，寻找再生水项目的细分市场，确定供给和需求数量、需求群体、用途等。其次，进一步分析融资条件、收费标准，保障财务可持续并具有价格竞争力。最后，在水源获取、处理程度、多水质或者单一水质处理、技术工艺、产量、输水方式、储存方式、管网布局等多个环节进行比较，逐步完成最优方案的规划设计。

(4)再生水项目规划要求努力实现成本有效性。

成本有效是指成本可以被收益补偿。再生水项目的投资较大，而再生水水价一般需要维持在低于甚至远低于饮用水水价的水平，因此再生水项目实现成本有效性面临很大困难。除了选择有利的技术方案以降低成本外，争取到拨款和优惠利率的长期贷款对于降低成本也很重要，而用户收费(包括使用费和入户管网费等)也必须有保障。成本有效是再生水项目作为公用事业实现商业化运作的前提。

(5)再生水规划必须实现技术环节的完整性。

由于用途和用户群体需求的多样化，对再生水供水的水量、水质、水压、保障率、时间分布等提出复杂的要求，再生水项目各个技术环节的方案选择以及它们之间如何匹配衔接，不仅关乎正常供水，也关乎实现成本有效。以美国再生水利用导则中规划部分为例，包括水源、污水处理、储存、附属设施(如再处理设施)等部分的技术性规划。再生水利用项目规划必须充分涉及所有技术环节。

此外，新加坡、日本等国的经验也值得借鉴。新加坡的水资源管理由公用事业局负责，其在水资源和污水及废水再利用方面取得成功的一个主要原因是重视水资源的全方位管理，建设下水道收集系统进行废水和污水收集，并且建造相对独立的排水系统和下水道污水处理体系，实现广泛的污水处理和再利用。

日本则将再生水利用规划为4个主要类型：①单栋大楼的水回收系统。东京、福冈等地要求大于一定面积(一般为3 000 ~ 5 000 m^2)或者供水管道直径大于50 mm的新建大楼必须配置双管供水系统，回收水主要用于冲厕。②街区范围水回用系统。多栋大楼连接在一起共享废水处理设施，而不是单独建立水回用系统，回收的水被输送回大楼供冲厕使用。在单栋大楼和街区范围水回收系统中，废水处理一般由膜分离单元和消毒单元组成，该工艺的特点是占地面积较小。③大面积水回收系统。在回收水使用之前对其进行三级或者深度处理，回收的水通过管网输送，主要供冲厕或者环境用途使用。④再生水用于补充河道。污水处理厂的再生水通过水泵输送到河道的注入点来增大河道流量，例如福冈的那珂河、三笠河，大阪和库兵的伊那河，札幌的定山溪等。

为了推动再生水事业的发展，日本再生水利用的行政主管部门、地方政府和行业协会等分别制定了相关的指南、规划、纲要等，这些规划指南在实践过程中，根据技术发展和消费者需求的不断变化，不断得到修订，已经形成了一套完整的体系，见表3.1。

表3.1 日本再生水相关政策措施

制定时间	政策名称	制定方
1980年3月	《污水处理水循环利用技术方针》	国土交通省
1981年9月	《冲厕用水、绿化用水、污水处理水循环利用技术指南》	下水道协会
1990年3月	《污水处理水的景观、戏水利用水质研讨指南》	国土交通省
1995年3月	《再生水利用事业实施纲要》	东京都
2003年7月	《再生水利用下水道事业条例》	福冈市

3.3 我国再生水战略与规划

3.3.1 我国再生水战略

1. 将污水回用提升为再生水利用

取用水资源的有效总量受到两个因素的限制:一是取用的总量;二是取用的频率。一般而言,在水资源丰富的背景下,取用水不会受到水资源总量的制约;在取用水资源所造成的水质破坏程度小于水体自净能力的情况下,无须为取水付出水质净化的代价。

但是,随着城市规模的不断扩大,用水的总量需求逼近甚至超过水资源总量的临界值,致使水资源出现总量缺乏。解决总量缺乏的方法有两个:一是人为增加总量,即"开源";二是降低需求,即"节流"。人为增加总量的方法包括跨区域调水和再生水利用,也包括开发非传统水资源如海水淡化,跨区域调水将增加区域水资源总量,再生水在流域总量不变的情况下将增加局部总量。降低需求的方法主要有节约用水和水的重复利用,节水可以通过提高水资源费用等经济手段来实现,也可以通过强制性的行政手段来实现,而水的重复利用则是另一种降低需求的有效措施。

以往将再生水利用理解为污水回用是一种对再生水的狭义理解,而且具有普遍性,在一系列规划和产业政策中这种认识普遍存在。目前,我国大部分规划中所提及的再生水利用率更加准确的表述应该是污水再生回用率。水资源极其紧张的以色列以优秀的水管理享誉世界,在经过几十年的努力和巨大的投资后其再生水利用率只有75%,而我国以北京市为例,其再生水利用刚刚起步几年,再生水利用率在2008年就达到50%,这里说的50%实际是污水再生回用率而不是指真正达到水质目标或环境功能要求的再生水。

虽然再生水发展起步于污水回用,但是严格地讲,污水回用与再生水利用不是一个层次的概念。再生水是一种增加有效总量的措施,而污水再生回用(包括中水利用)实际是一种降低需求的措施。未来再生水利用的发展之一就是将污水回用提升为再生水利用。

2. 再生水战略的核心内涵是"再生"

随着城市化程度的提高和城乡一体化的发展,城市所排出的污水负荷已经远远超出自然水体的自净能力。城市污水处理厂的大量修建和运营,在一定程度上削减了城市污水的污染负荷,但是在高度密集的地区,经过生化处理的污水处理厂出水水质仍然不足以满足水体自然净化的要求。

事实上我国在珠三角、长三角和环渤海等地区的城市已经连接成片，一个城市的排污口与下一个城市的取水口已经毗邻。即便有一定的城市间距，由于水体流量逐年减小，自净能力变差，致使水体的环境容量过小，对污水处理的要求越来越高（处理水水质已达到或者接近自然原水的标准），因此有必要将污水处理与回用更合理地协调起来，而将其协调起来的纽带就是再生水战略。在没有自然再生的空间和时间的背景下，需要人工对水资源进行"再生"，让下游城市能够得到质和量兼优的水资源。因此，再生水战略的核心思想就是通过工程措施和管理措施促进水的充分再生和自然复原。

城市从自然水体中取水并净化为自来水是一次水质的净化过程，自来水经过使用转变为污水排放是一次污染过程，污水经过污水处理厂净化向自然水体排放是一次消除污染的过程，污水处理厂排放的高度净化处理水经过自然水体的进一步自净变成自然原水，则是水的再生过程。再生的核心就是让水资源再次具有自然原水的特征。理论上讲，水的"再生"和"复原"过程应由自然界来完成，但自然再生和复原受流量、流速和净化时间等水环境要素的限制，其过程较缓慢。按照传统的心理，公众难以接受污水处理出水直接转变为饮用水。因此，再生水战略是对水体自然净化能力不足的人工强化，适用于所有区域特别是水资源极度紧缺、城市密度高的特定区域。

3. 再生水的资源战略性

将再生水利用区别于狭义的污水再生回用概念，其意义在于将再生水从简单的资源节约提到更高的资源战略高度来认识。再生水之所以能够成为一种战略，在于它将改变纯粹依靠已经不可能达到目标要求的低水平自然再生过程，通过人工强化与辅助，从而缩短自然再生复原的周期和流量要求，总体上增加水资源多次利用的频率和质量保障。因此，再生水本质上是一种资源战略，是一种建立人类需求与水体良性循环高度协调的战略性措施。

污水处理是一种环境战略，体现了政府的环境责任和污染者付费的原则。污水回用是一项重要的政策方向，是一种污水净化后直接使用或间接使用的降低用水总量的措施。再生水利用既是一种环境战略，更是一种资源战略，是以城市污水处理为基础的水资源战略。在再生水战略的有效实施下，将有可能使水资源摆脱简单的水资源总量的限制，一个流域的水资源不断地被重复使用和再生，因为强化了再生复原环节，使得流域内各个使用主体的水资源需求总量不再是需求水量的简单加和，因此将极大地提高水资源的有效供给总量。

从资源战略上理解的再生水利用是一种水资源社会循环理念的重大变革，理论上讲只要满足一定的流域水资源总量要求，再生水系统就能有效提高水资源使用的次数。因此，再生水战略实际上是新的水资源系统的构建，是涉及流域协调、资源调配的新体系，是一场对传统水资源规划体系的战略性提升和革命。

3.3.2 我国再生水"十二五"规划

为加快建设全国城镇污水处理及再生利用设施，提升基本环境公共服务水平，促进主要污染物减排，改善水环境质量，我国发展改革委、住房城乡建设部、环境保护部于2012年联合编制了《"十二五"全国城镇污水处理及再生利用设施建设规划》，这是继2006年发布的《全国城镇污水处理及再生利用设施建设“十一五”规划》后，我国再次颁布的关于再生水利用的全国性规划纲要。

此次规划以全国 31 个省、直辖市、自治区（不包括港澳台地区）的 661 座设市城市和 1 636个县城及部分重点镇的污水处理及再生利用为主线，综合考虑用水需求与污染物控制、新建与改造、污水处理厂建设与管网配套等，优先完善既有设施，大力加强配套设施，合理布局新建设施，对“十二五”期间全国城镇污水处理、污泥处理与处置、配套管网及再生利用设施的建设和运营管理进行统筹规划。

1. 规划原则

（1）政府主导，社会参与。明确政府责任，加大公共财政投入力度。引入市场机制，出台和完善有效的支持政策，充分调动社会资金参与城镇生活污水处理及再生利用设施建设和运营的积极性。

（2）统筹规划，合理布局。污水处理要与经济社会发展水平相协调，与城镇发展总体规划相衔接，与环境改善要求相适应，与环保产业发展相促进，合理确定建设规模、内容和布局。

（3）突出重点，科学引导。重点建设和完善污水配套管网，提高管网覆盖率和污水收集率。通过加强技术指导和资金支持，加快污水再生利用设施建设。科学确定设施建设标准，因地制宜选用处理技术和工艺。

（4）加强监管，促进运行。建立健全有效的监管和绩效考核制度，强化对城镇再生水处理设施建设和运营全过程的监督管理，促进设施正常运行。

2. 主要目标

到 2015 年，城镇污水处理设施再生水利用率达到 15% 以上。

“十二五”期间各项建设任务目标为：新建污水管网 15.9 万 km，新增污水处理规模为 4 569 万 m^3/d，升级改造污水处理规模为 2 611 万 m^3/d，新建污水再生利用设施规模为 2 675 万 m^3/d。

3. 再生水利用的建设任务

按照“统一规划、分期实施、发展用户、分质供水”和“集中利用为主、分散利用为辅”的原则，积极稳妥地推进再生水利用设施建设。各地应因地制宜，根据再生水潜在用户分布、水质水量要求和输配水方式，合理确定各地污水再生利用设施的实际建设规模及布局，在人均水资源占有量低、单位国内生产总值用水量和水资源开发利用率高的地区要加快建设，促进节水减排。

“十二五”期间，全国规划建设污水再生利用设施规模为 2 676 万 m^3/d。其中，设市城市2 077 万 m^3/d，县城 477 万 m^3/d，建制镇 122 万 m^3/d；东部地区 1 258 万 m^3/d，中部地区 706 万 m^3/d，西部地区 712 万 m^3/d。全部建成后，我国城镇污水再生利用设施总规模接近 4 000 万 m^3/d，其中设市城市超过 3 000 万 m^3/d，可有效缓解用水矛盾。

4. 再生水利用的技术要求

污水集中处理达到基本水质要求后，应结合相关要求和当地实际，合理确定处理水质标准。确定再生水利用途径时，宜优先选择用水量大、水质要求相对不高、技术可行、综合成本低、经济和社会效益显著的用水途径。工程设计之前，需进行污水再生利用试验，或借鉴已建工程的运转经验，选择合理的再生处理工艺。再生水要根据其用途，达到相应的卫生安全等级要求。

5. 再生水利用的保障措施

(1)健全法规标准。再生水利用等方面制定相应的设计规范、技术指南、建设规程和运行维护规范。加强标准规范实施情况的后续评估,形成动态修编、先进适用的技术标准体系。

(2)完善激励政策,加强政府扶持。逐步理顺再生水价格、水资源费、排污费等费价关系。

(3)加强科技支撑。将污水处理与再生利用的重大关键技术、运营与监管支撑技术等纳入国家相关科技计划。

(4)强化监督管理。建立健全的监管体系和责任追究制度,从设计、选址、施工、安装、调试、验收各个环节进行全过程监管。

此项规划的颁布对于加快推进再生水处理设施建设,不断提高其设施运营水平具有重要意义,是指导各地加快城镇污水处理设施建设和安排政府投资的重要依据。

3.4 我国主要城市再生水规划

3.4.1 北京市再生水规划

北京市目前有再生水厂 17 座,生产能力合计 81 万 m^3/d,其中:城区 6 座,生产能力为 44 万 m^3/d;郊区 11 座,生产能力为 37 万 m^3/d。全市共有再生水管线 809 km,其中,城区为606 km,郊区为 203 km。全市累计利用再生水 27.8 亿 m^3,相当于 1 390 个昆明湖的水量。

1."十二五"规划目标

根据北京中心城和各新城的实际情况,在现有水平上,进一步提高再生水利用率。在达到总体规划确定的 2010 年替代水资源量 6.8 亿 m^3/a 以上的基础上,进一步增加再生水的利用量,到 2015 年再生水利用量不低于 10 亿 m^3。

2. 对策措施

(1)因地制宜地确定各地区再生水的主要用途。

通过对国内外污水再生利用现状及特点进行的分析,对北京市污水再生利用的历史及存在的问题进行分析,北京中心城再生水利用的主要方向应以农业灌溉、工业冷却、河湖环境用水为主,兼顾部分绿化、建筑冲厕、道路浇洒等市政杂用水。

①北京中心城再生水近期应优先用于工业方面,替代清水资源。

②城市绿化用水、道路浇洒用水、建筑冲厕用水是北京中心城近期再生水利用的重要方面。

③再生水在满足工业和市政杂用的前提下,作为城市河湖的补充水源,全面改善城市水环境,并满足下游农业灌溉的需要。

④积极研究探索新的再生水其他用途。

(2)加快建设再生水处理设施,提供合格的再生水水源。

再生水处理设施规模的确定是建立在对再生水各类用途需水量预测分析的基础上,在合理的再生水利用目标的指导下,"十二五"期间,应分期进行再生水处理厂的建设,以保障再生水的合理利用。

(3)加快建设再生水配水管道,确保各类再生水利用。

再生水配水管网的建设是各类再生水利用的重要保障。再生水管网布置宜采用环状与枝状管网相结合的管道布置形式,力求减小供水距离。再生水管道建设应根据道路建设计划,按近、远期相结合的原则来开展,并保留远期各再生水厂联网供水的可能性。

(4)建设再生水调水工程,确保各区域河湖景观用水。

北京市区污水处理厂升级改造后,再生水水质、水量除能满足进一步发展工业用户,扩大绿地再生水灌溉的要求以外,还能满足市区河湖水体功能的要求。但是,由于大部分污水(再生水)处理厂位于城市的下游,再生水资源在空间地域分布不均,造成了市区不同区域的河湖在再生水资源分配量上不协调。通过调水工程,可以满足市区各重要河湖在环境用水配置上的均衡,保障整个区域的环境优美。

3. 再生水厂规划

规划到 2015 年,对现状 10 座污水处理厂(包括清河、肖家河、北苑、北小河、酒仙桥、高碑店、吴家村、卢沟桥、小红门、方庄)的升级改造,使再生水处理能力达到 231 万 m^3/d。此外,规划继续建设东坝、定福庄、垡头、五里坨污水处理厂,规划新建郑王坟再生水厂、回龙观再生水厂,新增再生水处理能力 25 万 m^3/d(图 3.1)。

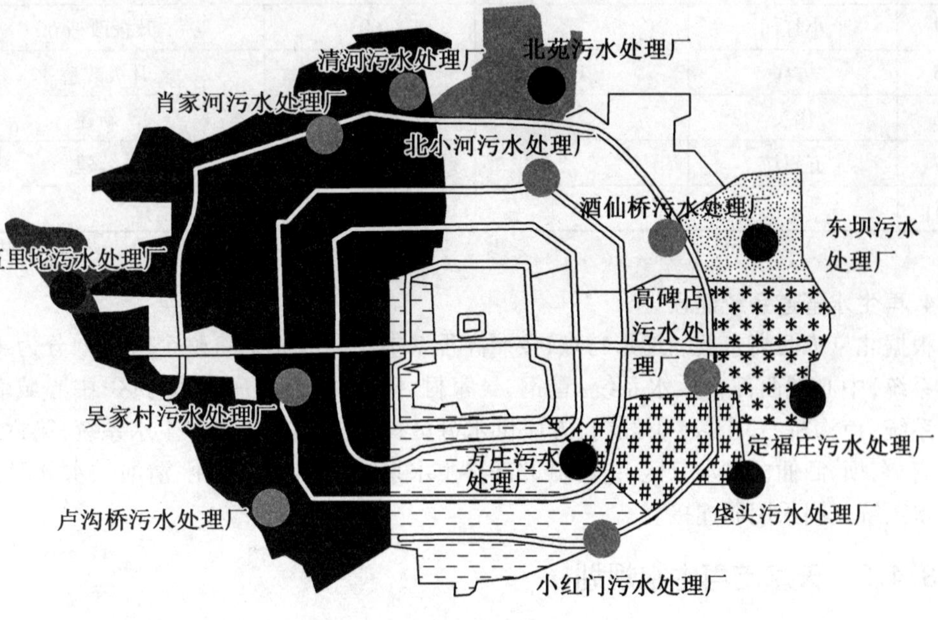

图 3.1　北京市主城区污水厂分布图(再生水厂规划)

到 2015 年,北京市 17 座(含第六水厂)再生水厂再生水处理能力达到 308 万 m^3/d(表 3.2)。

表 3.2 北京市中心城再生水厂供水规模规划 万 m^3/d

序号	再生水厂	现状规模	2015 年规模	备注
1	清河	8	55	升级改造 40,扩建 15
2	肖家河	2	2	升级改造
3	回龙观		5	新建
4	北苑		12	升级改造
5	北小河	6	10	升级改造 4
6	酒仙桥	6	20	升级改造 14
7	东坝		10	续建
8	高碑店		100	升级改造 100
9	第六水厂	17	17	维持现状,加压泵站
10	定福庄		12	续建
11	吴家村	4	8	升级改造 4
12	卢沟桥		10	升级改造 10
13	郑王坟		45	新建
14	小红门		60	升级改造 60
15	方庄	1	4	升级改造 3
16	垡头		10	新建
17	五里坨		2	续建
合计		44	365	

4. 再生水管道系统建设

根据北京市西高东低的地形特点,按照高程基本相同的原则将整个管网划分为 4 个再生水系统,中心城西部再生水系统:首钢、吴家村、田村路、万泉庄供水分区;中心城南部再生水系统:卢沟桥、郑王坟、小红门、方庄供水分区;中心城东、中部再生水系统:第六水厂、高碑店、东坝、酒仙桥供水分区;中心城北部再生水系统:北小河、北苑、清河供水分区。4 个再生水系统之间采用弱连接。

3.4.2 天津市再生水规划

天津市现有的再生水厂,包括纪庄子再生水厂、咸阳路再生水厂、东郊再生水厂、北辰再生水厂、双林再生水厂和张贵庄再生水厂,另外滨海新区还建有泰达新水源一厂和北塘中水厂。

根据天津市排水专项规划(2008 ~ 2020 年),天津市要达到的污水处理率为中心城区 95%,滨海新区 90%,环城四区及两区三县 85%;将再生水作为城市的第二水源,合理确定再生水的利用规模和布局,故将天津市的再生水利用率定为初期即 2010 年 30%,远期到 2015 年全市的再生水利用率将达到 40%。

根据规划,至 2020 年,天津市建成污水处理厂共 69 座,其中包括升级和扩建 18 座,新建51座，总处理能力737万 m^3/d；规划建成再生水厂69座，分布为主城区12座、滨海新区26座、近郊地区31座，日处理能力为335.7万 m^3/d（表3.3）。

表3.3　天津市城区再生水厂规模及规划

范围	再生水厂		污水处理厂规模/（万 $m^3 \cdot d^{-1}$）	再生水厂规模/（万 $m^3 \cdot d^{-1}$）
	序号	名称	近期/远期	近期/远期
市内六区	1	咸阳路再生水厂	36/45	16/35
	2	纪庄子再生水厂	42/42	18/30
	3	东郊再生水厂	32/32	13/25
	4	张贵庄再生水厂	20/45	12/25
	5	北辰再生水厂	10/18	2/12
	6	双林再生水厂	5/20	5.5/8

规划铺设DN300～DN1600再生水供水干管1 307 km，建设管理加压站6座。

至2020年新建的再生水厂可满足大部分的工业用水和景观河道用水需求，以及部分的城市生活用水需求，但在农业灌溉用水方面还略显不足，用于灌溉的再生水只占农业灌溉总需水量的4.3%左右。天津市今后的发展，除了满足工业用水及景观河道用水等这样稳定的“大用户”以外，还要积极利用再生水进行农业灌溉，以彻底解决天津市的土壤板结问题，走可持续发展的道路，同时也能更好地维护人们的身体健康。

3.4.3　大连市再生水规划

大连是严重的资源性缺水城市，因此，污水再生资源化利用的意义尤为重要。截至目前，已投资5亿多元建成泰山电厂、恒基电厂、大石化电厂、北海头电厂和甘井子电厂5座以城市污水处理厂排水为水源的再生水厂，再生水回用量达到10万 m^3/d。以污水处理厂出水作为景观用水的马栏河、自由河景观河道用水达到20万 m^3/d，而星海湾水源热泵再生水用量达10万 m^3/d。目前，再生水回用量达到40万t/d，再生水回用率达到42%。

“十二五”期间，规划建设81座城镇污水处理厂，新增污水处理能力153.725万 m^3/d；规划建设再生水利用设施23座，新增再生水50.7万 m^3/d；新建大连开发区和长兴岛临港工业区两座污泥处理厂，新增污泥处理能力达300 t/d。

到2015年，大连市城镇污水处理率达到85%，城市污水处理率达到98%；城镇管网覆盖率达到75%，城市管网覆盖率达到99%；城镇再生水回用率达到40%，城市再生水回用率达到45%；城镇污水处理厂产生的污泥无害化、稳定化处置率达到100%。

3.4.4　西安市再生水规划

西安市属极度缺水城市，多年平均水资源总量为23.47亿 m^3，人均水资源占有量278 m^3，仅为全省和全国人均的1/3和1/6。面对几乎饱和的城市供水压力，“节流”已经迫在眉睫。

在污水处理设施建设和再生水利用推广方面，西安市目前有21座污水处理厂，日处理能力可达到 190.1 万 m^3，连续 3 个季度在全国 36 个大中型城市综合考核中排名第一。2013 年，全市污水集中处理量达到 45 259.32 万 m^3，城区集中污水处理率已达 91.5%。

同时，城区再生水生产能力达到 18.5 万 m^3/d。但是，由于管网建设滞后等原因，年利用量只达到 6 432.34 万 m^3，90% 以上的再生水只能排入河渠。西安市目前存在的主要问题是再生水利用率低，仅为 12%。

近期规划将新建污水处理厂 5 座，新增污水处理能力 16 万 m^3，新建再生水管网 10 km，新增再生水日利用设施规模 6 万 m^3，再生水利用率达到 20%。规划 2016 年再生水利用率达到 30%。

3.5　对比与借鉴

从我国各区域、省份现有污水再生利用规模及“十二五”规划新增规模的统计分析（表 3.4），可以发现：

（1）全国各区域均已经开展或计划开展再生水的利用（图 3.2）。

（2）以现有再生水利用规模来分析，我国华北地区由于缺水极度严重，较早重视再生水的利用并开展污水再生利用的实践，现有再生水利用规模较大。

（3）华东地区现有规模在全国地区最高，这主要是由于属于其区域内的山东省现有再生水利用规模很高（237.2 万 m^3/d）。

（4）处于长三角发达地区的上海市，却完全没有开展污水再生利用，在“十二五”规划中，也未准备开展再生水利用，这可能与上海市长期以来水资源总量较为充沛有关。

（5）从各区域、省份再生水利用“十二五”规划来看，华北、华南和华东地区制订了较大规模再生水利用计划，均达到 300 万 m^3/d 以上。

（6）广东省的“十二五”规划新增污水再生利用规模增幅最大，由现有的 13.3 万 m^3/d 突增至 301 万 m^3/d，增幅达到近 24 倍，说明在“十二五”期间，广东省将大力开展再生水的利用。

（7）北京市的“十二五”规划新增污水再生利用规模增幅也较大，由现有的 81 万 m^3/d 增至 308 万 m^3/d，这也可以看出，北京市由于缺水问题，将再生水利用放在了突出的战略和发展地位。

表 3.4　“十二五”全国新增城镇污水再生利用规模

区域	省份及直辖市	现有规模/（万 $m^3 \cdot d^{-1}$）	“十二五”计划新增至/（万 $m^3 \cdot d^{-1}$）
华北	北京	81	308
	天津	27	49.3
	河北	114.1	50.9
	山西	27.2	84.2
	内蒙古	39.5	103
	小计	288.8	595.4

续表3.4

区域	省份及直辖市	现有规模/(万 $m^3 \cdot d^{-1}$)	"十二五"计划新增至/(万 $m^3 \cdot d^{-1}$)
东北	辽宁	116.3	59.8
	吉林	18.2	44.3
	黑龙江	6.2	24.4
	小计	140.7	128.5
西南	重庆	16.9	26.6
	四川	20.1	51
	贵州	33	24.4
	云南	13.4	44.9
	西藏	0	0
	小计	83.4	146.9
华南	广东	13.3	301
	广西	0	15
	海南	0	15.4
	小计	13.3	331.4
华东	上海	0	0
	江苏	118.7	78.5
	浙江	14.9	28.6
	安徽	15.8	69
	福建	3	30.4
	江西	0	47
	山东	237.2	104.7
	小计	389.6	358.2
西北	陕西	24	104.8
	甘肃	9	44.6
	青海	0.3	6
	宁夏	19	13.5
	新疆	55.4	73.8
	小计	107.7	242.7
华中	河南	51.9	116.7
	湖北	0.6	68
	湖南	6	72
	小计	58.5	256.7

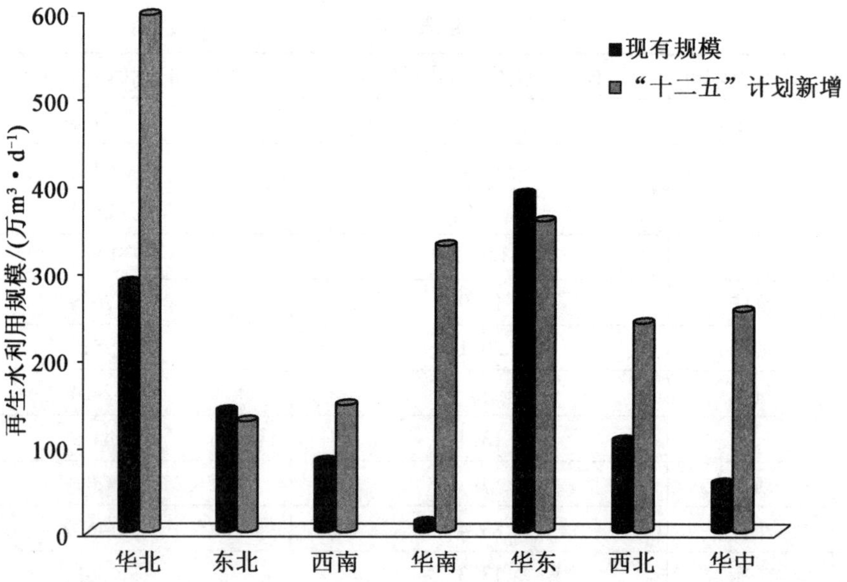

图 3.2 我国各区域再生水利用规模

3.6 深圳市再生水战略与规划

3.6.1 深圳市再生水利用战略

早在2005年,深圳市就针对城市资源性缺水的现状,前瞻性地制定了《深圳水战略》,针对再生水的利用提出了富有全局性、综合性的总体战略和相应的实施策略。

1. 污水再生利用的方向

加强影响水质安全的控制,在保证人体健康不受到影响的前提下,尽可能将污水的处理与再生利用相结合,逐步提高污水再生利用的水平。

再生水用户的选择按照"先近后远、先易后难"的原则,逐步扩大再生水的用户和用量。首先,河湖补水、农业用水、工业用水、道路和绿化浇洒用水,用水量较大,用水点相对集中,水质安全易于保障,同时再生水管线沿道路敷设较容易,并已有许多地区的成功经验,应优先考虑使用再生水;其次,冲厕用水和娱乐场所非接触用水在加强水质安全管理的前提下,结合城市建设和更新,逐步试点开展;对于直接或间接作为饮用水源使用的再生水,水质要求较高,目前深圳的经济技术水平难以保障,近期不建议采用。

深圳市在现有客观条件不适合大规模建设以生活低质供水为目的的市域分质供水系统,但可结合新建区域城市更新改造,建设局部的分质供水系统。

2. 污水再生利用目标

深圳市污水再生利用目标见表3.5。

表3.5　深圳市污水再生目标

项目 目标	现状	近期(2010年)	中期(2020年)	远期(2030年)
城市污水集中处理率/%	36	75	90	95
城市污水处理回用率/%	0.1	20	30	35

3.污水再生利用措施

(1)合理布局污水处理厂,再生水优先用于河流生态补水。

结合深圳市河流水系的分布,合理布局城市污水处理厂。结合深圳市污水处理厂的布局,实施尾水深度处理,优先实施深圳市河流上游和临近湖泊的污水处理厂(布吉污水处理厂、埔地吓污水处理厂、西丽污水处理厂、华为污水处理厂、横岗污水处理厂、宝龙污水处理厂、光明污水处理厂等)深度处理工程,为深圳市主要河流水系提供必要的生态用水。

(2)提高再生水处理标准,再生水逐步回用于工业及市政杂用。

再生水经深度处理至水质指标达到1985年国家颁布实施的《生活饮用水卫生标准》后,逐步回用于工业及市政杂用,其管网系统只铺设干管,并为潜在用户预留接口,主干管的走向与主要工业用水大户方向基本一致,同时辅以城市自来水作为工业用水备用水源,增强供水安全性。

(3)结合新建区和城市更新改造,局部地区建设分质供水系统。

以低质供水为目的的分质供水系统虽然能够降低污水再生利用的成本,提供低质水源,但它增大了分质供水管网的投资,并且占用了大量宝贵的地下空间,不适合在深圳市域范围全面推广。而部分新建区域和城市更新改造区域,如罗湖、上步地区,建设分质供水系统可缓解城市更新带来的给水和污水管网的压力。

(4)远期进一步提高处理深度,再生水经土地处理后提供饮水水源。

对于直接或间接作为饮用水源使用的再生水,水质要求较高,目前深圳的经济技术水平难以保障,近期不建议采用。远期在深圳经济技术水平进一步提高后,可参考新加坡、德国等国家的先进经验,进一步提高再生水深度处理水平,经植被土壤的生态处理后补充饮水水源。

3.6.2　深圳市再生水利用规划

近年来,深圳市开始高度重视再生水规划的重要性,在一系列城市规划,包括《深圳市城市总体规划(2007~2020年)》《深圳市给水系统布局规划修编(2006~2020年)》《深圳市污水系统布局规划(2002~2020年)》及《深圳市节约用水规划(2005~2020年)》都涉及了再生水的规划。虽然目前深圳市尚未颁布针对再生水利用的专项规划,但已经完成《深圳市再生水布局规划》。

1.《深圳市城市总体规划(2007~2020年)》

《深圳市城市总体规划(2007~2020年)》提出实施分质供水系统,推动污水再生利用工程建设，适时启动海水利用工程项目，2020 年使非常规水资源利用规模不低于 6.9 亿 m^3/a，其中供应城市用水规模不低于 2.8 亿 m^3/a。

2020 年全市建成再生水厂约 28 座，供应城市用水（不包括农业和生态环境用水）规模约 178.5 万 m^3/d（表 3.6）。

表 3.6 深圳市 2020 年再生水厂一览表

片区名称	序号	再生水厂名称	规划规模/(万 $m^3 \cdot d^{-1}$)
中心城区	1	南山再生水厂	12
	2	西丽再生水厂	2
	3	罗芳再生水厂	8
	4	滨河再生水厂	5
	5	福田再生水厂	5
	小计		32
中部分区	1	华为再生水厂	6
	2	观澜再生水厂	6
	3	龙华再生水厂	5
	4	布吉再生水厂	4
	5	平湖再生水厂	7
	6	鹅公岭再生水厂	4
	7	埔地吓再生水厂	5
	小计		37
西部滨海分区	1	福永再生水厂	6
	2	燕川再生水厂	7
	3	固戍再生水厂	10
	4	光明再生水厂	6
	5	沙井再生水厂	8
	小计		37
东部分区	1	横岗再生水厂	8
	2	横岭再生水厂	10
	3	龙田再生水厂	4
	4	宝龙再生水厂	6
	5	沙田再生水厂	4
	6	上洋再生水厂	12
	小计		44

续表 3.6

片区名称	序号	再生水厂名称	规划规模/(万 $m^3 \cdot d^{-1}$)
东部滨海分区	1	工业再生水厂	20
	2	盐田再生水厂	4
	3	葵涌再生水厂	2
	4	水头再生水厂	2
	5	西涌再生水厂	0.5
	小计		28.5
总计			178.5

加快建设再生水管网系统，再生水干管的走向与主要再生水用水大户(包括工业园区、城市景观水体、公园绿地等)方向基本一致，且供水片区内再生水干管管网形成环状，辅以城市自来水作为备用水源，增强供水的安全性。

2.《深圳市给水系统布局规划修编(2006～2020 年)》

《深圳市给水系统布局规划修编(2006～2020 年)》认为优质饮用水代表着国际饮用水供给的先进方向，也是深圳市城市饮用水水质发展应当坚持的方向；大量低质用水需求不应该也不可能继续由优质饮用水提供。深圳作为一个缺水城市，一个对外部原水依赖性极强的城市，有其利用再生水的内在需求，应建设“优水优用、分质供水”系统，将再生水回用于工业用水、城市杂用水，达到污水回用率 20% 的目标。

规划建设再生水厂 15 座，总规模达 134 万 m^3/d，实现 20.6% 回用率，以缓解深圳水资源的供需矛盾，减少排入水体的污染物量。

规划再生水厂建设于污水厂内，以便于建设和管理，并节约成本。在进行厂站布局的基础上，规划还对再生水处理工艺进行了对比分析，以指导再生水厂将来的建设。

3.《深圳市污水系统布局规划(2002～2020 年)》

《深圳市污水系统布局规划(2002～2020 年)》认为从政治上、水资源的限制上、财政压力上以及河流的环境景观要求上，深圳市都必须实施污水资源化策略。

深圳市的污水资源化应用对象主要是环境用水，而市政杂用水仅占 8.4%；而污水厂出水如直接排海或排入河口(如南山污水厂出水排入珠江口，沙井和燕川污水厂出水排入东宝河)，执行一级 B 标准的水质控制指标即可。据该规划，深圳市的污水资源化方案如下：

(1)深圳河－布吉河流域的罗芳污水处理厂、滨河污水处理厂、草埔污水处理厂、埔地吓污水处理厂及沙湾污水处理厂主要执行一级 A 排放标准，近期可为该流域提供环境用水 82 万 m^3/d，高于深圳河平水期平均径流量 62.6 万 m^3/d，可使深圳河水量全年处在高于平水期径流量的状态，营造良好的生态环境。

(2)龙岗河流域的横岗污水处理厂、横岭污水处理厂、龙田污水处理厂、沙田污水处理厂，近期主要执行一级 A 排放标准，为该流域提供环境用水 71 万 m^3/d，接近龙岗河平水期平均径流量72.9 万 m^3/d，使龙岗河水量全年处在平水期径流量状态，营造良好的生态环境。

(3)观澜河流域的华为污水处理厂、龙华污水处理厂、观澜污水处理厂都分别建厂，主要执行一级 A 排放标准，为该流域提供环境用水 30.5 万 m^3/d，相当于观澜河企坪断面平水期径流量38.4 万 m^3/d，可使观澜河水量全年处在平水期径流量状态，营造良好的生态环境。

(4)坪山河流域的上洋污水处理厂和宝龙污水处理厂，主要执行一级 A 排放标准，可为坪山河提供环境用水 17 万 m^3/d，虽只相当于坪山河下游断面平水期平均径流量 34.6 万 m^3/d 的 50%，但也有效地改善了坪山河的生态环境。虽然从宝龙污水厂调入坪山河上游的景观用水仅 2 万 m^3/d，因坪山河南面均为丘陵地区，各支流均有一定未受污染的基流，如三洲田水、汤坑水、赤坳河等，坪山河上游的景观用水能得到保证。

(5)茅洲河流域的燕川、沙井污水处理厂，主要执行一级 B 排放标准，为东宝河的冲污提供了46.5 万 m^3/d的用水，将明显改善东宝河的水质。

(6)沿海岸地区，除南山污水处理厂、蛇口污水处理厂和坝光污水处理厂外，其他污水处理厂都主要执行一级 A 排放标准，为处理厂附近的河涌提供了至少 1 万 m^3/d 的环境用水。

(7)除蛇口污水厂由于污水含石油类污染物较高，进出水发黑，不宜进行再生回用外，其余污水处理厂都有(0.5～2.0)万 m^3/d 污水进行市政杂用水的深度处理，其总量达 36.2 万 m^3/d，为全市的绿化、道路洒水提供了必需的用水供应。

4.《深圳市节约用水规划(2005～2020 年)》

(1)污水再生利用量及污水回用率。

再生污水的潜在用水对象主要是河道生态补水、道路广场和绿化用水，成片开发(或改造)建设区域的非居民用中水，建筑小区和楼宇中水，新开发区的居民冲厕用水，以及建筑业的低质用水。

规划 2010 年、2020 年污水集中处理率分别达到 80%、85%以上。根据深圳市各流域水质目标的要求，再生水规模可以满足回用目标的要求。

根据区域水资源情况，结合区域的建设规划，在清洁的淡水资源紧缺的情况下，再生污水使用对象首先考虑绿化、道路冲洗、河湖补水等，其次是工业的冷却循环水及成片开发(或改造)建设区域的非居民用中水，再次是建筑业和服务业的低质用水，工业及公共建筑冲厕，居民冲厕等与人离得较近的用途。

从空间上，按照“由近及远、先易后难，整片开发区，旧城改造等优先”的原则，以再生水厂为中心向外延伸。具体的各规划水平年污水再生利用量要根据确定的供水方案确定。根据强化节水方案计算得到各水平年污水排放量，2010 年、2020 年分别为 16.5 亿 m^3、20.9 亿 m^3。各再生污水利用方案的污水回用率见表 3.7。

表 3.7　各再生污水利用方案的污水回用率

方案	污水回用量/($m^3 \cdot a^{-1}$)		污水处理回用率/%	
	2010 年	2020 年	2010 年	2020 年
生态环境	3.28	4.39	19.88	21.00
工业用水 + 市政杂用水	3.36	5.01	20.37	23.99
工业用水 + 市政杂用水 + 生态环境	6.64	9.4	40.25	44.99

(2)污水再生处理厂规划。

以规划污水处理厂为基础,确定污水再生处理系统布局。深圳市规划污水再生处理规模及分类见表 3.8。

表 3.8　深圳市规划污水再生处理规模及分类

序号	污水再生水厂	再生处理规模/(万 $m^3 \cdot d^{-1}$)	
		2010 年	2020 年
1	(特区内)罗芳再生水厂、滨河再生水厂、福田再生水厂、南山再生水厂、西丽再生水厂、盐田再生水厂	88	97
2	(宝安区)固戍再生水厂、福永再生水厂、沙井再生水厂、燕川再生水厂、光明再生水厂、龙华再生水厂、观澜再生水厂	71	139
3	(龙岗区)华为再生水厂、新南再生水厂、鹅公岭再生水厂、埔地吓再生水厂、草埔再生水厂、横岗再生水厂、横岭再生水厂、宝龙再生水厂、龙田再生水厂、沙田再生水厂、上洋再生水厂、葵涌再生水厂、坝光再生水厂、水头再生水厂、西冲再生水厂	159.2	229.5
	合计	318.2	465.5

5.《深圳市再生水布局规划》

《深圳市再生水布局规划》提出的深圳市再生水总体规划目标为:①近期,结合市政设施建设计划,在再生水利用条件较好的区域建设再生水水厂,试点膜工艺,局部形成分质供水系统。2020 年,基本建成布局合理、系统科学的城市再生水供水系统,构建“分质供水”的城市供水体系,节约优质饮用水资源,切实改善水环境。②远景,完善再生水供水系统,合理再生利用污水资源,实现城市与水的协调发展。

(1)再生水利用途径(对象)。

通过详细的再生水潜在用户调研、用户意愿调研、公众调研,该规划确定再生水系统的潜在用户为:优先重点发展“工业用水、环境用水、绿化浇洒冲洗等城市杂用水”,审慎示范“冲厕用水、空调冷却水”,技术储备“补充水源水”(表 3.9)。

表 3.9 再生水系统潜在用户

分项	再生水潜在用户
重点对象	工业用水、环境用水、城市杂用水(绿化浇洒、道路浇洒、冲洗、施工用水)
示范对象	城市杂用水(冲厕、空调冷却、与建筑中水联合使用等)
技术储备	补充水源水

近期再生水回用于环境用水、城市杂用水为主,试点回用于工业用水;远期再生水回用于工业用水、环境用水、城市杂用水为主。

(2)再生水水质。

深圳市目前暂无市级统一的再生水水质规范,正准备开展编制工作。如深圳市再生水水质规范确定,应优先执行深圳市统一的再生水水质规范。

《深圳市再生水布局规划》建议,再生水系统按其水质、水量、水压、安全性要求不同,可分为两套系统进行研究,既满足大多数再生水用户的需要,又要避免因标准过高而导致再生水处理成本的大幅度增加。

(3)再生水水量分区预测。

2020 年,再生水系统布局应能做到"以需定供,供需平衡",从而审慎推进再生水系统建设,积极发展再生水用户,确保城市再生水系统建设进入良性循环。

《深圳市再生水布局规划》结合再生水潜在用户调研分析结论,结合《深圳市城市总体规划(2007~2020 年)》及已批组团分区规划的分类用地指标,按 5 大分区及流域进行再生水系统规模预测(表 3.10)。

表 3.10 再生水用水量分区预测成果表

分区	流域	回用重点	再生水总用水量/(万 $m^3 \cdot d^{-1}$)	工业、城市杂用再生水用水量/(万 $m^3 \cdot d^{-1}$)	河流补水再生水用水量/(万 $m^3 \cdot d^{-1}$)
中心分区	深圳河湾	河道补水为主,兼顾电力、杂用	54~55	13.3~14	40.95
西部滨海分区	宝安沿海	河道补水为主,兼顾杂用	20	1.9~2.2	17.78
	茅洲河流域	工业、杂用、河道补水为主	62~72	30.9~41.2	31.54
中部分区	观澜河流域	工业、杂用、河道补水为主	36~40	13~17.5	22.42
	深圳河关外	河道补水为主,兼顾杂用	21~23	9.3~11.7	11.47
东部分区	龙岗河流域	河道补水为主,兼顾工业、杂用	57~60	8.2~10.5	49.29
	坪山河流域	工业、杂用、河道补水为主	42~51	24~33	17.77
		合计	292~321	100.6~130.1	191.22

2020 年,预测全市工业、城市杂用再生水用水量为 106~137 万 m^3/d,河流生态再生水

补水量为201万m^3/d。

根据2020年全市预测污水量，并按规范取0.80的污水资源化系数，2020年，深圳市可资源化污水量约为488万m^3/d，与2020年预测再生水用水量相比，不仅能满足再生水需求，还有近150万m^3/d的富余量，可使再生水系统得到充足的原水保证。

(4)厂站布局。

规划以2020年规划预测再生水用水量为基准，兼顾城市规划、给水系统布局规划、污水系统布局规划等市区已批规划成果，综合考虑罗芳、滨海、西丽、横岗等已开展再生水前期建设的厂站设计，并展望远景发展，全面进行再生水系统厂站布局(表3.11)。

在再生水系统厂站布局过程中，依据以下原则进行再生水系统厂站布局：

①再生水水厂宜与污水处理厂统筹建设。

②再生水设施用地按照最大可能规模控制和预留。

③2020年，以流域为基本单位，兼顾规划分区，做到再生水系统供需平衡。

④考虑规划的不确定性和不准性，再生水厂内分项规模有一定的弹性，可供下阶段深化时调整。

⑤坚持具体问题具体分析，因各再生水水厂回用对象主体不同，所以各水厂需达到的水质目标和处理工艺应区别对待。

表3.11　2020年全市再生水厂站布局表

片区名称	序号	再生水水厂名称	总规模		回用主要对象
			设施规划规模/(万$m^3\cdot d^{-1}$)	控制用地规模/(万$m^3\cdot d^{-1}$)	
中心城区	1	罗芳再生水厂	18	18	河流补水为主，兼顾城市杂用
	2	滨河再生水厂	20	20	河流补水为主，兼顾城市杂用
	3	福田再生水厂	5~10	10	河流补水为主，兼顾城市杂用
	4	西丽再生水厂	10	10	河流补水为主，兼顾城市杂用
	5	南山再生水厂	5~10	10	电力企业用水，兼顾城市杂用
	小计		58~68	68	—
西部滨海分区	6	固戍再生水厂	20	20	河流补水为主，兼顾城市杂用
	7	福永再生水厂	控制用地	2	工业、城市杂用为主
	8	公明再生水厂	16	16	河流补水为主，兼顾城市杂用
	9	光明再生水厂	20	20	工业、城市杂用和河道补水为主
	10	燕川再生水厂	20	20	工业、城市杂用和河道补水为主
	11	沙井再生水厂	20	20	工业、城市杂用和河道补水为主
	小计		96	98	—

续表 3.11

片区名称	序号	再生水水厂名称	总规模		回用主要对象
			设施规划规模/(万 $m^3 \cdot d^{-1}$)	控制用地规模/(万 $m^3 \cdot d^{-1}$)	
中部分区	12	龙华再生水厂	20	20	工业、城市杂用和河道补水为主
	13	华为再生水厂	6	8	工业、城市杂用和河道补水为主
	14	观澜再生水厂	15	15	工业、城市杂用和河道补水为主
	15	平湖再生水厂	2	2	工业企业用水,兼顾城市杂用
	16	鹅公岭再生水厂	2	4	河流补水为主,兼顾城市杂用
	17	布吉再生水厂	16	16	河流补水为主,兼顾城市杂用
	18	埔地吓再生水厂	4	6	河流补水为主,兼顾城市杂用
	小计		65	71	—
东部分区	19	横岗再生水厂	22	24	河流补水为主,兼顾工业、城市杂用
	20	横岭再生水厂	40	40	河流补水为主,兼顾工业、城市杂用
	21	龙田再生水厂	控制用地	8	河流补水为主
	22	沙田再生水厂	控制用地	3	工业、城市杂用为主
	23	上洋再生水厂	32	32	工业、城市杂用和河道补水为主
	24	宝龙再生水厂	4	4	工业、城市杂用为主
	小计		98	111	—
东部滨海分区	25	盐田再生水厂	8	8	河流补水为主,兼顾城市杂用
	26	葵涌再生水厂	6	6	河流补水为主
	27	水头再生水厂	6	8	河流补水为主,兼顾工业、城市杂用
	28	坝光再生水厂	控制用地	控制用地	工业、城市杂用为主
	小计		20	22	—

随着《深圳市再生水布局规划》的编制完成,深圳市再生水设施布局已相对稳定。

3.6.3 深圳区域特色规划

1. 光明新区再生水及雨洪利用详细规划

《深圳市光明新区再生水及雨洪利用详细规划》为非常规水资源开发利用的专项详细规划,该规划创造性提出将小水库用作污水再生回用系统的水量补充、调蓄设施,形成再生水、雨水联合供水系统,同时对再生水系统分质分压供水模式、管网参数、安全保障措施做出创新性研究。

(1)提出再生水与雨洪利用联合使用的思路和方案。

再生水与雨洪利用同属非常规水资源开发利用的重要手段,各有特点:①再生水资源量大,水质稳定,受季节影响小,处理成本高;②山区雨洪资源水质较好,具有稳定的产水能力，利用成本较低；③城区雨洪资源初期雨水水质较差，必须经过处理，且具有较强的季节性，水质易受设施设计、管理的影响，稳定性差。在光明新区非常规水资源开发中应优先利用山区雨洪资源，其次进行再生水利用，城区雨洪以间接利用为主，收集回用为辅。

（2）提出再生水分质分压供水模式，论证再生水系统。

按再生水的水质、水量、水压、安全性要求不同，可分为两套系统进行研究，既满足大多数再生水用户的需要，又避免因标准过高而导致再生水处理成本的大幅度增加。

①再生水推荐水质目标（工业、城市杂用水类），按《再生水、雨水利用水质规范》执行。

②再生水推荐水质目标（景观环境用水类）远期执行与茅洲河环境功能目标相适应的水质标准，近期目标水质按照《城镇污水处理厂污染物排放标准》（GB 18918—2002）一级 A 标准和《城市污水再生利用景观环境用水水质》（GB/T 18921—2002）观赏性景观环境用水类标准执行，并参照地表水 V 类水质量标准强化控制 COD 指标。

（3）预测再生水用户需求，并按需规划再生水和雨水。

联合供水的厂站设施按光明新区分区规划的分类用地指标及再生水可替代比例进行再生水系统用水量预测。预测光明新区再生水远期需求量为45.2万～50.2万 m^3/d，其中工业、城市杂用再生水需水量为10.8万～13.8万 m^3/d，生态环境再生水需水量为34.4万～36.4万 m^3/d。

（4）研究管网参数，按分质分压模式设计再生水管网并平差优化。

工业用水、城市杂用水对水压、供水安全性要求较高：环境景观补水水压、供水安全性要求低；为节约基建投资和能源，规划确定建设两套再生水管网；回用于工业和城市杂用的再生水进入市政道路再生水管网；河道补水不进入市政道路再生水供水管网，由沿河敷设的河道补水再生水管线输送至需补水的干支流。市政道路下再生水管网采取环状管网进行设计；干管结合近期建设道路布置在主干道路，与道路一并施工，减少道路开挖；支管不用全面敷设，重点布置在工业用地周边市政道路。

（5）结合共同沟和近期建设道路制订再生水系统近期实施计划。

近期实施的再生水管网结合《光明新区综合交通规划》委托开展前期建设的27条道路和共同沟进行设计，尽快在光明新区初步形成市政再生水供水系统，初步构建分质供水体系，为深圳市分质供水系统建设积累经验。再生水管网敷设在近期建设的17条道路及其共同沟，形成干管系统，可为潜在用户提供再生水。

2. 南山及前海片区再生水管网详细规划

南山及前海片区规划进行了大量的再生水潜在用户调研，结合再生水系统用户特点，针对水质目标、管网规模、管网布局、管网压力、安全保障等要素进行了全面规划，为指导片区再生水管网的规划建设提供了重要的技术支撑。

规划抓住了前海合作区建设和特区内外一体化建设的契机，起点高、前瞻性强，可以率先在深圳形成具有示范性的再生水管网系统，对全市乃至全国城市再生水利用工作有着重要的借鉴和推广作用。

南山及前海片区再生水管网详细规划范围主要为南山再生水厂和蛇口再生水厂的规划服务范围，包括北环路以南、科苑大道－沙河西路以西的南山行政区范围，涵盖前海合作区、蛇口工业区等地区，面积约63.5 km^2。再生水主要用于工业以及市政杂用（如绿地浇洒、道路广场清洁、港口码头堆场冲洗、洗车、新建公共建筑冲厕及中央空调冷却水补水等）。

规划近期(2015 年)再生水供水量达 5 万 m^3/d,远期(2020 年)达 10 万 m^3/d;根据规划,近期新建再生水管道长度 56.4 km,远期新建 62.5 km。

3.7 深圳市再生水利用法律法规和政策管理

3.7.1 法律法规体系建设

1992 年第七届全国人大常委会决定,授权深圳市人大及其常委会和深圳市政府分别制定法规和规章在深圳特区实施。2000 年,深圳市获得了较大的市立法权。2010 年,经国务院批准,深圳经济特区的范围自 7 月 1 日起扩大到深圳全市。深圳市具有立法权,为深圳市节水法规体系建设和管理体系建设提供了制度保障。

事实上,深圳市高度重视再生水的利用,并将再生水利用列入节水法规制度建设中,以开展城市节水的大环境为依托,同步开展再生水利用。改革开放以来,深圳市通过不断探索水资源管理模式和创新推动立法模式,出台了各项地方性法律法规,制定了系列指导全市各区、各部门、各行业加强再生水利用日常管理工作的规章制度,在此过程中,将再生水的利用工作纳入有法可依、依法管理的轨道,有效规范和约束了水资源开发利用从源头到末端各个环节的节水行为,促进了再生水利用的深入开展。

早在 1992 年,深圳市就颁布了《深圳经济特区中水设施建设管理暂行办法》,要求根据地区性质及建筑规模配套或逐步配套建筑中水设施;不按规定设计中水设施的工程项目,规划国土部门不得发给建筑许可证;中水设施由建设单位负责建设,并与主体建筑工程同时设计、同时施工、同时交付使用;中水设施的建设投资纳入主体工程预决算。

20 世纪 90 年代中期出台了《深圳经济特区水资源管理条例》《深圳经济特区城市供水用水条例》两部有关深圳市用水、节水的地方性法规,对各行各业的供水、用水行为进行规范,其中也涉及多项有关再生水的管理。

深圳市节水法规和政策体系是在总结和借鉴国内其他城市节水立法工作经验的基础上结合深圳市的实际建立起来的,基本的思路是首先通过较大市立法权出台《深圳市节约用水条例》,确定深圳市节水工作的基本原则和制度,在此基础上再逐步出台针对各项制度的、操作性强的配套政府规章或规范性文件。

深圳市出台了《深圳市节约用水条例》,成为华南地区首个为节水工作立法的城市。《深圳市节约用水条例》遵循统一规划、总量控制、计划用水、综合利用、讲求效益的原则,对于中水和再生水利用规定:"学校、宾馆、饭店、公共浴室、大型文化体育设施、洗车行等用水量大的单位及居住小区,应当配套建设中水回用设施。园林绿化、建筑施工、环境卫生、洗车等行业应当优先使用符合标准的再生水和其他非传统水资源。用水单位应当对空调冷却水和设备冷却水(不含海水)进行处理回用。"

2007 年,深圳市颁布《深圳市计划用水办法》,对节水的新技术、新工艺、新设备的研发应用与推广做了明确规定。鼓励开展污水资源化和中水设施的研究和开发,对研究推广节约用水技术、工艺、设备、器具等有突出贡献的,对节约用水和进行有关科学研究成绩显著的单位和个人给予奖励。《深圳市计划用水办法》中提出:单位用户使用的中水、经处理的污水、雨水、海水或者从其他非城市饮用地表水水源中取的水，不纳入用水计划管理，免收该部分污水处理费。

深圳市以建设项目的规划、设计、施工和运行使用为主线，根据《深圳市建设项目用水节水管理办法》，新建、改建、扩建建设项目使用城市供水的，除建设城市自来水供应管道系统外，还应当按节水规划配套建设中水、海水和雨水（以下简称非传统水资源）利用管道系统。城市非传统水资源输配水管线规划覆盖范围以外的下列新建、改建、扩建建设项目应当配套建设相应规模的中水利用设施：①建筑面积超过 2 万 m^2 的旅馆、饭店；②建筑面积超过 4 万 m^2 的其他建筑物。既有建筑符合上款规定且具备建设场地的，应当建设相应规模的中水利用设施。中水来源水量或者回用水量小于 100 m^3/d 的，可以不单独建设中水处理设施，但须配套建设非传统水资源利用管道系统。

按照市人民政府办公厅《关于印发深圳市创建节水型城市和社会行动方案的通知》和《〈深圳市提高工业用水重复利用率专项行动实施方案〉的批复》（深府办函〔2008〕76 号）精神，深圳市制定了一整套统计报表，并逐步纳入全市节水统计管理。《深圳市创建节水型城市和社会行动方案》提出：自 2007 年开始凡新建公园绿地、景观、道路清扫等用水，一律从污水回用，中水、雨洪利用等非传统水资源开发利用渠道解决。2008 年后特区内现有公园及 2010 年后特区外现有公园，均应采用中水、雨水和污水回用解决绿化和景观用水需要；污水回用水管网覆盖区域内均应利用污水回用水作为市政杂用水。

2010 年，深圳市人民政府发布《关于加强雨水和再生水资源开发利用工作的意见》，要将雨水和再生水系统建设项目纳入城市基础设施总体建设计划中统筹开展，确保实现 4 个同步：一是符合规划的再生水利用设施与污水处理设施要同步建设；二是雨水和再生水利用管网与城市道路、供水管网的新改扩建工程要同步建设；三是相关的雨水利用工程和再生水利用工程要同步建设；四是符合规定的雨水和再生水利用项目与自来水供水系统的新改扩建工程要同步建设。

最近，深圳市水务局又针对性地颁布了《深圳再生水管理办法》，将鼓励单位和个人在工业生产、城市绿化、车辆冲洗、建筑施工、生态景观等方面优先使用再生水。使用再生水的经营者可以根据处理的生活污水量向市水务部门申请退还污水处理费，还可以免交污水处理费。

深圳市涉及再生水利用的法律、法规、管理办法见表 3.12，形成了较为完善的体系。

表 3.12　深圳市涉及再生水利用的法规、办法

颁布年份	机构	名称	标准号
1992	深圳市人民政府	《深圳经济特区中水设施建设管理暂行办法》	深圳市人民政府第 3 号令
2005	深圳市人民政府	《深圳市节约用水条例》	
2007	深圳市人民政府	《深圳市计划用水办法》	深圳市人民政府令第 166 号令
2008	深圳市人民政府	《深圳市建设项目用水节水管理办法》	

续表 3.12

颁布年份	机构	名称	标准号
2011	深圳市水务局	《深圳市水务发展专项资金管理暂行办法》	
2013	深圳市水务局 深圳市法制办	《深圳再生水管理办法》	

3.7.2 政策管理体系建设

1.再生水利用管理机构

建设部1988年颁布的《城市节约用水管理规定》明确界定了城市建设主管部门是城市节水的主管机关,这在管理机构的设置上为开展城市节水以及再生水利用的科学管理和高效管理奠定了基础。

深圳市水务局于1993年组建,深圳市按照城市供水、排水、节水等涉水基础设施建设的职责分工,将城市节水管理机构(深圳市节约用水办公室)设置在市水务局。

深圳市节水管理机构的设置,经历了一个逐渐完善的过程。1996年深圳市节水办与市水务局供水管理处合署办公。2006年深圳市单独设立市节约用水办公室,为市水务局直属行政事务机构,定编8人,经费实行全额财政拨款。2008年列为参照公务员管理的事业单位。2009年,根据国家机构改革规范要求,深圳市节约用水办公室规范为行政管理类事业单位,并进一步明确了其主要职责为:

(1)贯彻国家、省、市有关计划用水、节约用水的法律、法规和方针、政策,结合本市实际,拟定节约用水的规章制度和管理办法,经批准后组织实施。

(2)会同有关部门编制节约用水规划和各类用水定额,经批准后组织实施。

(3)管理用水单位的水量平衡测试工作。

(4)审查建设项目的用水节水评估报告,组织节约用水设施的竣工验收。

(5)负责污水、中水、海水和雨水等非传统水资源利用的规划、管理工作。

(6)负责计划用水管理工作,并对超定额、超计划用水加价收费的征收进行监督、管理;拟定超计划加价费用的年度使用计划,经批准后组织实施。

(7)组织节水产品、器具及节水新技术的推广、应用,开展节约用水的宣传、教育和节水型城市的建设工作。

(8)指导各区节水管理工作,受理有关投诉、行政复议等。

由此可明确,深圳市建筑中水和再生水利用的管理工作由市节约用水办公室负责。

2.再生水利用经济政策

有关再生水利用经济政策的目的是形成有利于水资源高效利用和优化配置的政策环境,减轻再生水利用主体在用水过程中所面临的不确定性及降低溢出效应。深圳市通过《深圳市节约用水条例》《深圳市计划用水办法》《再生水利用管理办法》《深圳市建设项目用水节水管理办法》《关于加强雨水和再生水资源开发利用工作意见》《深圳市产业技术进步资金管理办法》《深圳市产业技术进步资金贷款贴息计划操作规程》和《深圳市水务发展专项资金管理暂行办法》等法规和政策文件的形式,初步构建了再生水利用激励机制。深圳市再生水利用经济政策主要包括以下几种形式。

(1)财政补贴政策。

财政政策主要是以财政投入的形式以及以技术研发补贴及产品生产补贴、设施建设和技术改造等财政补贴的形式,对再生水利用的相关主体进行激励的政策。深圳市建筑中水、再生水财政补贴政策有:

①补贴节水技术示范项目建设投资。如莲塘中水示范项目、鲸山别墅再生水工程、星河丹堤小区中水工程等。

②补贴企业节水技术改造投资。如深圳赛格日立显示器有限公司通过技术改造,获得深圳市贸易工业局补贴200余万元。

③补贴洗车废水循环利用设备的购置费。

(2)税费优惠政策。

通过税费减免、加大费用扣除、投资抵免等手段降低因节水导致的成本增加。

深圳市鼓励使用再生水资源,除了予以再生水利用的优惠价格,还减免相应水量的排污费。

(3)政府采购政策。

政府采购政策可以创造和增加节水技术产品的市场需求,降低市场风险,包括雨洪利用技术、再生水技术与产品、重复用水技术、水质安全保障技术等重大节水技术的研发和研发成果进行政府订购。这些研发项目和产品经论证后,列入政府科技开发和采购计划。对相关技术的试制品和首次投向市场的技术,经相关主管部门认定,符合节水技术发展方向,具有较大市场潜力并需要重点扶持的,由政府进行首购。

(4)企业和个人奖励政策。

奖励激励政策主要是对在再生水利用过程中做出贡献的相关人员和单位进行奖励,以调动他们开展再生水利用工作的积极性。现阶段尤其要注重对从事再生水利用宣传、技术研发、技术推广和应用,并取得显著成绩或做出重大贡献人员和单位进行奖励。深圳市的相关措施有:

①奖励获得节水型企业称号的企业和单位。

②落实了节水奖励资金的固定来源,其中包括节水专项资金。

3. 投资保障政策

考虑到再生水系统建设周期长,投资大,见效慢,可能初期亏损较大,企业难以承受,市政府《关于加强雨水和再生水资源开发利用工作意见》决定现阶段主要由政府负责再生水厂、公益性雨洪利用工程、雨水和再生水管网系统等工程的投资建设和运营。同时,将探索民间资本进入再生水厂建设,鼓励单位和个人通过公开招标等方式介入投资运营,建立多元化投资体制,逐步将雨水和再生水资源开发利用以及雨水和再生水产业纳入市场轨道。例如,深圳市新洲河再生水补水干管(自滨河水质净化厂至新洲河上游)工程全部由政府投资,滨河水质净化厂由深圳市水务集团(有限)公司投资。深圳市大沙河公园再生水设施和深圳市大运会场馆再生水设施则全部由政府投资建设。

对于建筑小区或工业企业等小规模再生水利用设施的建设,政府采用投资补贴、贴息等模式进行资助。例如,市科技工贸和信息化委员会将企业节水技术改革纳入到产业技术进步资金的扶持范围，对节水达标企业优先办理产业技术进步资金的借款和贷款贴息支持，并出台了《深圳市企业技术改造项目备案管理办法》《深圳市产业技术进步资金管理办法》《深圳市产业技术进步资金贷款贴息计划操作规程》《深圳市循环经济示范项目认定办法（试行）的通知》等一系列政策文件，将再生水利用的资助纳入常态化管理。

4. 用户拓展政策

通过《深圳市节约用水条例》等法规，深圳市要求园林绿化、环境卫生等市政用水以及生态景观用水按照规划使用经处理的污水或者中水，开拓了再生水资源利用的使用市场。

通过调整水价和合理确定再生水的销售价格，拉开自来水与再生水的价格差距。深圳市政府核定的中银大厦再生水价格为 1.5 元/t，南山商业文化中心区的再生水价格为 1.6 元/t。相比于当前的自来水价格（含排污费，居民 2.7 元/t），采用再生水具有显著的经济效益，可以吸引更多的用户。

另外，政府主动协调再生水的区域化联调联供，拓展再生水用户，提高小型再生水设施的供水规模。

5. 计划用水政策

深圳市实行单位用户用水量的计划管理。通过单位用户水量平衡测试，分析用水合理程度，用水合理性分析包括工业用水重复利用率和再生水资源利用情况。对于应利用非传统水资源而未得到利用的，或者应重复利用而进行重复利用的水量，从用水计划中核减相应的水量。

6. 安全监管政策

通过政府资助立项《再生水安全保障体系研究》，专题研究了以城市污水再生水为典型非传统水资源的技术和安全保障措施；研究制定了《深圳市雨水、再生水利用水质规范》。

深圳市正在组织研究《深圳市再生水设施建设管理技术》，以其制定了完善的再生水的规划、建设、运行管理和监督检查制度，从全流程实现再生水资源利用的安全保障。

3.7.3　标准体系建设

深圳市是国内较早开展建筑中水和再生水利用工作的城市之一，经过多年的探索和国内经验借鉴，在国家和省现有标准、规范和定额的基础上，根据深圳市的工作实际，进行了有效的补充，使城市节水工作具备了较为完善的标准和定额依据。

为促进多渠道开源，并重点进行雨洪利用、再生水利用，深圳市节约用水办公室研究编制了《深圳市再生水、雨水利用水质规范》和《深圳市雨水利用工程技术指南》。《深圳市再生水、雨水利用水质规范》规范在基本控制指标上已经接近自来水水质标准——《生活饮用水卫生标准》（GB 5749—2006）的要求，在两者相同的 17 项基本控制指标检测项中，就有 13 项指标限制完全一致，仅 4 项指标限制略低于生活饮用水卫生标准，分别为浊度 3NTU；色度 30 度；氨氮 1 mg/L；阴离子表面活性剂 0.5 mg/L。该标准与国家再生水水质相关标准：《城市污水再生利用工业用水水质》（GB 19923—2005）及《城市污水再生利用城市杂用水水质》（GB 18920—2002）相比，某些指标十分严格，如氨氮、总大肠杆菌指标。再生水水质标准制定严格，能充分保证用户使用安全，消除潜在用户的担忧，然而，过于严格的标准则会由于可实施性及经济性影响再生水的推广。

为保证再生水设施“三同时”政策的落实，规范建设项目再生水利用管理，研究制定了

《深圳市建设项目用水节水报告编制规范》。

为促进工业企业、行政事业和经营服务性单位的节水管理，提高计划用水管理效率，合理确定用水计划，深圳市大力推进单位用户水量平衡测试工作。由于深圳市开展水量平衡测试的单位性质除了工业企业外，还包括其他管理类和服务类单位，因此在国家有关水平衡技术标准的基础上，研究编制了深圳市标准化指导性技术文件《深圳市水量平衡测试技术指南》。

针对建筑小区中水回用和雨洪利用等，研究制定了《住宅小区雨水利用技术导则》。

此外，结合深圳市住宅产业化节水要求，正在研究制定《深圳市住宅区中水回用技术导则》和《深圳市住宅区雨水利用技术导则》。

第 4 章　再生水设施的设计与建设

4.1　总体目标和要求

随着对水危机认识的提高，城市再生水利用不断得到重视。今后再生水利用设施的建设会越来越多，回用规模也会越来越大，对于再生水利用的设计、建设方面规范化要求也日益迫切。

再生水利用工程是一项涉及污水收集（再生水水源）系统、再生水处理系统、再生水输配（管网）系统、用户终端利用系统的整体工程。

在再生水利用工程的设计阶段，应以城市社会经济发展规划、供排水规划、相关的政策法规为依据，通过资料分析、现场调研、工艺技术分析等过程，合理提出再生水的利用途径、水质水量以及可行性的利用方案。

再生水利用工程的设计内容主要包括：

(1)确定再生水水源。

(2)确定再生水用户、工程规模和水质要求。

(3)确定再生水厂的厂址及处理工艺方案。

(4)确定输送再生水的管线布置。

(5)确定用户终端配套系统。

本章根据以上再生水设计的基本要求，对各部分的内容进行阐述和分析。

4.2　现　　状

4.2.1　国家层面

我国虽然于 20 世纪 80 年代初期就开展了污水资源化利用的研究，列入国家科技攻关项目，并在大连、天津等地建设了 9 个实验基地、中试基地和示范工程，但直到 1991 年才颁布《建筑中水设计规范》。在此规范中首次对建筑中水做出了定义："建筑中水是指民用建筑或建筑小区使用后的各种排水，如生活污水、冷却水等，经适当处理后回用于建筑或建筑小区作为杂用的供水系统。"此时定义的建筑中水是指建筑内水的自循环使用。同时对于中水水源、中水参考的水质标准、中水系统、处理工艺和设施、中水处理站以及安全防护和监测控制做了较为明确的规定。特别对于中水水源的选择给出了优先顺序，优先选用"优质杂排水"。此项规范是在总结各地示范工程运行经验的基础上颁布的首个关于建筑中水设计的规范,也是其他各地区颁布区域性中水设计规范的参考基础和依据。

此项建筑中水设计规范于2003年进行了修订,修订稿总结了建筑中水中运行的经验和不足,做出了多项修改和补充规定,主要有:①补充了对于中水设施必须与主体工程同时设计、同时施工、同时使用的“三同时”要求;②对于建筑中水重新进行了定义:“建筑中水指各种排水经处理后,达到规定的水质标准,可在生活、市政、环境等范围内杂用的非饮用水”,不再将中水限定于建筑内的污水资源化利用和循环;③补充给出了中水原水量的计算方法;④提出了多个可行性的中水处理工艺;⑤补充规定了“中水管道上不得装设取水龙头,当装有取水接口时,必须采取严格的防止误饮、误用的措施”;⑥中水处理必须设有消毒设施等。同时,由于此时我国已颁布多项针对再生水的水质标准,因此在此规范中,针对建筑中水的不同用途,规定了分类的水质参考标准。经过修订后的《建筑中水设计规范》对于设计人员来说更明了详细,更具有参考性和实践性。

为了推动城市污水回用事业的发展,保证污水回用工程的设计质量,统一工程设计的基本要求,我国于1994年颁布了《城市污水回用设计规范》,规范中首先对城市污水回用的途径做出了说明:“城市污水再生后可用作工业用水、生活杂用水、景观河道用水、农业灌溉用水和地下回注水,暂不提倡用作与人体接触的娱乐用水和饮用水”;给出了再生水和再生水厂的明确定义:“再生水指污水经一级处理、二级处理和深度处理后供作回用的水;再生水厂指以回用为目的的污水处理厂”;对于再生水厂的水源、收集系统、处理系统、水质标准等均做了初步的规定。

伴随着我国多个城市陆续开展的污水回用的试验研究和工程实践,有的城市已经建设或者计划建设城市污水再生水厂,证明大规模的污水回用已经在我国成为现实。在认真总结了我国污水回用的科研成果和实践经验的基础上,我国于2002年对《城市污水回用设计规范》进行了修订,同时更名为《污水再生利用工程设计规范》。新的规范主要规定的内容有:方案设计的基本规定;再生水水源;回用分类和水质控制指标;回用系统;再生处理工艺与构筑物设计;安全措施和监测控制。重点强调污水再生利用工程的水质安全性。补充给出了再生水厂选址的建议性条款;规定污水再生利用工程方案中需提出再生水用户备用水源方案。对于再生水的输配水系统做出了较为详细的各项说明,如:再生水的输配水系统应建成独立系统、再生水输配水管道宜采用非金属管道等;在处理工艺中增加了对于活性炭深度处理和膜技术的介绍;在安全措施条款中规定了:再生水管埋地时应设置带状标志,明装时应涂上有关标准规定的标志颜色和“再生水”字样,不得间断运行的再生水厂,其供电应按一级负荷设计、再生水厂的主要设施应设故障报警装置等。此项规范是目前我国再生水厂设计的主要依据,也是各地区制定地方性再生水利用工程设计规范的参考标准。

4.2.2　北京市再生水发展现状

北京作为我国最早展开污水资源化实践的城市,在再生水设施的设计和建设方面也走在了全国前列。早在1987年就颁布实施了《北京市中水设施建设管理试行办法》,这是我国有关污水再生建设、利用的第一个地方性规范。此办法对于中水和中水设施给出了明确的定义,并界定了中水的使用范围;首次提出了中水设施设计、施工、使用的“三同时”要求,并规定中水设施的建设投资要纳入主体工程预决算。同时,对于中水水质标准给出了10项指标的要求，并提出中水设施交付使用后，应由房屋管理单位负责日常管理和维修。此项办法的出台是中水设施设计、建设上的一个里程碑，但对于中水设施建设的各个方面都只做了大项、总体上的要求，并未提出具体的细则要求。

针对中水设施在设计和建设中出现的实质性问题，在《北京市中水设施建设管理试行办法》的基础上，北京市又发布了《关于加强中水设施建设管理的通告》，通告中补充了应建设中水设施的新建工程范围，并重点强调了多项对于中水设施未按要求设计、建设的处罚措施，如：凡应建中水设施而未落实建设项目的单位，建设管理部门不予办理建设工程开工许可证；对违反规定、擅自更改原设计方案的，建设工程监理部门不予验收；凡未通过北京市建筑质量监督部门验收的工程项目，城市供水部门不予供水，节水管理部门不予核定用水计划，房地产管理部门不予办理房屋产权证书；凡已建成中水设施但未使用或未经备案擅自停止使用的，节水管理部门将按有关规定予以处罚等。由此，对于再生水设施的设计、建设，由建议性的条款规定，转变为强制性实施以及实质性的处罚措施。

《北京市排水和再生水设施建设管理方法》(2010 年)则是进一步结合北京市的实际情况，对公共排水和再生水设施的建设管理提出了强化性的要求。此方法中一个突出点，就是强调了建设单位与运营单位的移交和衔接，即项目建设单位应当严格执行项目基本建设程序。已明确运营单位的建设项目，项目建设单位应当充分征求运营单位意见，使其全面了解项目建设过程；排水和再生水管线工程投入运行前，运营单位应当进行检查，检查合格后办理移交手续，签订移交协议。

针对再生水的设计，北京市并未出台相应的规范，只出版了一本《北京市城市污水再生利用工程设计指南》(2006 年)。在该指南中对于污水再生利用的基本要点、污水再生利用工程设计规模、污水再生利用技术、再生水输配水以及再生水系统维护管理等涉及再生水设计建设的多个方面做了详细的介绍和说明，但由于该指南并不是政府层面发布的规范，仅供设计时参考使用，因此其强制性和约束性较弱。

4.2.3 天津市再生水发展现状

为将再生水作为水资源有序、高效地使用，天津市于 2003 年编制了《天津市住宅建设中水供水系统技术规定》，以规范再生水的设计与应用。为使再生水工程设计技术先进，保证再生水水质，保障供水安全，天津市建委又颁布了《天津市再生水设计规范》(DB 29 - 167—2007)，已于 2007 年 3 月 1 日在天津施行。在天津市政府的倡导下，再生水的建设与应用走在了全国的前列。

《天津市住宅建设中水供水系统技术规定》适用于各类住宅小区的新建、改建和扩建的中水供水系统工程。在天津市内首次规定了住宅小区必须配套建设中水管网的工程，并提出了“两同时”的要求：中水管网必须与主体工程同时设计；同时施工。已有中水水源的应同时使用，尚无中水水源的应预留接口。对中水水源及水质标准、中水供水系统以及施工质量验收的细项做出了一些规定：要求中水管道外壁颜色为浅绿色。

《天津市再生水设计规范》是天津市地方标准，对于再生水水质标准、再生水处理工艺与构筑物设计及安全防护和监测控制这 3 个方面做出了细项的明确要求。该规范具有如下一些特点：

(1)在内容上主要针对市区及县城的再生水系统,所涉及的再生水使用对象等条件相对一致,编制范围更窄、内容便于细化、针对性和可操作性更强。

(2)对于再生水和中水进行了明确定义,规定城市公共再生水称为城市再生水,建筑中水名称不变,两者统称再生水;同时规定进入小区和建筑物内的再生水称为中水,除此以外称为再生水。

(3)规范建议的几个处理工艺提高了处理水水质,使再生水的使用范围变得更宽。

(4)规范总结了已建成再生水的经验,更加强调系统的完整性、安全性和运行操作的重要性。但是该规范由于将污水再生利用工程设计规范和建筑中水设计规范的内容合编为一册,某些内容合写在一起,因工艺、规模、建设内容和要求上的差异,在具体表达上未把城市再生水和建筑中水都规定透彻。

4.2.4　深圳市再生水发展现状

深圳市也是我国较早开展再生水建设、利用的城市之一。深圳市紧随北京市之后,在1992年就颁布了《深圳经济特区中水设施建设管理暂行办法》。相对于北京市出台的《北京市中水设施建设管理试行办法》,该办法具有如下一些新的特点:

(1)对于应按规定配套建设中水设施的新建工程,除了对建筑面积做了规定,还对每日生活用水总量做出了规定。

(2)扩大了应配套中水设施的工程范围:除了住宅、高层商住楼、公共建筑、居民住宅小区、集中建筑区外,还增加了工业、企业及成片开发的工业小区。

(3)根据深圳的地域特点,规定了海水作为中水水源的要求。

(4)规定了由深圳市城市管理主管部门负责全市中水设施运行的监督管理工作。

(5)对于未达标的中水设施,除了规定了行政性处罚外,涉及经济性处罚的,还规定了具体的处罚金额和方式,更具有明确性和约束性。

《深圳市建设项目用水节水管理办法》于2008年颁布实施,涉及了多项关于中水设施设计、建设的规定。

(1)由于深圳市于1993年组建水务局,并按照城市供水、排水、节水等涉水基础设施建设的职责分工,将城市节水管理机构(深圳市节约用水办公室)设置在市水务局。在本办法中,将再生水的管理机构由深圳市城市管理主管部门改为水务行政主管部门,并提出:由市节约用水管理机构受市水务主管部门的委托承担全市建设项目用水节水具体管理工作。

(2)对市区级责权范围进行了划分,规定:年设计用水量在3万m^3以上(含3万m^3)的建设项目,由市水务主管部门负责管理,其他建设项目由区水务主管部门负责管理。

(3)进一步补充了应当配套建设相应规模的中水利用设施的项目范围。

《深圳市再生水利用管理办法》(征求意见稿)中对于再生水的设计及建设涉及的内容不多,在“再生水利用”一条中提到“鼓励污水处理再生利用,工业生产、城市绿化、道路清扫、车辆冲洗、建筑施工以及生态景观,应当优先使用再生水”;在“计划建设”中提到“应当做到厂网配套、管网优先、建管并重,并与道路建设相协调,保证管网建设的系统性,鼓励社会资本投资建设再生水利用设施”。

深圳市并未发布独立的再生水设计规范,因此,在本研究完成后,将完成《深圳市再生水设施设计建设技术指引》,为再生水设施的设计和建设提供参考。

4.3　比较分析

对于再生水设施的设计建设,无论从国家层面还是一些较早开展再生水利用的城市,均发布了一些规范或办法,我国各城市再生水设施设计与建设比较分析见表4.1。

从国家层面来看,我国针对建筑中水和城市再生水利用分别于20世纪90年代初期就颁布了设计规范,以推动城市污水回用事业的发展,保证污水回用工程的设计质量,统一工程设计的基本要求,并在总结建筑中水和再生水利用的科研成果和实践经验的基础上,分别对两份设计规范进行了细致、深入的修订和补充,《建筑中水设计规范》(2003年修订版)和《污水再生利用工程设计规范》(2002年修订版)已成为目前开展建筑中水利用和城市再生水利用设计、建设的重要依据。

北京市发布了多个关于建筑中水和再生水的管理办法、通告,并出版了《北京市城市污水再生利用工程设计指南》一书,虽然该指南并不是设计规范,但对于再生水利用工程的设计也具有一定的参考、借鉴价值。天津市除了较早发布《天津市住宅建设中水供水系统技术规定》以外,还颁布了目前可查的唯一一个地区性的再生水设计规范——《天津市再生水设计规范》,该规范内容丰富、涵盖范围全面,将污水再生利用工程设计规范和建筑中水设计规范的内容合编为一册。

深圳市由于缺水严重,在我国较早开展了再生水利用的科研和实践。发布了《深圳经济特区中水设施建设管理暂行办法》《深圳市再生水利用管理办法》等多个管理办法,并发布了《深圳市再生水、雨水利用水质规范》,但并没有针对再生水的设计和建设发布针对性的规范。

表4.1　我国各城市再生水设施设计与建设比较分析

国家/城市	政策/举措	特点	不足
国家层面	《建筑中水设计规范》(1991年)	1. 首个关于建筑中水设计的规范,是其他各地区颁布区域性中水设计规范的参考基础和依据; 2. 首次对建筑中水做出初步定义; 3. 对于中水水源、中水参考的水质标准、中水系统、处理工艺和设施、中水处理站以及安全防护和监测控制做了较为明确的规定; 4. 对于中水水源的选择给出了优先顺序,优先选用“优质杂排水”	关于建筑中水的早期规范,多项条款、规定均是初步性的

续表 4.1

国家/城市	政策/举措	特点	不足
国家层面	《建筑中水设计规范》(2003年修订版)	1. 总结了建筑中水中运行的经验和不足,做出了多项修改和补充规定,更具有参考性和实践性; 2. 补充对于中水设施必须与主体工程同时设计、同时施工、同时使用的“三同时”要求; 3. 对于建筑中水重新进行了定义,不再将中水限定于建筑内的污水资源化利用和循环; 4. 补充给出了中水原水量的计算方法; 5. 提出中水处理必须设有消毒设施等; 6. 针对建筑中水的不同用途,规定了分类的水质参考标准	
	《城市污水回用设计规范》(1994年)	1. 对城市污水回用的途径做出了说明; 2. 给出了再生水和再生水厂的明确定义,对于再生水厂的水源、收集系统、处理系统、水质标准等均做了初步的规定	关于城市污水回用设计的早期规范,一些条款、规定缺乏实践性
	《污水再生利用工程设计规范》(2002年修订版)	1. 将污水回用改为污水再生利用; 2. 增加污水回用工程可行性研究; 3. 强调污水再生利用工程的水质安全性; 4. 补充给出了再生水厂选址的建议性条款; 5. 规定污水再生利用工程方案中需提出再生水用户备用水源方案; 6. 对于再生水的输配水系统做出了较为详细的条款说明; 7. 在处理工艺中增加了对于活性炭吸附、微孔过滤和化学除磷的介绍	
北京	《北京市中水设施建设管理试行办法》	1. 我国有关污水再生建设、利用的第一个地方性规范; 2. 对于中水和中水设施给出了明确的定义,并界定了中水的使用范围; 3. 首次提出了中水设施设计、施工、使用的“三同时”要求; 4. 规定中水设施的建设投资要纳入主体工程预决算; 5. 提出中水设施交付使用后,应由房屋管理单位负责日常管理和维修	对于中水设施建设的各个方面都只做了大项、总体上的要求,并未提出具体的细则要求

续表 4.1

国家/城市	政策/举措	特点	不足
北京市	《关于加强中水设施建设管理的通告》	1. 补充了需建设中水设施的新建工程范围； 2. 重点强调了多项对于中水设施未按要求设计、建设的处罚措施； 3. 标志着政府对于再生水设施的设计、建设，由建议性的条款规定，转变为强制性实施以及实质性的处罚措施； 4. 中水设施的监管及水质抽查由节水管理部门监督执行	处罚措施中，只具体介绍了行政处罚方式；对于涉及经济性处罚的，未明确规定具体的金额
	《北京市排水和再生水设施建设管理方法》	1. 进一步对公共排水和再生水设施的建设管理提出了强化性的要求； 2. 强调了建设单位与运营单位的移交和衔接	
	《北京市城市污水再生利用工程设计指南》	对于污水再生利用的基本要点、污水再生利用工程设计规模、污水再生利用技术、再生水输配水以及再生水系统维护管理等涉及再生水设计建设的多个方面做了详细的介绍和说明	该指南并不是政府层面发布的规范，仅供设计时参考使用，其强制性和约束性较弱
天津市	《天津市住宅建设中水供水系统技术规定》	1. 在天津市内范围首次规定了住宅小区必须配套建设中水管网的工程； 2. 提出了“两同时”的要求：中水管网必须与主体工程同时设计，同时施工； 3. 对中水水源及水质标准、中水供水系统以及施工质量验收的细项做出了一些规定，要求中水管道外壁颜色为浅绿色	未对中水系统的使用安全性做出明确要求
	《天津市再生水设计规范》	1. 在内容上主要针对市区及县城的再生水系统，所涉及的再生水使用对象等条件相对一致； 2. 对于再生水和中水进行了明确定义； 3. 提出了“三同时”的要求：中水管网必须与主体工程同时设计，同时施工，同时施工； 4. 建议了几个提高处理水水质的处理工艺，使再生水的使用范围变得更宽； 5. 总结了已建成再生水的经验，更加强调系统的完整性、安全性、运行操作的重要性	将污水再生利用工程设计规范和建筑中水设计规范的内容合编为一册，某些内容合写在一起，因工艺、规模、建设内容、要求上的差异，在具体表达上未把城市再生水和建筑中水都写透

续表4.1

国家/城市	政策/举措	特点	不足
深圳市	《深圳经济特区中水设施建设管理暂行办法》	1. 对于应按规定配套建设中水设施的新建工程,除了对建筑面积做了规定,还对每日生活用水总量做了规定; 2. 扩大了应配套中水设施的工程范围,增加了工业、企业及成片开发的工业小区; 3. 提出了对于中水设施必须与主体工程同时设计、同时施工、同时使用的"三同时"要求; 4. 根据深圳市的地域特点,规定了海水作为中水水源的要求; 5. 规定了由市城市管理主管部门负责全市中水设施运行的监督管理工作; 6. 涉及经济性处罚的,规定了具体的处罚金额和方式,更具有明确性和约束性	
	《深圳市建设项目用水节水管理办法》	1. 将再生水的管理机构由市城市管理主管部门改为水务行政主管部门; 2. 对市区级责权范围进行了划分; 3. 进一步补充了应当配套建设相应规模的中水利用设施的项目范围	主要内容为建设项目的节水管理,其中涉及再生水的设计、建设,并不是针对性的办法
	《深圳市再生水利用管理办法》	1. 强调再生水管网设计、建设的系统性; 2. 鼓励社会资本投资建设再生水利用设施	主要内容为再生水的管理,对于设计、建设的内容涉及较少

4.4 目前存在的问题

通过对我国多个再生水厂以及再生水设施的调研发现,目前再生水厂(设施)在设计、建设上主要存在以下问题或不足。

4.4.1 再生水厂

(1)再生水水量设计不合理,设计能力利用率低,多数再生水厂生产水量明显低于设计能力。下面列举了几家再生水厂的设计水量、最高日水量以及日常平均水量。典型再生水厂水量流计见表4.2。从表中可以看出,日常平均水量均远低于设计水量。日常水量和设计水量的比值最低达到15%,最高的也仅为66%,设计能力利用率很低。这主要是基于两个方面的原因:一方面设计时未考虑季节性差异,尤其对于北京、天津这样的北方地区,季节性特点非常突出。在冬季冰冻期,河道不宜大量补水,绿地也不宜在冬季浇灌;而居民冲厕用水的需求虽然是四季持续稳定的,但其在总的再生水利用水量中所占比重又很低,因此再生水在夏季、冬季形成明显的高峰期和低谷期,生产供应设施季节负荷不均,无法实现全年满负荷运行。另一方面,现有污水厂的生产计划很可能导致再生水设施进水水量得不到充分保证。

表4.2 典型再生水厂水量统计

工程名称	水量/(10^3 m^3 · d^{-1})			比值/% (日常/设计)
	设计	高峰日	日常	
A	300	250	200	66
B	20	20	10	50
C	20	6	3	15

(2)普遍缺乏主要用户。由于再生水管网需要建立一套独立的系统,造价较高,有些甚至达到整个工程造价的近50%。典型再生水厂成本统计见表4.3。很多可以利用再生水的区域尚未覆盖再生水管网;同时,由于不合理的再生水水价,导致用户在使用再生水上没有积极性,丧失了一部分再生水用户。

表4.3 典型再生水厂成本统计

工程名称	投资成本/万元					比例/% (管道/总投资)
	总	土建	设备	管道	其他	
A	300	43	56	180	21	60
B	79	17	20	40	2	51
C	143	38.6	47	42	15.4	30

(3)实际再生水水源水质与设计水质存在较大差异。设计时所有再生水厂的设计水源均以污水厂出水为水源。但污水厂在其设计之初并未专门考虑再生水生产,污水厂的设计均是基于当时的排放标准;特别是污水厂的出水水质存在波动性时,导致再生水厂的进水水质与设计水质存在较大差异。因此,部分污水厂和再生水厂需要更新改造。

(4)再生水厂难以同时满足不同用户的水质和水量需求。一些再生水厂,其用户存在多样性,再生水出水的用途不同,可能其中一部分用于补充景观水体,一部分用于供给工业企业。不同用户对于水质和水量有着不同的要求,但再生水厂的出水水质是一定的,就会存在差异性和供给矛盾。

4.4.2 分散型再生水设施

(1)对于分散型的再生水设施,设计建设上存在的最大问题就是工艺选择不合理。一些分散型的再生水设施并不是由专业的设计院进行设计,工艺选择上缺乏可行性和持久性的论证,运行一段时间后,导致出水无法稳定达到设计标准,用户放弃使用。

(2)调节池过小,对流量变化的研究不够,加上用地限制,调节池过小,废水流量高峰时溢流，低谷时则需自来水补充，设施不能充分发挥作用。

(3)设施的关键设备的质量不过关或者选型不准，导致设备不能正常运转，维修费用较高。

(4)一些配套设施的设计考虑不周，影响周边的环境，如产生噪声、臭气等。

4.5　与饮用水、污水的区别和借鉴

再生水的利用是个系统工程，它将排水和给水连接起来，实现城市水资源的大循环。再生水设施的设计，是跨学科技术，涉及给水设计和污水设计的内容，与二者既有联系又有区别，再生水设计规范或指南的制定，也应当参考《室外排水设计规范》和《室外给水设计规范》等。表 4.4 列出了再生水在设计建设时各分项内容的特点，给出了其设计时的倾向性参考。

表 4.4　再生水设施设计建设内容的特点及设计倾向性

设计建设内容	特点	倾向参考饮用水	倾向参考污水
确定水源	再生水水源应以生活污水为主，尽量减少工业废水所占比例。对于使用再生水的工业用户，其排水若对再生水水源水质有较大影响，则不宜再作为再生水水源		√
确定用户	分为调研、筛选和确定用户 3 个阶段	√	
原水收集	污水收集应依靠城市排水管网进行，不宜采用明渠。排水管网可采用分流制系统或合流制系统，污水应以最佳路线汇集		√
水质要求	针对不同用途应满足不同的水质标准：当再生水用于多种用途时，其水质标准应按最高要求确定；对于向服务区域内多用户供水的城市再生水厂，可按用水量最大的用户的水质标准确定；个别水质要求更高的用户，可自行补充处理，直至达到该水质标准	√	
设施选址	再生水厂宜靠近再生水水源收集区和用户集中地区，但由于是污水深度处理，会产生臭味等，建议远离生活区		√
生产规模	再生水厂的生产能力应按最高日供水量加自用水量确定，必要时还应包括消防补充水量。自用水量可采用供水量的 5% ~15%	√	
工艺选择	再生水处理工艺的选择及主要构筑物的组成，应根据再生水水源的水质、水量和再生水用户的使用要求等因素	√	√
输送管线	再生水的输配水系统应建成独立系统。再生水输配水管道应防止微生物腐蚀，一般以非金属管道为宜	√	
用户配套设施	用户的用水管理，应根据用水设施的具体要求确定	√	

4.6　具体技术要求

4.6.1　再生水设施的水源系统

再生水利用首先要从再生水水源水量和水质等方面进行综合考虑，同时对采用的再生水水源进行充分的水源安全性分析论证，在突发情况下能做好水源选择和切换，并在日常做好再生水水源的保护和管理工作。

1. 总体要求

再生水水源包括城市污水（不包含重污染工业废水）、二级处理出水、小区生活污水、独立排水区域污水等。再生水水源应以城市生活污水和二级处理出水为主，尽量减少工业废水所占比例。与生活污水类似的工业废水也可作为再生水水源，前提是排污单位对其进行预处理，达到相关标准后方可排入市政下水管网。对于使用再生水的工业用户，其排水如对回用水源水质有较大影响时，不宜再作为回用水源。重金属、有毒有害物质超标的污水不得排入城市污水收集系统，不得作为再生水水源。严禁放射性废水作为回用水源。

再生水水源水质应符合《污水排入城市下水道水质标准》（CJ 3082—1999）、《生物处理构筑物进水中有害物质允许浓度》（GBJ 14—87）、《污水综合排放标准》（GB 8978—1996）和《城镇污水处理厂污染物排放标准》（GB 18918—2002）等要求。

2. 水源的选择及安全性

由于再生水水源的种类不同，存在的安全问题也各不相同，分别列举如下：

（1）城市污水处理厂二级处理出水。

①水源本身存在的安全性问题。

BOD_5、COD是反映水体有机物污染程度的指标，二级处理出水中较高的BOD_5、COD和氮、磷指数，会引起微生物的大量繁殖，会使输水管道和设备堵塞，给再生水的处理过程增添很多困难。

水源可能存在对人体的危害主要表现在两个方面：一是化学危害；二是生物危害。处理出水未经消毒，水中的悬浮杂质和胶体杂质含有未处理掉的病原细菌、病毒、原生动物与虫卵。回用水中病原体的危害程度取决于许多因素，包括污水处理系统对病原体的去除效率或灭活效率等。但从流行病学方面的数据来看，对于有些人，当水中含有极易传染疾病的微生物时，只要摄入极少量这类病原微生物即会引起传染疾病。基于这种考虑，任何一种水的再生与回用，特别是食用农作物灌溉用水、与人体接触的运动用水或饮用水，都必须尽可能地去除病原体。此外，在某些回用过程中（工业冷却或工业除尘），水有可能呈雾状进入空气，并导致雾状微生物广泛分布，也必须最大限度地去除病原体。

二级处理出水中存在微生物难降解的物质，如硝基苯、苯酚和重金属，它们中的相当部分具有致癌、致畸变的作用。例如，在传统造纸工业的含氯漂白废水中，含有强烈致癌、致病变、致畸形和多发性脑神经病变的毒性物质——二噁英和呋喃等有机氯化物，即使经过自然水体的稀释，仍具有极强的毒性，而且由于结构稳定，极难自然降解，并具有生物积累效应。尽管人们已开始逐步控制和减少各种工业污染，然而由于技术和资金上的原因，这种趋势仍在延续。此外，废水中的许多化学物质不仅具有急性效应，而且也有慢性效应，而后者只有通过长期接触才能表现出来。

除了水源自身存在的安全性问题以外，还需要考虑其他因素对水源的影响。

②由水源水质的波动引起的安全问题。

如果二级处理出水水质能够保持二级出水指标，则无疑不会干扰再生水处理的正常进行，但水源水质波动会使处理过程受到很大的干扰。

a. 水源遭受意外污染。由于事故突发性的污染物质泄漏、排放，造成水源水质瞬间严重恶化，并对取水口产生严重威胁，如有毒化学品污染、石油泄漏、故意投毒等。对大多数城市的再生水水源地而言，有突发性污染威胁的潜在风险源主要有以下几种：工业污染源、危险品仓库与废物填埋场、船运、陆运移动源、农业污染源、潮汛和水灾等引起的大面积非点源污染，也有少数是通过爆炸、扩散、空气传输、降雨冲刷和沉降综合作用以固态或液态进入水体污染水源。

b. 处理设施意外终止。由于操作失误、机械失效、突然断电、设备出现故障、设备检修等情况，造成二级处理出水长时间未进行处理，则会引起水源微生物大量繁殖、发臭等现象，导致水源水质恶化。

(2)建筑内部的生活污水。

建筑内部的生活污水中，以优质杂排水为原水的分散式再生水处理系统，由于污水中污染物量较少，处理过程相对简单，多用于建筑中水系统；以生活污水为原水的中水回用系统，由于水量大，服务面积也大，多用于小区中水系统。由前一节居民生活用水的特征分析可以得知，水源存在的安全问题有：

①容易恶化，若出现意外断电、设备故障等情况，未及时处理，易产生臭味和腐败变黑等现象。

②废水排放不均匀，高峰集中出水，瞬时变化较大，水质波动很大。

③一般不含有毒物质，但含大量细菌、病毒、寄生虫卵等；若出现极易传染疾病的微生物，会使水源受到意外污染。

④再生水进入居民家庭后(用于冲厕)，由于装修等因素，造成再生水管道与饮用水管道交叉连接、错接、回流和空气隔断等，致使再生水污染饮水源。

⑤由于居民住宅的卫生间一般处于半封闭状态，再生水使用过程中散逸的恶臭在室内累积后对室内空气环境质量有一定的影响。

(3)雨水。

由于农业病虫害防治需要，使用各类农药和化肥，大型养殖场禽畜粪便不进行无害化处理随意堆放，经雨水冲洗，造成面源污染，水体含大量的酚类化合物、苯类化合物，以及砷、磷、氮等化学性污染，此类雨水不宜进行处理回用。

酸雨污染严重的工业型城市，降雨后也会造成大量的面源污染，此类雨水也不宜进行处理回用。

由于雨水周期性较差，变化幅度较大，仅适合作为生活污水水源的补充。雨水的利用宜先进入景观水池小区内固有的水体或者人工湿地等进行预处理，如雨水的主要通道和集中入池口设置必要的格栅或滤网等截污装置和弃流装置，将初期的雨水弃流到污水管，然后由管网收集进入调节池进行深度处理。

(4)工业排水。

对于用水量大,并且以冷却水为主的工业,如热电、化工等工业部门,不与反应物相接触的间接冷却水,除温度升高以外,水质并未受到污染,完全有条件再利用。在生产过程中,各个工艺对水质和水温的要求并不一样,可以把水分成几个等级,串联起来逐级使用,达到一水多用。

许多工业部门在生产过程中都需要大量的冷却水,用以冷凝蒸汽以及工艺流体或设备降温。冷却水首先要求水温低,同时对水质也有一定的要求。如水中存在悬浮物、藻类及微生物等,会使管道和设备堵塞;在循环冷却系统中,还应控制在管道和设备中由于水质所引起的结垢、腐蚀和微生物繁殖。

2. 水源的保护和管理

再生水厂的水源水质关系到出水水质,因此,必须保护再生水的水源。对于以污水处理厂二级出水或者以生活污水为水源的再生水处理系统,除要求二级污水处理厂出水水质必须达标外,还需要对污水排放、收集系统加强管理,建立污水也是水资源的理念,制定必要的法律,禁止向下水道排放有毒有害物质,严禁医院污水未经处理进入城市排水系统,严禁运输有毒化学品的车辆、船只靠近再生水水厂,确保再生水的水源安全。

对于以雨水为水源的分散式再生水处理系统,要注意控制雨水的面源污染。由于化肥农药的大量使用,而利用率又比较低,多余的化肥随地表径流、农田排水、地下渗漏进入水体,成为水体的直接污染源。农业面源污染具有地域范围大、随机性强、成因复杂等特点,因此较难控制。要从源头上去控制污染,减少污染物的产生量。

4.6.2 再生水水量确定

合理地确定再生水利用工程的规模是设计再生水设施、输配水管网和终端利用设施的基本。如果规模设计过小,则不能满足用户用水的要求;规模过大又会造成经济浪费。再生水利用工程的设计规模一般根据用户调研确定的用水量加上适当的管网漏水量和未预见水量几部分来确定。

1. 水量的调研和分析

(1)调研对象。

首先对潜在的再生水用户的主管部门、规划管理部门及市政管理部门进行调研,获取有关信息,了解潜在的再生水用户的行业分类、企业名称、地点等,如生产企业部门(工业用水)、水利部门(河湖补水、景观环境水体)、园林部门(绿地浇洒)、居住小区(冲洗马桶)、环卫部门(冲洒马路)等。

然后对再生水用户进行详细的调研、筛选和确定。

①调研阶段:收集可供再生利用的水量以及可能使用再生水的全部潜在用户的资料。

②筛选阶段:按潜在用户的用水量大小、水质要求和经济条件等因素筛选出若干候选用户。

③用户阶段:细化每个候选用户的输水线路和蓄水量等,经过技术经济分析确定用户。

(2)调研方式。

调研方式一般有两种,即问卷式和走访式。

一般先以问卷方式进行调研,并分析回收的问卷,确定用水大户,然后对用水大户及有疑点的用户进行走访调研，直到取得满意结果为止。问卷式调研前详细列出调研内容，以保证调研的完整性和可靠性。

(3)调研内容。

确定调研对象后，针对再生水用户的特点，确定调研内容。

对工业、企业再生水用户的调研内容一般包括有可能使用再生水的工厂工艺用水、洗涤用水、冷却用水、锅炉补水等设备的平均日用水量，当前的最高日用水量。

对居住小区的调研内容一般包括常住人口数、流动人口数、楼层高度、卫生洁具数量、小区绿化布置和面积、小区道路布置和面积等。

对环卫部门的调研内容一般包括现况道路布置和面积、洒水车种类及大小、洒水次数、季节用水量变化等。

对园林部门的调研内容一般包括区域公园数量、绿化布置和面积、绿化种类、绿化浇水次数、季节用水量变化等。

对水利部门的调研内容一般包括区域内河湖和水体分布、水体功能及类别、河流断面和长度、有无清洁补充水源、补水次数、补水量、季节性补水变化等。

对规划部门的调研内容一般包括规划年限及规划人口数、规划绿地面积、规划区域功能划分等。

(4)调研结果分析。

①对所获得的调研结果，应从技术和经济两方面进行科学分析。按用户的用水量、分布和水质要求及经济上的考虑，对调研的潜在用户进行分类、筛选、确定再生水厂厂址和输水管网布置。

②应优先满足大用户的需要，兼顾小用户的需求。

③将调研结果与供水定额相比较，确定合适的再生水用水定额。

④将分析结果按照一定的规律列表存档，作为确定污水再生利用工程规模的基础资料。

2.再生水需水量的确定

(1)冲洗道路和浇洒绿地。

冲洗道路和浇洒绿地的用水量视城市规模、路面种类、绿化面积、气候和土壤等条件而定。可按下式计算：

$$Q_1 = \sum q_1 \times F_1 \times n_1 \times 10^{-3}$$

式中　Q_1——冲洗道路或浇洒绿地的用水量，m^3/d；

q_1——冲洗道路或浇洒绿地的用水量定额，$L/(m^2 \cdot 次)$；

F_1——道路或绿地总面积，m^2；

n_1——每日洒水次数，次/d。

按照国家标准，冲洗道路和场地的用水量指标为2 $L/(m^2 \cdot 次)$，每天1~2次。根据北京市环卫局提供的数据，浇洒道路的用水指标为0.4 $L/(m^2 \cdot 次)$。考虑到路面保洁和冲洗的需要，北京市的规划指标为1.5~2.0 $L/(m^2 \cdot d)$。

绿化用水量指标为0.3~2 $L/(m^2 \cdot d)$。根据园林部门提供的数据，草坪、绿化隔离带和生态林绿地用水指标分别为2 $L/(m^2 \cdot d)$、1.33 $L/(m^2 \cdot d)$、0.16 $L/(m^2 \cdot d)$。

在确定用水指标时，应注意到交通主干道和住宅区内道路、大面积绿地和小面积绿地的用水量不同。

因此，冲洗道路和浇洒绿地再生水量的确定，应先根据调研结果结合实际情况确定用水指标，然后利用公式计算出浇洒道路和绿地的用水量。

需要注意的是，北京市的冬季不需要冲洗道路和浇洒绿地，冲洗日一般按每年 250 ~ 270 d 计算。

(2)住宅和公共建筑冲厕。

除用户申请水量外，一般按推算的方法确定，推算的方法有用水量标准计算法、建筑面积计算法和卫生器具计算法 3 种。实际使用中可根据调研获得的基础资料选用一种适宜的方法，并用另外两种方法校核。

①用水量标准计算法的计算式为

$$Q_2 = \sum (q_2 \times F_2 \times N_2 \times 10^{-3})$$

式中 Q_2——冲厕再生水水量，m^3/d；

q_2——生活用水量标准，L/(人 · d)；

F_2——冲厕用水占生活用水的比例，%；

N_2——使用人数，人。

根据北京市供水规划，远期人均住宅用水标准为 140 L/(人 · d)。北京市部分家庭用水调研显示，冲厕用水占生活用水的 25% ~30%；有关资料表明，在日本和美国，冲厕用水占生活用水的 27% ~38%；北京市住宅冲厕用水按生活用水的 25% ~35% 计，则住宅冲厕用水量标准为 35 ~49 L/(人 · d)。

公共建筑用水标准采用 220 L/(人 · d)，冲厕用水占 20% ~25%，因此公共建筑冲厕用水量标准为 44 ~55 L/(人 · d)。

②建筑面积计算法的计算式为

$$Q_3 = \sum (q_3 \times F_3 \times 10^{-3})$$

式中 Q_3——冲厕再生水水量，m^3/d；

q_3——单位建筑面积的用水量标准，$L/(m^2 \cdot 次)$；

F_3——建筑面积，m^2。

住宅冲厕用水标准为 1.5 $L/(m^2 \cdot d)$，公共建筑冲厕用水标准为 3 $L/(m^2 \cdot d)$。

③卫生器具计算法的计算式为

$$Q_4 = \sum (n_4 \times q_4 \times C_4 \times H_4 \times 10^{-3})$$

式中 Q_4——日最大用水量，m^3/d；

n_4——卫生器具个数，个；

q_4——每次用水量，L/(次 · 个)；

C_4——每小时利用次数，次/h；

H_4——使用时间，h。

该方法需对用户卫生器具设施进行详细调研，在设施内容明确的情况下采用。

目前市场上卫生器具品种繁多，一般分为节水型、普通型和豪华型。节水型大便器为 6 L/次，普通型、豪华型大便器为 9 ~13 L/次。

(3)洗车业需水量。

随着机动车数量的不断增长,洗车业所需的水量也在不断增加。如果能够将再生水净化达标后用于洗车,则既可以大大节省自来水,又可以在使洗车业得以维系的同时创造大量的就业机会,取得明显的经济效益和社会效益。洗车行业需水量可按下式进行估算:

$$W_{洗车} = T_{车} \cdot N_{车} \cdot t$$

式中　$W_{洗车}$——洗车行业用水量,万 m^3;

$T_{车}$——机动车数量,万辆;

$N_{车}$——洗车用水定额,$m^3/(车 \cdot 次)$;

t——年洗车频次。

(4)景观环境水体。

除常年输水河道外,北京市其他水体无清洁水源。为保持水体景观,需要补充水体的蒸发和渗漏损失,并定期换水。

水体蒸发量因地域、季节的不同而不同。一般可从气象部门和水利部门得到数据。

水体的渗透量可根据地质情况和河湖存水部分的结构构造来确定。

换水次数及换水深度一般由水利及河湖管理部门确定。

环境娱乐性用水需水量主要为娱乐性或观赏性湖泊、水库和公园水体等的补水量与换水量,可按照下式计算:

$$W_{河湖库} = W_{补水} + W_{换水} = W_e + W_{渗} + W_{换水} - R_{河湖库}$$

式中　$W_{河湖库}$——城市河道湖泊水库需水量;

W_e——水面蒸发量;

$W_{渗}$——河道湖泊水库渗水量;

$W_{换水}$——河道湖泊水库换水需水量;

$R_{河湖库}$——河道湖泊水库水面年降雨量。

因渗水量 $W_{渗}$ 与其他损失难以估计,常采用有效水面蒸发量间接估算,即 $W_{渗} = W_e - R_{河湖库}$。因此上式可简化为

$$W_{河湖库} = 2 \times (W_e - R_{河湖库}) + W_{换水}$$

对城市各景观水面换水量 $W_{换水}$ 按以下方法计算:1~3月每月换水2次,4~10月每月换水3次,11~12月每月换水2次,每次换水量均为水域容量的50%。假设某公园水域容积为 M,则一年中换水量约为 $15.5M$。

(5)农业用水。

灌溉作物可分为3类:水作类(如水稻)、旱作类(如小麦、玉米、棉花等)及蔬菜类(如大白菜、韭菜、洋葱、卷心菜等)。

水作类再生需水量按12 000 $m^3/(hm^2 \cdot a)$计算;旱作类再生需水量按4 500 $m^3/(hm^2 \cdot a)$计算;蔬菜类再生需水量按3 000~7 500 $m^3/(hm^2 \cdot a)$计算。

在确定农业再生需水量时,应注意农业用水的季节性变化、作物种类的差异和不同生长期用水量的差异。应对再生水使用区域的农业逐年用水量进行详细调研,综合考虑其用水标准,经科学分析后确定。

(6)工业用水。

从再生水的价格来看,工业用户的承受能力要比农业用户高,能支付较多的费用用于

再生水的生产。从再生水的使用效益来看,再生水用于工业比用于农业能取得更好的经济效益。因而,相对于农业灌溉,城市工业需水量较为稳定,对水质要求不高,产生的经济效益较高,是再生水回用的重点对象。再生水用于工业,主要是用于工业冷却、洗涤、冲灰、除尘用水及其他工艺低质用水,城市污水经再生处理,其出水均能满足水质要求。除重复使用量外,这部分用水在正常工业产业中约占到总取水量的30%以上,是再生水用于工业的首选对象。考虑到再生水回用除水质与水量的满足程度以外,还受到水价、管网和社会心理的影响,实际的再生水用水量约占工业总取水量的20%,由此,可把再生水的需水量预测问题转化为工业需水量的预测问题。

再生水用于工业主要有4个方面,即冷却水、空调用水、工艺用水和锅炉补水。

工业冷却水用量大,需求稳定,不受时间、季节变化的影响。在各类冷却用水中,火力发电、冶金、化工等行业的冷却用水量所占比例很大,火力发电冷却水可占总用水量的95%以上。

空调用水(也称空调冷却用水)可分为两种形式,即直接喷淋和间接冷却。直接喷淋设备简单,投资较低,需水量较大;间接冷却设备投资较大,运行管理费用较高,但需水量较小。

在不同情况下,工艺用水和锅炉补水用水量有较大的差异。

确定再生水用于工业的需水量时,应调研分析工厂用水性质和用水量,考虑到工厂万元产值耗水量增减趋势、产值增长率、用水结构及产业结构变化等因素。

3. 设计规模的确定

合理地确定设计规模十分重要,规模过大,会造成经济浪费;规模过小,则不能满足用户用水需求。

为确定污水再生利用工程规模,应在对不同户的调研研究的基础上,计算再生水需水量,并考虑到工程的近期和远期规模。

不同再生水用户的用水特点不同,呈现不同的季节变化和日变化。确定日变化系数时,需综合各种情况,如工业用水的班次、绿化、冲洗道路、冲厕用水的集水性,清水池的容积等。

根据经验,当再生水用于绿化、冲洗道路、冲厕和工业时,设计清水池容积应较大,日变化总系数应取较大值1.5。当景观环境用水和农业用水所占比例较大时,日变化系数应取较小值1.3。当景观环境用水和农业用水占再生水总量的比例在30%~50%时,日变化系数取1.2~1.3;当景观环境用水和农业用水超过再生水总量的50%时,日变化总系数取1.1~1.2。

4.6.3 再生水供水水质

1. 基本要求

根据《城市污水再生利用技术政策》(建科〔2006〕100号)的规定,再生水的水质要求由基本控制项目和选择控制项目组成。基本控制项目表达再生水的卫生安全等级与综合性水质要求,包括粪大肠菌群、浊度、SS、BOD_5、COD、pH、感官性状指标等。选择控制项目表达某一用水途径的特定水质要求,包括影响用水功能与用水环境质量的各种化学指标和物理指标。

由于一个再生水系统往往包括多种回用方向，比如城市再用、景观环境用水、工业冷却水等，根据第 2 章的调研发现，部分城市会综合几种回用方向，制定城市统一的供水水质标准，例如，天津市中心城区就采用统一的再生水水质标准。

总体来讲，再生水水源水质必须符合《污水排入下道水质标准》《生物处理构筑物进水中有害物质允许浓度》和《污水综合排放标准》的要求。

再生水水源的设计水质应根据污水收集区域现有水质资料和规划预测资料确定。对于只包括深度处理的再生水厂，当水源为城市二级污水处理厂出水时，可参照二级处理厂出水标准，确定设计水质。

2. 不同水源的水质要求

(1) 城市污水处理厂二级处理出水。

一般情况下，城市污水处理厂二级处理出水，在经过常规深度处理工艺后可以满足相关再生水的水质标准。二级处理出水的水质，详见 GB 18918—2002。

根据二级处理技术净化功能对城市污水所能达到的处理程度，在它的处理水中，在一般情况下，还会含有相当数量的污染物质，如 BOD_5：20 ~ 30 mg/L；COD：60 ~ 100 mg/L；SS：20 ~ 30 mg/L；NH_3-N：15 ~ 25 mg/L；P：6 ~ 10 mg/L，此外，还可能含有细菌、病毒和重金属等有毒有害物质。

(2) 建筑内部的生活污水。

建筑内部的生活污水主要来自建筑内部的生活污水、生活废水和冷却水，其数量、成分和污染物质与居民的生活习惯、建筑物用途等因素有关。

再生水水源通常有 3 种形式：

①优质杂排水：冷却排水、洗浴排水、盥洗排水、洗衣排水；

②杂排水：A + 厨房排水；

③生活污水：B + 厕所排水。

再生水水源水质因来自不同用途的水而水质差别较大。按其污染轻重依次为：冷却水 < 淋浴 < 盥洗排水 < 洗衣排水 < 厨房排水 < 厕所排水。

其中优质杂排水是再生水水源的首选，其排水水量大，有机物浓度低，处理工艺简单，投资运行成本低。当再生水需求量较大时，也可以选用杂排水，最后才考虑选用全生活污水。

(3) 雨水。

雨水作为再生水水源主要适用于降雨较多的南方沿海缺水地区，雨水处理简单，但需要较大的调节池，对初期雨水进行弃流。由于初期雨水冲刷了地表的各种污染物，污染程度很高，随着降雨的进行，则污染物的浓度逐渐下降并最终趋于稳定，但是由于其周期性较差，变化幅度较大，仅适合作为生活污水水源的补充。城区雨水径流的主要污染物为有机物、营养物及悬浮固体，径流污染主要来源于下垫面的污染物积累。以有机物及营养物质等指标的含量考察雨水及不同下垫面径流水质的优劣次序为：天然降水 > 绿地径流 > 屋面径流 > 机动车道径流。舍弃初期径流雨水进行综合比较，天然降水、绿地径流及屋面径流的水质较好，基本能达到地表水Ⅴ类水质标准；而机动车路面径流的污染较为严重，超过了地表水Ⅴ类水质标准，不宜进行回用。

(4)工业企业的排水。

排入城市污水收集与再生处理系统的工业废水应严格按照国家及行业规定的排放标准,制定和实施相应的预处理、水质控制和保障计划。重金属、有毒有害物质超标的污水不允许排入或作为再生水水源。

在许多工业区或大型工厂外排废水中,有些是相对洁净的废水,如工业冷却水等,其水质、水量相对稳定,保障程度高,经适当处理就可以达到再生水水质标准。

3. 再生水水质的保障措施

为了确保再生水供水水质,保障用户用水安全,需要进一步采取如下措施:

(1)政府主管部门应对再生水设施进行定期监测和审查,每年根据审查结果,发放许可证。

(2)再生水厂应结合水源水水质情况和出水水质要求,进行定期、定点、定项目的监测。当水源水质发生异常变化时,应根据需要增加检测项目和频次。水质监测方法和频次应符合《城市污水再生利用》有关水质标准的要求。

(3)再生水厂应在进水口、外管网、送水泵房等适当位置设置水质监测点,关键部分应设置自动检测仪表及远程传输装置,实时监测水质数据变化。针对不同回用途径的监测项目和频次应符合《城市污水再生利用》的要求。

4.6.4 再生水处理系统

再生水处理系统主要包括污水二级(或二级强化)处理设施、深度处理设施、消毒处理设施的不同组合与技术设备的集成。

再生水处理工艺的选择及主要构筑物的组成,应根据再生水水源的水质、水量和再生水用户的使用要求等因素,按相似条件下再生水厂的运行经验,结合当地条件,通过技术经济比较综合研究确定。

1. 处理设施场址的选择

再生水处理设施场址的选择应考虑场地状况、环境要求、投资条件、缺水背景、管理水平等因素,经过综合经济技术比较确定。

制订再生水处理系统方案,再生水处理场址的选定是重要的环节,它与城市的总体规划和城市排水系统的走向、布置、处理后的再生水的出路都密切相关。根据再生水回用模式的不同,对再生水厂址的选择也相应的有所不同。

(1)集中式回用。

对于集中式回用来讲(即将污水厂的二级处理污水根据回用水水质要求进行处理,然后再通过输、配水管网输送到用户进行回用),这种回用方式也就是污水处理厂的三级处理或者深度处理。其场址选择以污水处理厂的选址为依据,并应遵循下列各项原则:

①应与选定的处理工艺相适应,如选定稳定塘或土地处理系统为处理工艺时,必须有适当的闲置土地面积,应尽量做到少占农田和不占良田。

②场址必须位于集中给水水源下游,并应设在城镇、工厂厂区及生活区的下游和夏季主风向的下风向。为保证卫生要求,厂址应与城镇、工厂厂区、生活区及农村居民点保持300 m 以上的距离,但也不宜太远,以免增加管道长度,提高造价。

③当处理后的污水或污泥用于农业、工业或市政设施时,厂址应考虑与用户靠近或便

于运输。当处理污水排放时,则应与受纳水体靠近。

④厂址不应设在雨季易受水淹的低洼处。靠近水体的处理厂,要考虑不受洪水威胁。厂址尽量设在地质条件较好的地方,以方便施工,降低造价。

⑤要充分利用地形,应选择有适当坡度的地区,以满足污水处理构筑物高程布置的需要,减少土方工程量。若有可能,宜采用污水不经水泵提升而自流流入处理构筑物的方案,以节省动力费用,降低处理成本。

(2)分散式回用。

对于分散式再生水处理设备,其场址选择采取就近原则,使污水厂服务范围内的污水以最经济的方式得到收集,即场址应设置在污水水源近的地方,如洗车水再生回用的装置宜设在洗车场附近;小区的再生水回用也可设置在居住小区附近,但应考虑到环保因素,如减少甚至消除再生水系统产生的废气、污泥、噪声对小区的二次污染。

具体应遵循以下原则:

①单幢建筑物再生水工程的处理站应设置在地下室或邻近建筑物处,建筑小区再生水工程的处理站应接近再生水水源和主要用户及主要再生水用水点,以便减少外线长度。

②其规模大小应根据处理工艺的需要确定,应适当留有发展余地。

③应设带有边界的通道以便于设备运输、安装和检修。

④应具备减振、降噪和防臭措施。

⑤要有利于建筑小区环境建设,避免不利影响,应与建筑物、景观和花草绿地工程相结合。

2. 处理工艺的选择

在污水再生利用工程中，单元技术一般很难保证出水达到再生水水质要求,常需要多种水处理技术的合理组合。再生水处理的工艺流程是指在保证处理水达到所要求的处理程度的前提下,所采用的再生水水源处理技术单元的有机组合。目前,人们普遍采用常规处理工艺,即混凝、沉淀或澄清、过滤和加氯消毒,该工艺能够有效地去除二级处理出水中的悬浮物、胶体杂质和细菌,使再生水拥有广泛的适用范围,具有较好的经济价值。但是该工艺有一定的局限性,它不能有效地去除色度、浊度、臭味和溶解性有机物,且其氯化过程会导致有机卤化物的形成。许多新技术被应用到污水再生利用工程中。以膜技术为主的组合工艺:二级处理出水→混凝→沉淀→膜分离→消毒,应用较广的膜技术有微滤膜(MF)、超滤膜(UF)、纳滤膜(NF)、反渗透膜(RO)和电渗析等;以活性炭技术为主的组合工艺:二级处理出水→活性炭吸附或氧化铁微粒过滤→超滤或微滤→消毒;氨吹脱和臭氧氧化等技术被用来满足对再生水水质的特殊要求。

城市污水回用工程再生水厂应根据回用对象的用水水质标准，对不同工艺流程进行经济技术比较后确定最佳的工艺流程。在选择再生水处理工艺单元和流程时应主要考虑以下几方面因素:

(1)回用对象对再生水水质的要求。

(2)单元工艺可行性与整体流程的适应性。

(3)工艺的安全可靠性。

(4)工程投资与运行成本。

(5)运行管理方便程度。

3. 对于处理工艺的要求

(1)污水二级或二级强化处理是再生水生产的基础,工艺单元的选取要同时考虑处理出水的达标排放和再生水生产对水质净化程度的要求,并与后续深度处理工艺衔接配套。

(2)污水二级或二级强化处理应确保有机物(COD、BOD_5)和悬浮固体的去除程度,并降低处理水的氮、磷营养物浓度。

(3)深度处理是再生水处理工程的主体单元,可采用滤料过滤或膜过滤工艺,一般需要设置混凝、沉淀前处理单元。对再生水水质有特殊要求的,可以选择反渗透、离子交换、活性炭吸附、高级氧化等单元作为辅助手段,由再生水用户自行建设再生水处理单元。

(4)消毒是再生水处理的必备单元,可采用氯化消毒、紫外消毒、臭氧消毒等方法,当采用液氯消毒时,加氯量按卫生学指标和余氯量控制,宜连续投加,接触时间应大于 30 min。

4. 针对不同用途的主要工艺流程

(1)再生水用于城市杂用水。

城市杂用包括城市绿化、建筑施工、洗车、道路洒水、厕所冲洗用水、消防等。

由于城市污水来源的广泛性和复杂性,回用水中既有城市工业废水和生活污水在水处理过程中没有完全消除的有机和无机污染物,又有过程降解产生的中间体,污染物种类及其毒性特征十分复杂,常规水质指标不能真实反映水质污染情况。因此,水质评价指标体系不仅包括常规水质指标、致病菌种类和数量、有机和无机污染物种类与数量,还应考虑生态毒性和健康安全。

现在研究较多的处理流程有以下几种。

①臭氧生物组合工艺:二级出水→常规工艺→臭氧氧化→生物处理→出水回用。

本工艺流程是常规二级生化处理出水经常规聚合氯化铝混凝(投加量 15 mg/L Al_2O_3)、沉淀和砂滤处理后,利用臭氧的强氧化性改变有机物分子结构和灭菌消毒,以达到脱色除臭,提高其可生化性和安全性的目的;后续生物氧化进一步去除臭氧氧化中间产物,以提高生物稳定性。

②超滤和超滤+反渗透工艺:原水→过滤→超滤→反渗透→出水。

超滤膜工艺是利用超滤膜两侧的压力差,使水、离子和小分子透过膜,截留水中有效直径在 0.005~0.1 μm 内的细菌、病毒、胶体微粒和各类酶等大分子,其过滤孔径介于 0.002~0.2 μm。反渗透膜工艺是利用半透膜两侧的压力差脱除水中的盐类和低分子物质,截留物包括无机盐、糖类、氨基酸、BOD、COD 等,其过滤孔径介于 0.005~0.000 5 μm。

③两级曝气生物滤池(BAF)+连续微滤(CMF)工艺:城市污水→BAF(C)→BAF(N)→连续微滤(CMF)→回用。

流程如下:初沉池污水(未经预处理)经提升泵提升,再经过流量计后,由 BAF(C)底部流入,通过填料层实现污染物的炭化过程,由 BAF(C)上部出水进入 BAF(N)底部,经过填料层实现污染物的硝化过程,由 BAF(N)上部出水至中间水池;风机将空气经过流量计后同时鼓入两级 BAF 底部,经穿孔管后与水流同向沿 BAF 向上扩散;反冲洗时反冲气和反冲水同样由两级 BAF 底部进入沿柱高向上扩散。中间水池的水通过水泵打入 MF 装置,再由出水泵通过微滤膜组件吸出,MF 出水经压力表和流量计后进入清水池并回用。污染物通过膜表面的机械筛分作用和膜表面及膜孔的吸附作用被截留,在原水中得到浓缩,并以污泥的形式排出。同时气泵将空气经曝气装置扩散到微滤反应器内,所产生的气泡和水流扰动对膜表面进行摩擦清洗。

(2)再生水用于景观环境水体。

再生水用于景观环境水体分为两类:一类是观赏性景观环境用水,另一类是娱乐性景观环境用水。

保证水体水质的关键是控制富营养化,一般经脱氮除磷的二级出水可以达到要求。另外,必须保持水体的流动。

目前在研究的城市污水用于景观水体的主要工艺流程如下。

①再生水用于观赏性景观环境水体时,主要工艺流程为:

强化二级出水→砂滤→消毒→景观水体。

②再生水用于娱乐性景观水体时,主要工艺流程为:

二级处理出水→混合→反应→沉淀→过滤→消毒→景观水体。

③超滤膜膜生物反应器(MBR)→电絮凝→过滤:

该工艺利用 MBR 进行脱氮除磷,生物处理出水通过电絮凝+过滤进行深度处理。

④曝气生物滤池(BAF)工艺流程:

进水→格栅→调节池→沉淀池→曝气生物滤池→活性炭过滤→消毒→绿化。

该工艺原水先经格栅去除大粒径污染物质,再由泵提升至调节池进行水质、水量调节,出水进入沉淀池去除水中可沉的无机和有机悬浮物质。沉淀池出水通过泵提升至模块式 BAF 反应器(包括曝气生物滤池和砂滤),在经过曝气生物滤池处理后,通过砂滤可以去除残留在水中的剩余悬浮物质,出水经活性炭过滤吸附去除水中产色、产嗅味有机物质,降低出水色度,去除嗅味。最后经消毒剂消毒后用于景观绿化用水。

5. 机电设备和材料的选择

再生水处理设施应选择安全可靠的设备、材料及监测仪表,并有适当的备用。

再生水厂和再生水设施的关键设备,如进水泵、搅拌装置、刮吸泥机、膜组件、臭氧发生器、消毒设备、送水泵、鼓风机、重要的管道及阀门、电气设备及自控仪表灯,对于维持再生水厂的正常运转非常重要,应选择价格合理、质量过硬的产品,并应配有适量备用。

根据《污水再生利用工程设计规范》的要求,再生水供水泵站内工作泵不得少于 2 台,且应设置备用泵。水泵出口宜设置多功能水泵控制阀,以消除水锤和方便自动化控制。当供水量和水压变化大时,宜采取调控措施。

再生水制水过程中使用的各种药剂,包括混凝剂、氧化剂、消毒剂及其他制水材料,应选用具有合格证的产品。

为了提高设备的可靠性,还应设置停电报警系统、关键处理单元故障报警系统、备用电源等。

4.6.5　再生水设施输配水系统

再生水的输配包括再生水输水系统和配水系统。输水系统指的是从再生水厂到用户配水管网的再生水供水干管系统及储水池。配水系统则是指将再生水配送到各用水点的分配系统,包括配水管网和配水设备。

再生水输配水管线的设计在许多方面与给水输配水管线设计类似,但也有其特点:再生水输配水管线的设计要特别注意防渗防漏;对供水可靠性要求因回用用途不同可能与给水系统有别；再生水中通常含有更高的电导率、氯化物浓度，增加管道内壁腐蚀的可能性，需要合理选择管材并注意做好防腐；应设置再生水的安全保护措施等。

1. 再生水输配系统存在的问题

根据第 2 章对于国内再生水设施的调研，我国城市的再生水输配系统主要存在以下几个问题。

(1) 再生水输送系统不完备。

作为非传统水源，再生水虽受到广泛重视，但真正付诸实施的工程较少，特别是缺少再生水输送系统。以北京市为例，目前，北京市再生水管网的覆盖面还很低。缺水情况严重的北京市情况尚且如此，其他城市的再生水管网建设更是落后。稀疏的管网直接制约着再生水的使用，如我国不少城市规定大型社区、机关、学校、大厦等要规划配套再生水设施，但由于再生水输送系统不完善，使建设单位左右为难。采用城市再生水管网的再生水，会造成很长一段时间再生水使用设备的闲置；采用小型再生水处理设施处理再生水，在未来再生水管网实施后，又会存在投资浪费的现象。

(2) 旧城区和旧建筑的再生水输配困难。

我国大部分城市的旧城区道路狭窄，且地下管线复杂，影响了再生水管道的增设。一些道路下各种管道已经安排得很满，没有再生水管道的位置；一些道路虽然可安排再生水管道，但需破路才能埋设，影响交通。另外，在现有建筑中增设再生水配送系统也面临种种困难。

(3) 缺乏建设资金。

资金投入大，回收期长是再生水管道建设的特点。建设 1 km 再生水管道的造价大约 1 700万元。目前，建筑内部、小区及企业内部的小型污水处理及再生回用设施一般由业主自筹资金建设，但业主不情愿增加建设成本；城市再生水输送系统一般由政府投资，但很多城市污水厂建设的资金已经很难落实，无力考虑昂贵的再生水管网建设。

(4) 再生水的安全输配应引起足够的重视。

①渗漏。再生水在输送过程中不可避免地会存在渗漏现象，渗漏会对地下水造成一定影响，对其周围的给水、排水及其他电力、煤气等管道也会造成一定危害，对此应给予足够的重视。

②误接误用。再生水的水质介于城市给水和排水之间，不允许与人体直接接触。随着再生水使用范围的不断扩大，再生水管道误接和误用的可能性也在增大。一个居住小区设置双供水系统时，作为非饮用水系统的再生水管与作为饮用水系统的自来水供水管误接会产生严重后果。

③再生水输配过程中水质的变化。再生水中含有一定量的有机物，因此在输配过程中，极易在输配管道内生长微生物，使水质变坏，造成用户无法使用或拒绝使用。

(5) 再生水输配系统腐蚀问题。

再生水中存在的盐类和有机物会导致再生水输配管道、阀门等发生化学腐蚀或生物腐蚀，影响到再生水输配系统的使用寿命，同时也会使再生水水质变坏，泄漏量增加。

(6) 较少考虑再生水的调配。

再生水的生产和用户之间在水量上会存在矛盾。我国现在的再生水生产一般都是在污水厂二级出水之后进行的，因此受污水厂生产运行的影响。当污水厂发生污泥膨胀或事故时，再生水水量会受到很大影响。另外，再生水用于工业时，用水量会随着工业产品生产量、工艺过程而变化。再生水用于道路喷洒和绿地浇灌时，则受季节的影响较大。一些用户就是考虑再生水水量无法得到保证而放弃使用再生水。

2. 管网水质的影响因素

再生水供水管网不仅应起到将再生水输配到用水户的作用，而且还应保障使合格的出厂水安全输送至用户，避免二次污染。

合格的出厂水在管网中一般容易发生复杂的物理、化学、生物的变化，使管网结构完整性被破坏，从而导致水质发生变化，如管网污染，造成水质不清，水中有异味、有黄水、锈水、红虫等现象，威胁人们的健康。再生水二次污染问题可归结为微生物、化学物理和感官3个方面，此外，还包括因管道渗漏和其他因素带来的外源性污染。

(1)进入配水管网的水携带有致使水质恶化的因素，如：没有被消毒剂灭活的细菌和其他微生物，以及水中残存的有机物等。

(2)管道腐蚀、结垢对水质的污染。

水在流经未经涂衬的金属管道、配件、水箱的过程中，由于pH、溶解氧等作用，会对管道内壁造成较严重的腐蚀，产生大量的金属锈蚀物。其次，再生水中含有一定浓度的金属离子，如钙离子、镁离子、铁离子等，这些金属离子在供水管网内达到一定浓度后，随着水的pH、余氯量等因素的变化，沉积在管道内壁上，造成管道内壁结垢。当管道内水流速度、水压突然变大或方向突然改变时，就会造成短时间的水质恶化，甚至出现红水、黑水等水质事故。

(3)微生物繁殖对水质的污染。

出厂水生物稳定性低，水中微生物生长所需的有机物含量高，微生物容易再生长。再度繁殖的微生物的种类主要有：细菌和大肠杆菌的再度繁殖，耐氯微生物的滋生，自养型铁细菌、硫的转化菌、硝化与反硝化细菌的繁殖。对水质的危害，除了直接造成细菌学质量的下降，同时也是金属腐蚀结垢产生的诱导原因，并且还会造成浊度、色度、有机物污染、亚硝酸盐指标的上升，水质进一步恶化，因而会出现水有异味、“红虫”等现象。

(4)防腐衬里渗出物对水质的污染。

沥青衬里可能导致水中苯类、挥发性酚类和放射性等指标增大。防锈漆的附着力极差，一般3~6个月就脱落，尤其是不抗水力冲刷；而且，防锈漆的主要成分是二氧化铅，易造成水中铅含量增加。防腐技术近年来在我国逐步推广，据美国自来水协会杂志报道，如果处理不当，其渗出物也会污染水质。

(5)余氯消毒副产物对水质的污染。

余氯虽然能够杀死水中再度繁殖的微生物，起到消毒作用，但同时又会产生消毒副产物，如氯仿、四氯化碳等，这些副产物对人体也是有害的。

(6)管道渗漏。

埋地管道若敷设在长期积水地段或防腐处理不当，就有可能因腐蚀、沉陷而产生空洞或裂缝；埋地管道或阀门等附件连接不严密，就会出现渗漏现象。当再生水断流、管道中出现负压时，被污染的地下水或阀门井中的积水就会通过渗漏处进入给水系统，造成水质污染。

(7)外界造成的二次污染。

有时供水系统受到外来的二次污染会造成水质周期性的或间断性的恶化。如:管网系统的渗漏、蓄水池(箱)的外界污染、用水点处的外部水虹吸倒流、不同用途的供水系统相互连通,供水卫生管理、施工选材没有严格把关均可造成水质污染。

综上所述,再生水二次污染的关键环节是管网系统,主要污染物是腐蚀物、微生物、材质渗漏等。再生水二次污染的防治是保证再生水安全使用迫切需要解决的问题。

3. 输配水方式

输配水方式一般分为重力流方式、压力流方式或重力流与压力流并用方式。压力流方式又分为从再生水处理设施到使用设备直接压送和通过高位水池压送两种。重力流方式供水较经济,但水压调整有困难。压力流方式较之重力流方式在确保安全方面稍差,但平时易调整水压。干线破裂或检修时应采取断水或减压的应急措施来控制管子喷水造成的损害。

重力流方式可根据地形,分为地下管道输水和明渠输水。重力流输水管线具有投资低、运行管理方便、运营费用低、较安全等优势。输水管线应充分利用水位高差,当条件许可时优先考虑重力流输水,如河道补水、景观环境用水等低水位用水。如再生水用于居民小区、高层建筑楼群住户冲洗厕所、绿地浇洒等必须加压输水时,必须通过技术经济比较确定增压级数和增压站址。

4. 输配水管线的布置

(1)输配水管的走向和位置首先应符合城市绿化、河道、工业和居住小区的规划要求,尽可能沿现有道路或规划道路敷设,尽量做到线路短、弯曲起伏小和土方工程量小,节省工程造价和减少日常输水能耗,以利于施工和维护管理方便,并考虑近远期结合和分期实施的可能。

(2)配水管以环状管网为佳,以防止再生水在管内停滞导致水质恶化。在不具备设置环状管网的地区,枝状管道末端需设置排水设施。

(3)再生水作为自来水的补充水源,或用于景观环境水体、河湖补水、绿化、冲洒马路、工业冷却水。再生水用于冲厕时,允许间断供水,一般可只设一条输水管。

(4)重力输水管应设检查井和通气孔。当输送的再生水浑浊度较低时,检查井的设置间距可参照给水管布置;当输送的再生水浑浊度较高时,可参照排水管的要求设置检查井。

(5)压力输送管上的高点应设置排气阀;低点应设置排泥阀、泄水阀。泄水管应接至附近雨水管、河沟或低洼处;当不能自流排出时,可设集水井,采用水泵排水方式。

(6)再生水输配水管与构筑物或其他管线的间距应符合城市或厂区管线综合设计的要求。

(7)再生水输配水管上的阀门布置,应能满足事故管段的切断需要,并在管网局部发生事故时尽量缩小断水范围,干管上的阀门间距一般为500~1 000 m。

(8)再生水管道铺设前,应充分了解沿线地段的土壤性质、地下水位情况,采用相应的管道基础及埋设要求,可参照《给水排水设计手册》第三册进行设计。

(9)当再生水管内水流通过承插接头的弯头、丁字支管顶端、管堵顶端等处产生的外推力大于接口所能承受的阻力时,应设置支墩,以防止接口松动脱节。设置条件、支墩材料及形式和设计原则、计算公式可以查阅《给水排水设计手册》第三册。

(10)再生水输配水管上应设有取水口,以便城市绿化和道路清扫等用水。每个取水口都应设测量装置,以便于再生水的计量和收费。取水口间距的设计要根据设置的可能性、交通状况和用户要求来确定,取水口间距一般为500~800 m。

5. 管线的安全设计

(1)设计水量。

进行配水管道的水力计算时,回用于景观环境水体的输配水管道和设施按日最大用水量设计;回用于居民和公共建筑冲厕时,输水管、输水泵、配水池和高位水池按日最大用水量设计,但配水管和配水泵按小时最大用水量设计;回用于浇灌绿化和道路冲洗及工业的输配水管道和设施按小时最大用水量设计。如果系统内包括水量调节设施,则视具体情况确定水量变化系数。

调研中发现,一些大型用水设施对再生水系统的用水量影响很大,这些大型设施使用再生水的形式,直接影响管网中的最大时流量。

如果再生水系统能够24 h或者在其他用户用水量低谷时向景观用水或者绿化用水供水,那么再生水系统中每日用水需求量曲线会相对比较平坦,最大时流量也将降低,从而降低水泵容量、管道直径,最终降低工程投资。

再生水的变化系数是确定高日高时流量,进而选择水泵和配水管道的关键参数。变化系数最好通过实测决定,由于我国目前积累的相关资料较少,尚不能像给水量、排水量一样给出再生水的变化系数,因此在设计时,应根据当地情况,结合具体的用水量进行确定。

(2)设计水压。

城市再生水系统中有高压和低压两种用水设施,高压用水设施主要包括居民区和公共建筑冲厕、部分工业用水、车辆冲洗等;低压用水设施主要包括绿化、景观水体用水以及工业冷却水的贮水池等。

回用于工业、居民和公共建筑冲厕、绿化和道路冲洗应采用压力流供水。居民和公共建筑冲厕是再生水压力最大的回用对象,应根据建筑层数来确定设计水压(自由水头):一层为10 m;二层为12 m;二层以上每增高一层增加4 m。

对于再生水供水范围内水压相差较大或地形起伏较大的管网,设计水压以及控制点的选用应从总体的经济性考虑,避免因满足个别点的水压要求,提高整个管网的压力,应充分考虑分区分压供水,或设调节设施和增压泵站。

(3)输配水管调节设施。

管网系统的调节设施有水量调节和水压调节两类。再生水厂的设计水量是按回用对象的最大时(日)需水量计算的,但回用对象的用水量是逐时变化的,且水压要求随回用对象不同而不同,为此,需设置水量调节构筑物,以平衡负荷变化及压力变化。调节构筑物可以设在再生水厂内,也可设在水厂外。

①水量调节设施设计。

再生水水量调节设施主要为再生清水池,在再生水厂工艺流程末端设置再生清水池。再生清水池不仅可以调节回用对象的水量变化,而且可以使消毒剂与再生水能保持足够的接触时间,强化消毒过程。再生清水池的有效容积包括两部分,调节水量容积和安全储水量容积,另外还应考虑滤池反冲洗水量。回用于居民和公共建筑冲厕及工业时,还应在回用对象附近或内部设调节贮水池。通常再生水池或调节贮水池可按停留2~4 h最大再生水量设计。

②水压调节设施设计。

加压泵站是再生水管网的水压调节设施，其作用是提高局部地区（如居住小区楼房冲厕）的供水压力。由于再生水使用时水量不稳定，加压泵站也起着调节水量的作用。如何经济合理地确定输水泵和配水泵站的位置、加压扬程和加压水量、工作台数，是管网系统优化的关键问题，可借鉴给水工程方法常用的方法解决。

加压泵站有两种：一种是设贮水池的加压泵站，另一种是不设贮水池的管道加压泵站。一般情况下，在管网内不宜设置管道加压泵站，只有当从管径很大的管道中取水，且取水量大大小于管道供水量时，才考虑设管道加压泵站。

加压泵的选择，首先要考虑水泵的台数和流量匹配，保证各台工作水泵组合供水总流量和扬程能够满足最大工况时的流量和扬程要求，同时也要满足最小工况时的流量和扬程。所以，再生水加压泵站中水泵应选用型号基本相同、扬程相近、流量大小搭配的泵。再生水厂的供水泵应选用调频泵，以适应各种工况下的流量和扬程要求，水泵中接触水部分的材质应具有较强的耐腐蚀性。

减压阀是管网的一种压力控制附属设施，其作用是降低下游管网的压力，如小区高层冲厕的再生水管网兼供大面积浇洒绿地用水时，可适当使用减压阀。

（4）管道安全设计的其他注意事项。

在进行再生水输配系统的设计过程中，最需要考虑的是其服务的可靠性和健康的保证性。为了防止不当或不慎将再生水作为饮用水使用，能够从始至终保护公众的健康，各完整的再生水输配系统应包括健康标志、批准供水程序、设计规定、建造说明以及设置必要的人员进行管理检查和维护，所以在设计再生水的输配系统时，必须考虑下面几项安全措施。

①标明管线及附属设施。

再生水的回用系统所有部分和附属设施都应在整个系统中清楚一致地标明，要用有色的符号和标志标记。再生水回用系统（包括管线、泵、出水口、阀门盒等）必须可以与自来水系统轻易地区分、辨别。最常用的方法有用特殊颜色、标签和记号标示。

②自来水和再生水管道的水平和垂直分隔。

一般推荐自来水管道和再生水管道应互相平行敷设，水平间距不小于3 m，垂直间距不小于0.3 m。不能满足这个间距时，需要得到相关部门的批准，但一般规定最小水平间距不小于1.2 m。自来水管道应尽量置于再生水管道上方。有时采用再生水干管埋深不同于自来水干管的方法，以进一步防止不慎交叉连接。一般再生水管道埋深至少为90 cm。管道不许敷设在排水沟、烟道和风道内，以避免管道被腐蚀，不应穿越橱窗、壁柜和木装修，以利于管道维修。

③防止再生水现场用水管线错接。

再生水系统连接阀套的颜色和材料都应不同于自来水系统，一般不允许使用活塞、小龙头等，因为偶然的使用也可能使人员误用再生水。

④防止回流。

由于自来水和再生水管道之间交叉连接的可能性确实存在，所以向用户提供这两项服务时，应该在现场安装回流设备。回流保护设备应布置在自来水管线上，以防止两者非法连接时再生水从其输配系统回流到自来水系统。

⑤利用现有自来水管线转为再生水管线的安全措施。

如果给水系统的某些部分正在升级,或一些废弃的自来水管道要转为再生水管道,一定要注意防止交叉连接。每个工段完工之后,都应该关停新系统,检查每个用户,以确保没有交叉连接情况的发生,也可向再生水系统中加入示踪剂,如高锰酸钾,然后检查示踪剂是否会在饮用水设备中出现。尤其是将现有的使用自来水的园林绿地浇灌系统转为使用再生水,必须用示踪剂或其他方法检查新的设备,以确保饮用水源与再生回用水源的分离。

⑥再生水贮水池的溢流管、泄空管不得直接与下水道连接,应采用间接排水的隔断措施,以防止下水道污染再生水。另外,溢流管和排气管应设网罩防止蚊虫进入。

6. 防止再生水管误接的措施

(1)再生水管的标志。

随着污水回用工程的增多和回用范围的扩大,再生水管道误接的可能性也越来越大。特别是在居住小区内设置双供水系统时,作为非饮用水系统的再生水管与作为饮用水系统的自来水供水管误接会产生严重后果。为防止再生水管道的误接,在设置双供水系统的地区,政府部门需设置严格的预防再生水管误接的设计规范和法规。同时,回用工程设计时也应采取适当的工程措施。

(2)阀门井的标志。

所有再生水管材在生产过程中,应在管道两侧刻制醒目的“再生水管”字样作为标志。在双供水系统地区,再生水和饮用水管道暴露部分需刷有明显区分颜色的油漆,清楚标志哪一条是饮用水、哪一条是非饮用水。再生水管道暴露部分的标志颜色为绿色。非饮用水管上不得安装水龙头。再生水系统的全部出水口应设置警示牌,说明此水作为饮用水是不安全的。

(3)再生水管道与建筑物、构筑物或其他管道的交叉。

再生水输配水管线的平面与高程布置应满足城市总体规划和城市工程管线综合设计规范的要求,可参照给水管线与建筑物、构筑物或其他管道之间的最小水平净距和最小垂直净距设计。如旧城镇或道路狭窄而使设计布置有困难时,在采取有效措施后,其最小水平净距和最小垂直净距可适当降低,但必须得到规划部门的许可。

7. 管道的选材

再生水管道的管材应对再生水水质不产生影响,应根据管道直径、流量、流速、埋设深度、管内工作压力、外部荷载压力、土壤性质、施工维护和供水安全要求等条件确定。管材确定前应进行不同管材方案的技术经济比选。再生水管道宜选用球墨铸铁管、钢管、钢套筒管和化学管材等,不宜选用石棉水泥管。对于重力流输水管道及低压输水管道,可采用钢筋混凝土管或预应力钢筋混凝土管。再生水管管材的选用应特别注意管件、附属设施(如截止阀、气阀、排泥等)、接口形式等,以保证不产生渗漏。其选用原则基本与给水管相同,可参考《给排水设计手册》第三册进行设计。

国家从节约能源和环境保护角度出发,要求研制开发和使用各种化学建材,促进化学管材的开发引进。中华人民共和国建设部公告《关于发布化学建材技术与产品的公告》(2001 年第 27 号)要求优先选用和推荐应用埋地高密度聚乙烯双壁波纹管(HDPE)、聚氯乙烯管(PVC - U)、玻璃钢夹砂管(RPMP)、ABS 管、聚丁烯(PB)管、FRP 纤维管、塑料金属复合管、PPC 管、PPR 管等,大力开发应用新型复合改性塑料管和配套管件,逐步限制和淘汰镀锌钢管、传统铸铁管。目前,塑料管道在全国各类管道中市场占有率已达到 50% 以上,用于给水的化学管材均可作为再生水管道。

目前,国内用于埋地供水管道的管材产品有钢管、球墨铸铁管、混凝土管、无机材料和各种热塑性塑料管、热固性树脂等高分子有机材料制造的管道,已达到了管材产品的多样化,可以提供外径 D16 ~ DN3 000 以上各种规格系列及 0.2 ~ 2.0 MPa 多种压力等级的管材。每种管材都有各自的特点,因此在选用管材时,应熟悉各种管材的材质和适用条件,采用符合要求、经济合理、安全可靠的管材。

4.6.6 再生水的应急贮存和处置

再生水的应急贮存和水质保持是指对不符合使用标准的再生水进行临时存放和处置,待系统恢复正常或者水质符合标准后再进行利用。

常用的应急贮存和处置设施包括:

①设置足够容量的贮存池或水塘。

②经过批准、评价后可以接纳低质再生水的受纳水体。

③将低质再生水排入再生水厂进水口、污水处理厂进水口或者排入污水管道。

④经批准的处置地点,如渗滤区域、蒸发渗滤塘或喷洒处置区。

根据第 2 章的调研结果,目前国内尚无再生水厂设置应急贮存和处置设施。但是国外有不少再生水厂都有此设施,如美国加利福尼亚的厄湾再生水管理区,当出水浊度超过 2NTU 时会自动分流至一个贮存塘,然后返回到再生水厂的进水口。我国再生水工程在以后的设计中,应考虑设置应急贮存和处置方法。

第 5 章　再生水设施的运行与维护

5.1　总体目标和要求

再生水设施的运行维护应根据实际,充分利用现有体制优势,进一步加强领导,建立健全再生水处理设施长效管理制度,保障所有已建再生水处理设施的正常运行。其总体任务如下:

(1)运行维护队伍建设。

加强再生水运行维护队伍的建设,提高其技术素质和业务能力,是强化现场机械设备管理,为安全生产服务的基础。

(2)设施主体运行维护。

各责任单位要切实加强对再生水处理设施的正常运行管理,确保处理设施进出水运行正常。对于有动力的处理设施,要保证水泵及配电设施运行良好,无漏电、跳闸、读数异常等现象发生。

(3)管理制度建设。

各地要根据实际,落实再生水处理设施日常维护专(兼)管员,明确其管理范围、职责,或按运维专业化要求,委托第三方运行管理。要建立健全再生水处理设施日常维护管理制度,尽量减少可变因素,将管理固化到体制内。

(4)安全运行管理。

安全运行管理机制的完善是再生水厂运行维护的重要工作。要完善运行安全规章制度,提高安全生产管理水平,靠制度约束运行维护人员的行为,建立完善安全保障体系。各工艺和设备运行维护部门在分解安全责任后,明确责任人,建立岗位安全生产日查记录。制订相应的应急预案,根据技术经验积累和巡查制度等在工艺出现故障之前预先发现问题,以便采取相应的防范措施,保证在最短的时间内恢复应用。

本章节将结合以上提出的 4 点基本要求,针对调研中发现的再生水设施运行维护时所存在的问题,具体分析和阐述再生水设施在运行维护上的基本技术规程,构建完整的再生水设施运行、维护和管理体系,保证再生水的设施稳定安全地运行。

5.2　国内外研究现状

5.2.1　国内外再生水运行维护经验

1. 以色列

由于长期缺水, 以色列在污水再生利用方面始终处于世界领先地位,污水回收率达

75%，居世界第一位。以色列的基础设施部负责实施水法及其他的水资源管理法律。通过水法授予的权力，基础设施部制订了在渔场、花园、工厂、家禽养殖场及游泳池等地使用水资源的规定，此外还规范某些地区的水供应和需求，建立最高水消费限额和优先顺序。以色列授权某个公司作为一个再生水管理机构去规划、建立和运行水设施，并且，如果再生水管理机构没有履行职责，则可以对其采取措施。以色列政府在解决再生水方面问题的关键做法包括将配置水资源的职责交由相应的部门负责，形成一个系统。并且，在这个配置系统里实施了各种手段，包括经济手段，以实现资源的高效使用。利用城市再生水供水系统的私有化方案，解决不适合运行和缺乏维护经验部门的低效率问题。

2. 美国

美国加州从再生水源水水质控制、再生水生产与输送及再生水利用风险控制等多个层面进行了详细立法和管理。为提高再生水源水水质，加州政府要求各区域水质管制局必须对工业排放充分监测并严格执行工业废水预处理法案，确保工业污水在排入市政污水管道之前能充分去除有害物质，并尽可能将工业污水分开处理。为减少再生水中的盐分，加州政府通过了水软化与预处理装置方案，要求授权的当地机构限制或禁止硬水软化设施的使用以减少公共污水处理系统中盐分的输入。在加州再生水水质管理标准体系中，对于污水处理水平及消毒效果（总大肠菌群的数量）进行了严格限定，但对一些具体水质指标没有限值规定。当在利用过程中可能会发生人体接触时，再生水水质必须达到严格的处理水平；在无人体接触的情况下，再生水处理水平可相对宽松。加州政府颁布了系列规定以保障再生水厂设施的可靠性，包括设计与运行各个方面，如故障预警系统、电力供应系统、应急储备与处置系统、处理工艺以及化学品供应、储存与流入设施等。

3. 新加坡

新加坡共和国位于西马来半岛的南端，水资源总量达 6 亿 m^3。由于国土面积小，人口密度大，人均水资源量仅有 211 m^3，在世界各国列倒数第二。以如此之少的水资源量支持经济和社会的高速运行，新加坡水务部门做出了卓有成效的贡献。合理的价格是水运行的基础，但这仅仅是新加坡水务工作高效运行的一个方面。严密的组织管理，科学的管理手段，严格的职业规范，良好的职业道德构成新加坡水务工作的健康运行机制。他们所确定的工作目标是：用最经济的费用，提供足够和可靠的饮用水，促进新加坡经济的稳定增长和繁荣，其具体运行管理经验包括：

（1）职责明确，一体化的水管理体制。

新加坡排水设施建设和排水由环境发展部所属的排水局负责，污水管理由环境署和排水局负责。饮用水的采集、处理、供给、管理统一由水务署负责。这种体制对水的优化调度和管理十分有益，基本避免了因权益分割造成的各种矛盾。新加坡相对一体化的水管理体制，避免了在水这种自然资源管理方面复杂的社会矛盾。

（2）良性循环的企业化运行机制。

合理的水价是支持新加坡水务工作健康发展的基础。在水资源紧缺的地区，尤其不能把水作为福利无偿地提供。新加坡水务机制创造了在水资源紧缺地区高效率运行的典范。政府不再为水资源保护、管理、开发投资，水务企业实现了自主经营、自负盈亏、自我约束、自我发展的良性循环。

4. 日本

日本的污水再生利用从 20 世纪 80 年代开始进入高速发展阶段,并在当时的日本通产省下面成立了一个专门从事污水再生利用技术开发和推广的机构。为了防止再生水系统中设施和设备的故障,日本规定再生水设施及管网应采用耐腐蚀的结构和材质,并应进行合理的维护管理。首先,再生水的供给设施及利用设施,可以使用与自来水设施相当的管道、阀门、水栓、计量表等。选用管材时,应考虑土壤的腐蚀性和地下水状况等埋设条件进行选择。不仅要求管材具有一定的强度,还需要有足够的耐腐蚀性。根据对再生水的腐蚀问题的调研研究结果,日本建议在采用钢管输配再生水中时,使用具有氯乙烯或聚乙烯内外衬的树脂钢管。而且,再生水中的氯离子质量浓度超过 200 mg/L 时,优选使用 SUS316 钢管。此外,在再生水腐蚀问题的调研中还发现,再生水利用设施的配管结合部的腐蚀问题最为突出,应该选用具有耐腐蚀材质的控制阀、节流阀、给水泵等部件。氯的浓度管理也是再生水输配的一个重要问题,再生水中的余氯浓度过高,供水管及附属设备中使用的铁制部件会受到腐蚀;相反,如果余氯浓度过低或余氯消失,则微生物繁殖难以控制,因此需要严格管理氯的投加量。解决方法是消毒过程中尽量减少氯的投量,从而减少管道腐蚀。主要采取的措施有:在二级处理或再生处理过程中减少氨氮含量;进行合理的输配管网建设和更新,抑制余氯的消耗;采用阶段式氯投加方式。日本在再生水安全性方面,重视对再生水数据(有机物浓度、氮磷平衡、重金属和病原微生物的安全性等)的积累,并积极进行再生水相关信息的公开,对水质进行严格管理,定期向社会公众公开水质监测结果,以获取利用方的理解和信任。

为了推动再生水事业的发展,日本再生水利用行政主管部门、地方政府及行业协会等分别制定了相关的指南、规定、纲要和条例等,形成了一套完整的政策、标准和体系。日本相继出台了《污水处理水循环利用技术方针》《冲厕用水、绿化用水、污水处理水循环利用指南》《污水处理水中景观、戏水用水水质指南》《再生水利用事业实施纲要》《再生水利用下水道事业条例》《污水处理水的再利用水质标准等相关指南》,还制定了《污水处理水循环利用技术指南》《污水处理水中景观、亲水用水水质指南》等再生水水质标准。地方政府均对处理设施出口和供水口的再生水水质进行日常检查。

5.2.2　我国再生水运行维护的法律法规建设

1. 国家层面

为进一步规范城镇污水再生利用,推动城镇节水减排,依据《中华人民共和国城乡规划法》《中华人民共和国水法》《中华人民共和国循环经济促进法》《中华人民共和国水污染防治法》和《城市节约用水管理规定》等法律、法规和规章,根据原建设部、科学技术部发布的《城市污水处理再生利用技术政策》,由中华人民共和国住房和城乡建设部组织编制《城镇污水再生利用技术指南》。本指南提出我国城镇污水再生利用的原则框架,用于指导我国城镇污水处理再生利用的规划,设施建设、运行、维护及管理。在编制过程中,借鉴了国外的先进经验,广泛征求了有关方面的意见,对主要问题开展了专题论证,对具体内容进行了反复讨论和修改,总体上反映了近年来我国城镇污水再生利用的实践经验和研究成果。本指南的主要内容包括总则、城镇污水再生利用技术路线、城镇污水再生处理技术、城镇污水再生处理工艺方案、城镇污水再生利用工程建设与设施运行维护、城镇污水再生利用风险管理。

2. 北京市

《北京市排水和再生水管理办法》于2010年1月1日起实施。该《办法》明确了排水和再生水设施运营与养护的责任，确立了污水处理和再生水利用管理制度，首次提出了村镇污水处理设施和再生水回用运行养护指导性意见。为加强污水处理和再生水的管理，保证污水处理设施的正常运行和再生水达标排放，各污水处理厂已安装了在线监测设备，随时将在线监测数据传到水务部门，为确保出水水质使用安全创造条件。

3. 天津市

《城镇再生水厂运行、维护及安全技术规程》(DB/T 29－194—2010)为天津市地方工程建设标准，自2010年4月1日起实施。为使再生水厂建立标准化的运行机制，提高运行管理水平，确保优质供水，天津中水有限公司按照天津市城乡建设和交通委员会《关于下达2006年度建设系统第一批科学技术发展计划和工程建设标准编制计划的通知》(建科教〔2006〕1078号)的文件要求，编制完成《城镇再生水厂运行、维护及安全技术规程》。规程以《污水再生利用工程设计规范》(GB 50335)、《城镇污水处理厂运行、维护及安全技术规程》(CJJ 60)、《城镇供水厂运行、维护及安全技术规程》(CJJ 58)、《建筑中水设计规范》(GB 50336)、《天津市再生水设计规范》(DB 29－167)等国家及地方相关规范为基础，以城市再生水厂运行、维护、操作更加规范化和科学化为目的，结合目前天津市现有的再生水厂运行管理的实际经验及再生水制水设备的安全技术特点，城镇再生水厂运行、维护及安全技术规程经多方征求意见并论证修改后完成。

4. 深圳市

深圳市人均水资源拥有量仅为全国平均水平的1/12，属于全国严重缺水城市，如何进一步节约保护水资源、开拓非传统水资源，对深圳的长远发展尤为关键。深圳市高度重视可持续的水资源利用方式。为指导再生水系统的建设，国家和深圳市已出台多个关于非传统水资源使用的政策法规与管理办法：其中比较有代表性的有《城市污水再生利用技术政策》《深圳市节约用水条例》《深圳市计划用水办法》《深圳市建设项目用水节水管理办法》和《深圳市人民政府关于加快雨水和再生水资源开发利用工作的意见》，这些政策法规与管理办法有力地推动着深圳市再生水资源利用向前发展。随着《深圳市再生水利用管理办法》的出台，在发达国家已有可充分利用的经验和手段，再生水普及有望加快。《深圳市再生水利用管理办法》对深圳市再生水利用设施的规划、建设、运营、使用、再生水定价和相关管理活动进行了规范。这些具体条款，将大力鼓励社会资本参与再生水利用项目的运营、维持，有的规定了使用再生水的优惠制度，无疑将对推动再生水的普及起到积极作用。

5.3　比较分析

通过调研可知，对于再生水设施的运行维护，国外一些国家积累了一定的经验和技术优势，重点在于明确了再生水设施运营与养护责任的主体单位，并相应地制定了一系列的再生水运行维护管理制度。

为进一步提高城市污水处理厂的技术和管理水平，确保水处理厂安全、稳定、高效运行,达标排放,实现净化水质、处理和处置污泥、保护环境,使资源得到充分利用的目的。我国针对城市给水和污水厂的运行维护都已经发布了相关的技术规程,分别是《城镇供水厂运行、维护及安全的技术规程》和《城镇污水处理厂运行、维护及安全技术规程》。两部规程以科学发展观为指导,在经过修订后,充分考虑了我国水厂的现状和发展,能够满足各地的使用目标。目前从国家层面针对再生水处理设施的运行维护编制了《城镇污水再生利用技术指南》。这部指南借鉴了国外的先进经验,广泛征求了有关方面的意见,对主要问题开展了专题论证,用于指导我国城镇污水处理再生利用的规划,设施建设、运行、维护及管理。现阶段我国只针对再生水厂的类似于给水和污水厂的运行、维护及安全的技术规程还没有颁布。

调研可知,天津市颁布了目前可查的唯一一个地区性的再生水运行、维护及安全技术规范《城镇再生水厂运行、维护及安全技术规程》,该规范内容丰富、涵盖范围全面,结合目前天津市现有的再生水厂运行管理的实际经验及再生水制水设备的安全技术特点,城镇再生水厂运行、维护及安全技术规程经多方征求意见并论证修改后完成。而深圳市由于缺水严重,在我国较早地开展了再生水利用工作,已经有了初步的技术和经验积累,发布了多个管理办法,其中《深圳市再生水利用管理办法》也涉及了一些再生水设施运行维护管理要点,但没有针对再生水的运行和维护发布相应的技术规程,可以说是一个空白。建议在以后的研究中,结合深圳地区再生水设施特点,增补相应的技术规程。

5.4　目前存在的问题

通过对我国多个再生水厂以及再生水设施的调研发现,目前再生水厂(设施)在运行、维护上主要存在以下一些问题或不足。

5.4.1　再生水厂

(1)大型的再生水厂技术应用成熟,专业运行维护人员和技术部门的配备完善。但由于处理工艺相对复杂,设备的运行和维护更需要有职能部门的重视。在调研中也发现存在维护保养不到位、维修不及时的现象,使得再生水厂在运行中出现各种问题。主要表现在:设施和设备未能做科学化的管理,没有根据其性能和特点建立保养和周期维护的制度;运行维护人员没有按操作程序进行运转,有违规操作的现象;使用过程中未能解决出现的问题,致使设施和设备突然停机,受到不同程度的损坏。

(2)对于大型的再生水处理设施,存在着投资大、运行维护成本高的问题。如何规范运行维护,节能降耗,延长设备的使用寿命,以降低制水成本,是再生水厂的根本出发点。调研发现,节能意识差造成的高电耗会使再生水处理设施的运行成本提高,因此节能降耗的意识尚需要提高。

(3)大型的再生水厂可以实现部分工艺的自动化运行,但缺乏完善的自动化管理规程。对于自动化运行的再生水处理设施,其运行管理和维护管理已和传统手动操作不一样。调研发现,一些再生厂在这方面的改革力度不够,缺乏满足自动化生产需要的管理规程,如岗位职责、运行管理制度、操作规程和设备维护保养及检修规程等,致使运行管理满足不了生产需要，维护管理达不到要求。

5.4.2 分散性再生水设施

(1)分散型再生水处理设施的运行维护队伍不健全，人员的整体素质有待提高。运行维护人员缺乏必要的技术知识，对工艺的理解和认识不到位，对再生水系统和设施设备操作掌握不够，导致设备得不到正常的保养、调校和检修，系统得不到必要的维护和调整，造成再生水系统因故障得不到及时处理而影响系统正常运行。

(2)分散型再生水水厂检测控制水平落后。再生水水厂缺乏必要的检测仪器，实际工艺出水水质控制水平较低。缺少必要的再生水水质管理制度和水质检测设备，消毒设施不完备，存在出厂水水质不达标现象。此外，对再生水生产突发事故应对能力较差，存在安全隐患。

5.5 与饮用水、污水的区别和借鉴

参考《城镇供水厂运行、维护及安全技术规程》和《城镇污水处理厂运行、维护及安全技术规程》等。总结了再生水在运行维护时各分项内容的特点，给出了运行维护时的倾向性参考，见表5.1。

表5.1 再生水运行维护内容特点及制定规范的倾向性

运行维护内容	特点	倾向参考饮用水	倾向参考污水
水质及水质检测	再生水厂应结合本地区的原水水质情况，进行定期、定点、定项目的监测。当原水水质发生异常变化时，应根据需要增加监测项目和频次	√	
运行管理	制定相应的管理制度、岗位操作规程、设施设备维护保养手册及事故应急预案，并定期修订		√
机电设备维护	再生水供水设施维护检修，应建立日常保养、定期维护和大修理三级维护检修制度		√
机电安全管理	对设备进行安全管理，在设备的使用前采取构建安全文化意识，建立管理制度和人员培训等措施，维修过程中实行标准的工作流程和制度方法措施来实现设备的安全管理和再生水厂的安全运行		√
药剂储存和使用	再生水厂的药剂包括进厂药剂检验、安全储存和规范使用3方面内容	√	√
节能降耗措施	节能降耗是关系再水厂运行成本高低的一个重要因素，在保证水量和水质的情况下，再生水的节能降耗措施包括降低电耗、药耗、氯耗及工艺设备综合节能	√	√

续表 5.1

运行维护内容	特点	倾向参考饮用水	倾向参考污水
电气及自动控制	再生水厂自动化的总体发展水平不高,发展也不平衡。自动控制的目标是实现“集中监控和管理、分散控制、数据共享”,以保证整个再生水厂的运行协调、一致	√	√
故障分析与排除措施	再生水厂的故障与处理工艺的复杂程度、操作人员的专业素质、设备的维护和保养有很大关系。应有针对性地开展不同设备的故障分析和排除	√	√

5.6　再生水水质检测分析

5.6.1　再生水水质检测

再生水厂是以不同排放单位的污水为原水,经过适当再生工艺处理后,达到一定的水质标准,提供给用户使用。因此,出水水质是再生水厂应首要确保的一项指标,规程依据国家相关标准的内容,结合城市污水再生利用的具体情况,在原水水质及水质监测、再生水水质及水质监测、项目频次、监测方法、净水原料的监测等方面进行了规定。再生水厂应结合自身不同的处理工艺,建立起针对出水水质的质量管理体系。

由于再生水是二次利用水,较原自然水含有更多未知的有害物质,因此其使用的安全性更需要加以保证。再生水在处理过程中,水质随时都较原水水质有所变化,为了保证进出水的水质满足各项要求,用以指导处理设施的正常运行,以便及时有效地调节各工艺参数,必须定时对其进行检测。再生水水质检测的意义主要体现在以下几个方面。

(1)保障再生水用水的安全性。

再生水的安全性是再生水回用的第一前提,主要体现在对人体、设备设施与管道、用水器具及用水对象、土地环境和大气环境等诸多方面的影响。只有定期对水质进行检测,才能保证该水质对用水对象而言是安全的。

(2)保障处理设施的正常运行。

在再生水处理过程中,为了保证出水水质的稳定性,必须通过测定水质指标,及时调节有关运行参数,使各处理设施在水质保证的条件下得以正常运行。

(3)提高再生水回用的经济效益和环境效益。

只有再生水的水质指标完全符合标准,且水质稳定,才能使用户放心地使用,从而不断地增大使用量,以尽快使再生水的使用形成规模经济效益,同时更好地利用水资源。

(4)提高科学的管理水平。

通过水质检测,可随时监控各处理设备和工艺系统所出现的故障,同时也能提高监督人员的素质、技术水平乃至科学的管理水平。

再生水处理设施运营单位应加强对来水水质的日常监测,依据污水排放－再生水处理－再生水利用三者之间的水质关系,以及再生水用途和水质要求,建立水源水质控制目标。再生水的水质标准不仅与其具体用途有关,还与再生水的种类有关,如我国的《城市污水再生利用　城市杂用水水质》(GB/T 18920—2002),其中的再生水水源有优质杂排水、杂排水和生活污水之分。再生水水质首先要满足卫生要求,主要指标有细菌总数、大肠杆菌群数、余氯量、悬浮物、生物化学需氧量、化学需氧量;其次要满足感观要求,其衡量指标有色度、浊度、臭、味等;再次要求水质不会引起设备管道的严重腐蚀和结垢,主要指标有 pH、浊度、溶解性物质和蒸发残渣等。具体包括:

(1)物理性指标。一般以感观性状指标为主,包括悬浮物、臭味、色度、温度、溶解性固体等。

(2)化学指标。主要包括硬度、重金属离子、硫化物、氯化物、阴离子合成剂、挥发性酚等。重金属离子、汞、氯化物大多具有毒理学意义,一般不直接对人体产生危害,但可能在生产过程和生活使用中产生不同程度的不良影响,往往对其浓度进行一定的限制,构成了毒理学指标。

(3)生物化学指标。微生物分解过程中需要一定的氧量来保证微生物的生长繁殖,势必会影响到水中溶解氧的浓度,严重时使水体缺氧、水质腐败。BOD、COD、TOC、TOD 4 个指标是反映水污染、再生水处理程度和再生水污染控制的重要指标,可根据具体情况选用。

除上述指标外,还有细菌学指标(反映威胁人体健康的病原体污染指标,如细菌总数肠杆菌、余氯等)及反映在再生水回用过程中对水质有特殊要求的水质指标。

5.6.2 再生水水质标准

1.国家相关再生水水质标准分析

再生水利用分类要符合现行国家标准《城市污水再生利用分类》(GB/T 18919)的规定。根据再生水用途不同,其水质要符合国家现行的《城市污水再生利用城市杂用水水质》(GB/T 18920)、《城市污水再生利用景观环境用水水质》(GB/T18921)、《城市污水再生利用农田灌溉用水水质》(GB 20922)、《工业用水水质标准》(GB/T 19923)、《城市污水再生利用绿地灌溉水质》(GB/T 25499)等的规定。当再生水用于多种用途时,应按照优先考虑用水量大、对水质要求不高的用户,对水质要求不同的用户可根据自身需要进行再处理。

分类的水质标准有利于减轻再生水设施的经济投入,非常适于回用对象单一的再生水设施。但对于供水对象复杂的市政再生水设施,往往较难确定水质目标。国家再生水水质标准是城市污水再生回用的基础性文件,各地地方标准应以国家相关规范为基础,再根据各地再生水潜在用户的不同情况制定。

2.深圳市相关再生水水质规范分析

《深圳市再生水、雨水利用水质规范》(SZJG 32—2010)由深圳市水务局制定,于 2010 年 7 月 1 日正式执行。该规范用于指导深圳市再生水、雨水利用工程设计、验收、运行和监督管理工作,保障深圳市再生水和雨水的安全、经济和合理利用。《深圳市再生水、雨水利用水质规范》(SZJG 32—2010)总结我国再生水、雨水利用的科研成果和实践经验,结合深圳市本地特点,遵循客观性、针对性、可操作性相对严格的原则编制。

本规范制定:水质控制指标分为基本控制指标和选择性控制指标两类,共 77 项。基本控制指标包括感官性状及一般物理、化学指标 22 项，微生物指标 4 项，剩余消毒剂指标 2 项，共 28 项。选择性控制指标主要为毒理学水质指标 49 项。指标限值的选取原则为等同于或稍严于国家现行标准规定的限值，既保证有利于再生水、雨水利用在深圳市的推广，又保证再生水、雨水利用的安全性。由于各项指标要求严格，再生水达到该水质标准需要较高的投资和运行费用，现阶段不适用于指导生态补水工程的建设工作。

再生水水质标准与生活饮用水水质的对比分析见表 5.2 和 5.3。

表 5.2　再生水水质标准与生活饮用水水质对比分析(一)

序号	指标类别	控制指标		限值	
				《深圳市再生水、雨水利用水质规范》	《生活饮用水卫生标准》
1	感官性及一般物理、化学指标	温度/℃①			
2		嗅		无异嗅	无异嗅、异味
3		色度/度	≤	30	15
4		浊度/NTU	≤	3	1
5		pH		6.5~8.5	6.5~8.5
6		悬浮物 SS/(mg·L^{-1})	≤	10	—
7		生化需要量 BOD_5/(mg·L^{-1})	≤	5	—
8		化学需氧量 COD_{cr}②/(mg·L^{-1})	≤	30	—
9		氨氮 N-NH_4^+/(mg·L^{-1})	≤	1	0.5
10		总氮 TN③/(mg·L^{-1})	≤	15	—
11		总磷 TP②③/(mg·L^{-1})	≤	0.5	—
12		总硬度②/(mg·L^{-1})	≤	450	450
13		总碱度②/(mg·L^{-1})	≤	200	—
14		二氧化硅②/(mg·L^{-1})	≤	30	—
15		溶解氧/(mg·L^{-1})	≥	2	—
16		硫酸盐②/(mg·L^{-1})	≤	250	250
17		氯离子②/(mg·L^{-1})	≤	250	—
18		石油类/(mg·L^{-1})	≤	1	—
19		阴离子表面活性剂/(mg·L^{-1})	≤	0.5	0.3
20		溶解性总固体/(mg·L^{-1})	≤	1 000	1 000
21		铁/(mg·L^{-1})	≤	0.3	0.3
22		锰/(mg·L^{-1})	≤	0.1	0.1

续表 5.2

序号	指标类别	控制指标		限值	
				《深圳市再生水、雨水利用水质规范》	《生活饮用水卫生标准》
23	微生物指标④	细菌总数/(个·L^{-1})	≤	100	——
24		总大肠菌群（MPN/100 mL 或 CFU/100 mL）		不得检出	不得检出
25		埃希氏大肠菌群（MPN/100 mL 或 CFU/100 mL）		不得检出	不得检出
26		耐热大肠菌群（MPN/100 mL 或 CFU/100 mL）		不得检出	不得检出
27	剩余消毒剂指标⑤	总余氯/(mg·L^{-1})（以液氯/次氯酸钠消毒//补氯时）		0.3≤出水厂≤4 管网末梢≥0.05	与水接触至少 30 min， 0.3≤出水厂≤4 管网末梢≥0.05
28		剩余 ClO_2/(mg·L^{-1})（采用二氧化氯消毒或补氯时）		0.1≤出水厂≤0.8 管网末梢≥0.02	与水接触至少 30 min， 0.1≤出水厂≤0.8 管网末梢≥0.02

注：①温度仅作为记录。②仅作为工业用水时。③仅作为景观环境用水时。④当水样检出总大肠菌群时，应进一步检验大肠埃希氏菌群或耐热大肠菌群；水样未检验出总大肠菌群，不必检验大肠埃希氏菌或耐热大肠菌群。⑤用臭氧、紫外线消毒时，出厂前应补加液氯、次氯酸钠或二氧化氮以保持持续消毒能力。用于景观环境用水时，管网末梢控制总余氯≤0.5 mg/L

表 5.3　再生水水质标准与生活饮用水水质对比分析(二)

序号	指标类别	控制指标	限值/(mg·L^{-1})	
			《深圳市再生水、雨水利用水质规范》	《生活饮用水卫生标准》
1	重金属	总汞	0.001	0.001
2		烷基汞	不得检出	—
3		总镉	0.01	0.005
4		总铬	0.1	—
5		六价铬	0.05	0.05
6		总砷	0.1	0.01
7		总铅	0.1	0.01
8		总镍	0.05	0.02
9		总铍	0.001	0.002
10		总银	0.1	0.05
11		总铜	0.5	1.0
12		总锌	1.0	1.0
13		总硒	0.1	0.01

续表5.3

序号	指标类别	控制指标	限值/(mg·L^{-1})	
			《深圳市再生水、雨水利用水质规范》	《生活饮用水卫生标准》
14	半挥发性有机化合物	苯并(α)芘	0.000 03	0.000 01
15		甲醛	1.0	—
16		苯胺类	0.5	—
17		有机磷农药(以P计)	0.5	—
18		马拉硫磷	1.0	0.25
19		乐果	0.5	0.08
20		对硫磷	0.05	0.003
21		甲基对硫磷	0.2	0.02
22		五氯酚	0.5	0.009
23		对甲基氯苯	0.5	—
24		2,4-二硝基氯苯	0.5	—
25		苯酚	0.3	—
26		间-甲酚	0.1	—
27		2,4-二氯酚	0.6	—
28		2,4,6-三硝基氯苯	0.6	0.2
29		邻苯二甲酸二丁酯	0.1	—
30		邻苯二甲酸二辛酯	0.1	—
31		硝基苯类	2.0	—
32	挥发性有机化合物	三氯甲烷	0.3	0.06
33		四氯化碳	0.03	0.002
34		三氯乙烯	0.3	0.07
35		四氯乙烯	0.1	0.04
36		苯	0.1	0.01
37		甲苯	0.1	0.7
38		邻-二甲苯	0.1	—
39		对-二甲苯	0.4	—
40		间-二甲苯	0.4	—
41		乙苯	0.1	0.3
42		氯苯	0.3	0.3
43		对-二氯苯	0.4	0.3
44		邻-二氯苯	1.0	1
45		挥发酚	2.0	0.002
46		丙烯腈	2.0	—
47		总氰化物	0.5	0.05
48		硫化物	1.0	0.02
49		可吸附有机卤化物(以Cl计)	1.0	—

5.7　具体技术要求

5.7.1　再生水试运行

再生水设施经过工程验收后，在未投入运行前，其系统运行的适应性、可靠性、处理能力和处理效果等必须经过试运行来检验；同时，设计和施工中的某些问题在工程验收时难以暴露，只有在调试和试运行中才能发现和解决；设计中制定的技术参数和操作规程，通过实际运行，依据实际情况进行最后的修订和落实，例如，消毒药品投加量在设计时只给出大概范围，实际需要的投药量与中水池至管网末端的距离以及所购药剂的有效含量及稳定性等诸多因素有关。总之，要通过试运行，使再生水设施安全、连续稳定地运行，发挥其应有的节水效益。

原则上，试运行应该在原水达到设计水质和设计水量的情况下进行，但当原水水量在短期内不再增加时，或虽达不到设计值，但预计再增加的可能性很小时，为了充分地利用水资源，发挥再生水设施的节水效益，建设单位和施工及运行管理单位，应该及时商定进行试运行，以便早日将再生水设施投入运行。

系统调试应由再生水设施的建设单位负责。因此，一项工程的圆满成功，离不开工程组织、设计、施工、设备供货等各方面的协调和配合。从管理效率来讲，不能多头管理，应由建设单位牵头，因为各方面都是受建设单位委托和制约的，只有建设单位负责，才能将各方力量组织、协调好。

同时，试运行也为管理人员与运行操作人员提供了良好的学习运行管理的机会，在试运行中了解和检查设施是否完好，及时发现问题和提出修改意见，因此，拟接管的管理人员及运行操作人员参加试运行，是十分必要的。通过管理人员与运行操作人员的参与，为正式运行创造条件，有利于再生水设施的正常运行和水质达标。

系统调试是试运行的第一步，也是关键的一步。先按工艺程序进行单机或单项工艺调试，再按全流程进行联动试车；先用清水进行单机和全流程的联动试车，再进行再生水的联动试车；再生水试车时，有生物处理工艺的，先培养微生物，后进行水质达标试验。在水质达标试验中，先考察卫生指标以外的其他指标是否达标，达标后再进行消毒投药试验，并考察管网末端的水质卫生指标。不同的工艺技术特点各异，调试中应该掌握其技术要点。

5.7.2　再生水运行管理

1. 建立规章制度

在设备和系统的硬件完善后，良好的运行管理主要依靠经过专业培训的人员和严格可行的规章制度。规章制度包括工艺操作规程、岗位责任制、运行巡检记录制度、日常水质检测制度和设备器材管理制度等。各项制度的具体内容如下：

(1)工艺操作规程。包括工艺系统流程图、各岗位安全及运行操作规程、巡视路线图和巡视要求、系统启运与停运操作程序等，并应示于再生水站内的明显部位。

(2)岗位责任制。明确再生水运行管理部门、主管领导、主管人员、操作人员、化验人员和维修人员,建立各部门、人员岗位责任制等。

(3)运行巡检记录制度。操作人员应做好设备运行和交接班记录。

(4)日常水质监测制度。规定相应的检测项目和检测周期。

(5)设备和器材管理制度。各项设备安全管理与日常维护保养,定期的大、中、小修内容和设备档案记录,药品和备品备件的进货、保管、使用要求和记录制度。

2. 管理人员持证上岗

再生水设施既是一座小型污水处理厂,又是一座小型给水处理厂。再生水处理方法较多,设备型号也各不相同,做好再生水设施的运行管理需要一定的专业知识。目前,再生水已进入居民家庭,再生水的安全使用,关系到广大群众的健康。因此,对管理人员和操作人员进行专业培训和持证上岗,是十分必要的。根据相关规定要求,再生水设施的管理人员必须经过专门培训,经考核合格后,方可从事管理工作。对操作人员而言,也有必要进行专业培训后持证上岗,以提高再生水设施的运行管理水平。

3. 委托专业公司承担运行管理

目前,再生水设施一般由单位自行管理或委托物业管理公司运行。但这些运行单位由于缺乏专业知识,在再生水设施的运行管理中遇到不少困难,往往费时费力且难以达到满意的效果。其次,单位或物业公司再生水操作人员即使有了上岗证,经常由于人员流动而影响中水设施的正常运行和管理。因此,委托有相应资质的专业单位承担再生水设施的运行管理和维护保养,将较大程度改进目前再生水管理上的诸多问题,使再生水的安全使用获得有力保证。专业公司承担再生水设施的运行管理和维护保养,可以提高管理效率,降低管理成本。

5.7.3 机电设备维护

设备的正确使用和维护保养,是保证设备完好的两个不可分割的环节,也就是说,要科学地对所管辖的设备和系统运行维护管理,仅仅靠检修和保养是不够的,还应当为正确使用这些设备制定相应的操作规程和管理制度,并且注重人员的培训。要管理好这些设备,除了配备具有专业技术的技术人员和技术工人外,还应当建立一套严格的管理方法和科学的检验保养计划以及细致周全的岗位责任制和交接班制度。

与其他净水厂、污水厂相同,再生水厂中的通用机械和设备应建立日常保养、定期维护和大修理三级维护检修制度。再生水厂通用机械和设备主要包括进水泵、膜附属设备、臭氧附属设备、加氯/加药附属和送水泵共5类。目前一些大型再生水厂采用了大量电气自动化设备和仪表,自动化程度高。因此,对电气设备、自控系统、仪表与仪器进行了相关规定。电气设备方面主要包括各种变压器、断路器、软启动器和变频器等运行规定、维修维护内容和质量检测;自控系统方面规定了水厂自控的控制模式、上位计算机PLC站的运行维护事项;仪表与仪器方面规定了仪表运行维护的通用方法并分别根据各种不同仪表仪器的技术特点,规定了运行规定和维修维护内容和质量检测手段。

1. 机电设备检修

机器设备在日常使用和运转过程中,由于外部负荷、内部应力、磨损、腐蚀和自然侵蚀等因素的影响,使其个别部位或整体改变尺寸、形状、机械性能等,使设备的生产能力降低,原料和动力消耗增高,产品质量下降,甚至造成人身和设备事故,这是所有设备都避免不了的技术性劣化的客观规律。在再生水厂中,由于机器设备的生产连续性,而大多数设备是在磨损严重、腐蚀性强、压力大、温度高或低等极为不利的条件下进行生产的。因此,维护检修工作较其他部门更为重要。为了使机器设备能经常发挥生产效能,延长设备的使用周期,必须对设备进行适度的检修和日常维护保养工作。它是挖掘再生水厂运行潜力的一项重要措施,也是保证再生水工艺正常稳定运行的基础。

对于不同的再生水厂,由于规模、性质和设备数量及其复杂程度的不同,其检修制度也不一样。实际经验证明,不可能要求所有的再生水厂只采用两种检修制度。这是因为再生水厂中设备数量多少、性能好坏、重要性、复杂性等都不相同。另外设备的结构、复杂程度不同,检修要求也不同。所以再生水厂设备检修应该采取分类检修的方针,才是比较合适的,这种做法不仅在技术上可以保证各类设备满足生产需要,而且在经济上是合理的,可节约资金,使维修费用既不浪费,又保障了安全。主要检修制度具体分为日常维护保养制度、事后修理制度、检查后修理制度和计划预检修制度4种。再生水厂现阶段应实行计划预检修制。计划检修的种类及内容根据检修的性质,对设备检修的部位、修理内容及工作量的大小,把设备检修分为不同种类,以实行不同的组织管理。一般分为设备的小修、中修、大修和系统停车大检修四种。

(1)小修。主要是清洗、更换和修复少量容易磨损和腐蚀的零部件,并调整机构,以保证设备能使用到下一次计划检修。

(2)中修。包括小修项目,此外还对机器设备的主要零部件进行局部修理,并更换那些经过鉴定不能继续使用到下次中修时间的主要零部件。

(3)大修。大修是一种复杂、工作量大的修理。大修时要对机器设备进行全部或部分拆卸,更换和修复已经磨损及腐蚀的零件,以求恢复机器设备的原有性能。为了提高装置的技术水平和综合功能,在大修时有时也对设备进行技术改造。设备检修后,必须进行试运转。

(4)系统停车大检修。这种检修是整个再生水处理工艺或几个工艺的停车大检修。修理面很广,通常将系统中的主要设备和那些不停车不能检修的设备及一些主要公用工程(管道、阀门),都安排在系统停车大检修中进行。所有系统的人员(包括机、电、仪、操作工及技术人员和干部)都参加,具有全员参加检修的性质。

以上4种计划检修的内容,都是以"预防为主"的原则确定的。设备的日常维护保养工作是计划检修的基础工作。日常维护保养工作做得好,就能大大减少检修工作量和检修次数。计划检修的各个组成部分是相互联系的,前一次检修为下次检修提供资料,以保证机器设备正常运行到下次的计划检修日期。计划检修制并不排除对偶然性的、临时故障的抢修,以至意外的破坏性事故的恢复性检修。如果设备的日常维护保养和计划检修制度贯彻得好,这些计划外的检修是可以减少和避免的。

2. 机电设备维护保养

设备维护应按维护规程进行,设备维护规程是对设备日常维护方面的要求和规定,坚持执行设备维护规程,可以延长设备使用寿命,保证安全、舒适的工作环境。其主要内容应包括:

(1)设备要达到整齐、清洁、坚固、润滑、防腐、安全等的作业内容、作业方法达到的标准及注意事项。

(2)日常检查维护及定期检查的部位、方法和标准。

(3)检查和评定操作工人维护设备程度的内容和方法等。

设备的维护保养具体包括日常维护、定期维护、定期检查和精度检查,设备润滑和冷却系统维护也是设备维护保养的一个重要内容,维护保养应有四项基本的要求:

(1)清洁。设备内外整洁,各滑动面、丝杠、齿条、齿轮箱、油孔等处无油污,各部位不漏油、不漏气,设备周围的切屑、杂物、脏物要清扫干净。

(2)整齐。工具、附件、工件(产品)要放置整齐,管道、线路要有条理。

(3)润滑良好。按时加油或换油,不断油,无干磨现象,油压正常,油标明亮,油路畅通,油质符合要求,油枪、油杯、油毡清洁。

(4)安全。遵守安全操作规程,不超负荷使用设备,设备的安全防护装置齐全可靠,及时消除不安全因素。

此外,三级保养制度是为使设备维修管理更进一步并且以预防为主的维修管理方针更加明确。三级保养制内容包括:设备的日常维护保养、一级保养和二级保养。三级保养制是以操作者为主对设备进行以保为主、保修并重的强制性维修制度。三级保养制是依靠群众、充分发挥群众的积极性,实行群管群修,专群结合,搞好设备维护保养的有效办法。

因此,设备的日常维护保养是设备维护的基础工作,必须做到制度化和规范化。设备定期维护保养工作应纳入再生水运行责任制的考核内容。设备定期检查是一种有计划的预防性检查,检查的手段除人的感官以外,还要有一定的检查工具和仪器。对机械设备还应进行精度检查,以确定设备实际精度的优劣程度。

5.7.4　机电安全管理

再生水处理设施应坚持"安全第一,预防为主"的安全工作原则。再生水生产运行过程中涉及电气安全防护、有毒有害气体防护、消防要求、危险品保存等安全工作的注意事项应该参照国家有关标准对水厂内的重大危险点源,特别是液氯的储存和使用。

为保证再生水厂的正常运行和安全生产,需对设备进行安全管理,在设备的使用前采取构建安全文化意识,建立管理制度和人员培训等措施,在设备的使用和维修维护过程中,通过交接班、巡检制度,把设备分类实行重点设备管理的方法,合理使用设备和安排工作负荷,维修过程中实行标准的工作流程和制度方法来实现设备的安全管理和再生水厂的安全运行。

设备安全管理涉及设备的设计、制造、选型、安装、调试、运行、维修、改造直至报废的整个过程,因此,再生水厂只有实行设备的安全管理,建立有效的制度和采用科学的管理方法,才能保证设备的安全运行。

1. 设备使用前的安全管理

设备使用前的安全管理在设备的全面安全管理过程中是非常重要的,设备使用前的安全管理包括构建安全文化、建立各种设备安全管理制度、进行操作和管理人员的安全培训等。

(1)构建安全文化。

组织文化是指组织在长期的实践活动中所形成的并且为组织成员普遍认可和遵循的

具有本组织特色的价值观念、团体意识、工作作风、行为规范和思维方式的总和。形成再生水厂内的安全文化，有助于服务厂内既定的安全生产目标，增强职工的安全凝聚力、向心力。通过在实际的生产、维修过程中研究人的不安全行为、人的情绪变化、物的不安全状态，完善安全管理体制，来实现预防事故、提高效益的目的。

(2)建立设备管理制度。

建立设备安全管理制度，如设备安全操作规程、维护保养制度、安全检查制度、岗位安全责任制等。制定详细、切实可行的设备安全操作规程是保证设备和人身安全的重点。安全操作规程是规定工人操作机器设备的程序和注意事项的技术文件，使操作者正确使用设备，真正做到有章可循，防止不按操作规程使用和超负荷现象发生。编制设备操作规程的依据是国家有关法律、法规、行业技术规程以及设备使用操作说明书。吸收已有的操作经验，依据设备特点加入特有的操作方法，对安全管理很有帮助。

2. 设备使用中的安全管理

注重设备使用过程的安全，是安全管理的最重要部分，合理使用设备应做好以下几方面的工作：

(1)加强技术训练，严格考核。要正确地使用设备，保证生产高效进行，必须对职工进行专业技术训练，提高操作技术水平。应做到"三好四会"，即管好、用好、修好设备，对设备会使用、会保养、会检查、会排除故障。在加强对职工技术训练的同时，必须建立合适的考核制度，对操作工人进行操作技术考核，经考核合格者才能上岗进行单独操作，不合格者不能单独上岗。

(2)完善设备操作规程。根据厂内各种设备的技术特点和职工在生产实践中积累的经验来完善操作规程，设备在使用过程中出现新状况或新故障时，及时对操作规程进行修改，并及时要求职工按新规程操作。

(3)合理安排工作量负荷。让职工知道所操作管理设备的负荷极限，在工作量负荷范围内使用设备。

(4)建立设备档案。设备档案中记录设备的相关信息和维修保养改造记录，需要时及时查看以掌握设备状况。充分发挥办公自动化系统中设备管理系统的作用，提高工作效率。

5.7.5 药剂储存和使用

再生水厂的药剂主要有酸碱、消毒剂及净水剂。一旦使用不合格的药剂，不仅达不到水处理效果，反而会带来新的污染，影响再生水水质。所以每批药剂及材料进厂时、久存后和投入使用前必须按照国家现行有关标准进行抽检；未经检验或者检验不合格的产品，不得投入使用。参考《城镇供水厂运行、维护及安全技术规程》和《城镇污水厂运行、维护及安全技术规程》，不同的药剂可采取如下储存和使用措施。

1. 药剂储存

再生水厂使用药剂时，进厂的药剂应进行检验，在化验室设立有关部门承认的药剂标准样库。先进行目测对比，待目测合格后进行相应项目检验。化验合格后方可卸货。应保留标样 3 个月，以避免出现纠纷。具体要求如下：

(1)药剂的进厂检验，经再生水厂相关部门送检合格后方可投入使用。值班人员应对入库药剂外观、内外标志、包装及衬垫等进行感官检验。值班人员进行药剂批次称重检验，从总数中抽出本批次的 1%（不小于 10 袋），验收不符合规定的药剂不得入库，通知送货方另行处理。合格的药剂签收入库，并填写进库记录。

（2）库房应保持阴凉、干燥、通风、避光。库存药剂应避免阳光直射、曝晒，远离热源、电源、火源，与库存药剂性质相抵的药剂禁止同库储藏。

（3）定期对库房净水药剂进行检查，检查易燃物是否清理，有无异常现象，检查所用药剂包装有无损坏，药剂有无受潮失效。

（4）进行药剂样品与标准样的烧杯对比试验。

2. 药剂的使用和管理

由于再生水厂使用的药剂主要包括 3 类（消毒剂、酸碱、净水剂），这里分别具体举例说明不同药剂采取的使用和管理措施。

（1）氯酸钠（消毒剂）。

①氯酸钠配制工作人员应穿戴好防护用具（防酸碱工作服、护目镜、口罩、防酸碱手套、长筒胶鞋）。

②配制过程中应严禁吸烟及明火（不允许使用摔、砸等方法）。

③配制过程必须按照氯酸钠与水按 1:2 的比例混合（例如：1 kg 氯酸钠加 2 kg 水）。

④必须保证氯酸钠完全溶解。

⑤配制后的液体经检测合格后方可抽入原料罐中。

（2）盐酸（酸碱）。

①盐酸进厂后应检测以下项目：

a. 检测氯化氢质量分数是否达到标准（31%）。

b. 检测其密度是否合格。

c. 目测盐酸的颜色是否正常，有无杂质（工业品盐酸因含有铁、氯等杂质略带微黄色、清澈、透明）。

②盐酸中绝对不可含有无机物，否则因此而产生的问题将十分严重。

③盐酸储存时间不宜过长，否则易发生因储存时间过长而造成氯化氢质量分数降低（氯化氢极易挥发）。

④操作盐酸时，应穿戴好防护用品（耐酸碱工作服、护目镜、口罩、橡胶手套、长筒胶鞋）。

（3）净水剂。

净水药剂投加应不间断运行，投加药剂应准确、连续、有效，确保水质各项指标合格。值班人员记录原水流量、计量泵投加量、药剂浓度、原水浊度、色度、pH、沉淀池出水浊度、色度等数据。

5.7.6　节能降耗措施

再生水厂在保证安全、稳定供水的前提下，需要降低供水生产过程中的能耗和生产物资消耗，主要任务包括：

（1）加强节能产品设备的应用，降低生产电耗。电耗在再生水生产成本中约占 50%，控制好电耗可以大大降低再生水厂的生产成本。

(2)完善生产工艺,降低生产过程中的物资消耗。再生水生产过程中的物资消耗主要集中在净水剂和消毒剂两大块。

(3)加强再生水厂的管理,强化全员节能降耗意识。在运行管理中,节能降耗不但需要领导的高度重视,而且应该积极发动全员参与,要让员工充分认识到节能降耗的意义所在,将员工的切身利益和节能降耗工作紧密地联系起来,让节能降耗成为全员的自觉行动,再生水厂的节能降耗工作才能真正高效地开展起来。

再生水厂开展节能降耗的具体工作内容包括水泵电耗节能、药耗节能和综合节能3个方面。具体措施如下:

1. 降低水泵电耗

电量主要消耗在水泵电机上。研究机泵的节能技术非常重要,一般应选择高效的机泵,并使水泵工况处于高效区,采用合适的调速装置,使水泵的扬程、水量能适应再生水供水管网的变化。

(1)设计阶段的泵站节能。

规范规定泵站设计水量的确定是满足再生水用户的最高日最高时水量、水压的要求,如果简单地依据该条件确定水泵的工况,就会造成能源的浪费,因为一年中出现最高日最高时的情况很少,很多时间水泵不能在高效区运行,因此应深入调研水泵提升系统和区域的特点,并认真吸收技术人员的实际运行经验,找好该区域经常出现的运行工况,以该工况点确定所选水泵的高效区。同时为了满足管网水量水压的变化,从再生水厂的投产初期、中期至达到设计规模,以及不同季节的供水量要求,选择不同扬程的水泵组合或采用调速水泵,才能达到既满足供水要求,又能节约能耗的目的。

(2)水泵调速设施的应用。

由于再生水供水管网的水量是变化的,而且有时变化幅度很大,因此供水系统也就必须随之进行水量的调节。调节流量一般有3种方式:一是改变阀门的开度来调节流量,大量能量消耗在阀耗上,一般不宜采用;二是配置大小流量的水泵以调节流量,使水泵运行或接近高效区内;三是采用变速调节,这种方式不一定能节能,但方便管理。采用调速设施节能改造需对能耗、投入的方案进行优化比较。

(3)提高水泵的效率,实现节能。

传统的送水泵选型方法仅是以管网最不利工况点作为水泵的设计流量和设计扬程进行选泵,致使水泵长时间偏离高效段运行,造成电能极大的浪费。叶轮切削改造技术是水泵节能改造技术中最简便可行,最有效的一种方法。

总之,再生水厂节能需通过对水泵进行测试、分析等工作,根据管网压力的需要,对叶轮直径或转速进行调整,使水泵在管网工况点下处于较高的运行效率,找出水泵较合理的搭配组合;同时加强基础管理,对设备进行勤检修,对超标的零部件及时进行更换;认真做好每年的预防性检查,根据检查结果结合设备的运行情况,提出、制定合理的方案,对设备进行改造。此外,还要积极采用新工艺、新材料。

2. 降低药耗的措施

再生水厂净化系统应选用良好的混凝剂和助凝剂并控制投加条件。一些大型再生水处理设施可以采用行之有效的自动化投加方方式,合理地控制投加量,可有效地去除水中的悬浮物和胶体,提高出水水质,并在这个前提下达到节能降耗的目的。降低再生水厂的

药耗,可从以下几个方面着手:

(1)混凝工艺降低药耗措施。

①深入了解原水水质情况,掌握其变化规律,根据水质情况采取动态药耗措施。在保证出厂水水质的情况下降低水厂药耗。

②提高自动化水平,胶体电荷检测技术给投药自动化带来了新的发展契机。该控制法以在线检测与电位正相关的流动电流这一项参数作为调节器的输入信号,可实现混凝剂加药的自动控制,保证混凝处理的最佳工况。流动电流法也适用于再生水处理工艺电解质混凝剂的加药控制,它控制因子单一,控制精度高,可靠性高,投资低,操作简便,具有提高水质、节省药剂的明显效益,为投药自动化在中小型再生水厂的全面普及应用创造了条件。

③延长反应池反应时间,可提高反应效果,降低药耗,但可能降低反应池处理量,目的在一些水厂的改造中得到应用。

④优化反应池,提高反应池的反应效果。降低药耗反应池的设计运行参数对净水效果和药耗起着关键的作用。不同的反应池有不同的控制指标,对其流速的变化、速度梯度及反应池停留时间有不同的要求。控制不合适时,有可能影响混凝效果,增加药耗。

⑤掌握再生水处理工艺的生产特点,对投药设备的了解和运行的熟练程度是做好水处理工作的关键。在加药泵的使用中,结合实际制定操作规程,将泵运行参数与药剂的有关参数结合起来,方便操作人员计算投药量,做到准确投加,避免浪费。在生产过程中,可能由于再生水水质的改变、取水量的不同,而发生某种程度的差异。不同工艺系统,其特点各不相同,要求操作人员通过多巡查、多观察、多比较,不断积累经验,掌握各系统的特点。做到能对各生产环节的结果,做出正确判断,及时进行调整。

(2)再生水厂降低氯耗措施。

根据生产工艺情况确定合理的余氯水平,控制好余氯量是保证消毒效果的关键,但加氯量过多,不仅浪费,水中有害消毒副产物也会随之增加。因此,确定出厂水余氯的原则是杜绝介水疾病的发生,确保再生水的卫生安全。具体来说降低水厂氯耗的措施如下:

①改进加氯方式,取消预加氯。

由于预加氯易产生消毒副产物,因此建议对原水尽可能少用预加氯法。需灭藻或清洁滤池时,可在进水处采用间歇小剂量投氯,以代替经常性预加氯。后加氯:加氯点设在滤后出水管道或清水池处。采用滤后加氯,必须保证30 min的接触时间。通过净水工艺中加氯点不同所对应的消毒效果、消毒副产物生成量等进行对比试验表明,加氯点后移对减少消毒副产物的生成、降低加氯量、提高消毒效果均有重要的实际意义。多点加氯,降低后氯化量,在管网中某些地方投氯,以保证管网水中微生物的安全性。低pH处加氯,三卤甲烷的产生量与水中的pH有关,水中的pH上升时,三卤甲烷的产生也会随之增高,反之则降低。

②合理选择加氯量。

合理选择加氯量,掌握原水水量、水质等基本要素是缺一不可的。观察原水水质的变化,选用高性能流量计并定期对其校准,确保及时、准确地调整加氯量:再生水处理设施内配置余氯检测仪及连续在线仪,并对其定期维护以确保余氯反馈信息的准确性。另外,结合再生水用水单位的特点,在保证管网末梢一定余氯量的前提下,开展一系列合理加氯量的控制研究工作,找到不同时节出厂水余氯的最佳控制范围以指导生产。

③实现加氯系统工艺自动化。

加氯系统工艺分为三个控制系统:加氯、氯气瓶的自动切换和自动排氯。近年来,一些再生水处理水厂引进了国外的加氯设备,这些设备采用真空加氯,安全可靠,计量准确,并有自动控制、流量配比控制、直接余氯控制和复合环路控制等多种控制功能,有利于保证再生水出水的安全消毒和提高水厂自动化程度。由于水厂加氯消毒过程要求连续进行,因此保证氯源不间断供应是实现加氯工艺自动化的一个重要环节。

3. 综合节能

(1)重视设计阶段的节能。

再生水处理厂的运行是否接近或达到节能目标,不仅要在运行期间不断改善,而且更应重视最初的设计阶段。因为后期改造毕竟会造成部分设备、资源和财力等的浪费。因此,再生水水厂在设计阶段是非常关键的,在设计阶段注意突破一些过时的条条框框,吸收国内外水厂设计和运行技改中的成功经验,节能设计水平就会不断提高,达到水厂节能增效与稳定运行的目的。

(2)泥水回用系统综合节能。

对水处理过程中的排泥水和滤站的反洗水加以回收,本身就是一项意义重大的广义节能项目,回收处理的泥水不仅有显著的经济效果,而且达到了良好的环保目的。另外,在保证工艺效果的前提下,通过改变运行方式,也可以达到节能的目的,如:泥水调节池的搅拌,就可以采用间歇鼓风方式替代连续运行方式。

(3)重视非生产环节的节能。

非生产环节的用电耗能相对生产环节来说虽然有限,但其绝对值还是很可观的。譬如采暖和空调系统,传统的压缩机制冷和燃油锅炉的高耗能是有目共睹的,就再生水处理设施的情况,完全可以充分利用污水的自然物理属性,以水为热源,采用热泵技术替代容易污染环境的燃煤锅炉和高耗能的燃油锅炉进行冬季采暖。据目前的技术水平,现代热泵机组可以水为冷源,直接或间接实现夏季空调制冷,达到大幅度节约电能的目的。照明方面,可以采用高效长寿命的节能灯具,安装定时开关,合理调整各个工艺点照明开启数量等来实现节能。

5.7.7　故障分析与排除措施

再生水厂在投产运营后总会发现一些林林总总的问题,这些设计、施工或者工艺运行过程中带来的问题给维护管理带来诸多不便,现将常见问题进行总结,并根据给水、污水厂相关设备的运行维护技术措施提出解决方案。

1. 水泵故障及排除

(1)水泵故障分析。

①进水管和泵体内有空气。

a. 水泵启动前未灌满足够的水,有时看上去灌的水已从放气孔溢出,但未转动泵轴将空气完全排出,致使少许空气残留在进水管或泵体中。

b. 与水泵接触的进水管的水平段逆水流方向应有 0.5% 以上的下降坡度,连接水泵进口的一端为最高,不要完全水平。如果向上翘起,进水管内会存留空气,降低了水管和水泵中的真空度,影响吸水。

c. 水泵的填料因长期使用已经磨损或填料压得过松，造成大量的水从填料与泵轴轴套的间隙中喷出，其结果是外部的空气从这些间隙进入水泵的内部。

d. 进水管因长期浸在水下，管壁腐蚀，出现孔洞，水泵工作后水面不断下降，当这些孔洞露出水面后，空气就从孔洞进入进水管。

e. 进水管弯管处出现裂痕，进水管与水泵连接处出现微小的间隙，都有可能使空气进入进水管。

②水泵转速低。

a. 人为的因素。有部分用户因原配电机损坏，就随意配上另一台电动机使用，结果造成流量小、扬程低甚至不上水的后果。

b. 水泵本身的机械故障。叶轮与泵轴紧固螺母松脱或泵轴变形弯曲，造成叶轮偏移，直接与泵体摩擦，或轴承损坏，都有可能降低水泵的转速。

c. 动力机维修不力。电动机因绕组烧毁而失磁，维修中绕组匝数、线径、接线方法的改变，或维修中故障未彻底排除也会使水泵转速改变。

③水泵吸程太大。

有些水源较深，有些水源的外围地势较平坦处，而忽略了水泵的容许吸程，因而产生了吸水少或根本吸不上水的结果。水泵吸水口处能建立的真空度是有限度的，绝对真空的吸程约为10 m水柱高，而水泵不可能建立绝对的真空。而且真空度过大，易使泵内的水汽化，对水泵工作不利。所以各离心泵都有其最大容许吸程，一般在3～8.5 m之间。安装水泵时切不可只图方便简单。

④进出水管中的阻力损失过大。

调研发现，有些再生水单元经过测量，虽然蓄水池到水源水面的垂直距离还略小于水泵扬程，但还是提水量小或提不上水。其原因常是管道太长、水管弯道多，水流在管道中阻力损失过大。一般情况下90°弯管比120°弯管阻力大，每个90°弯管扬程损失0.5～1 m，每20 m管道的阻力可使扬程损失约1 m。此外，有一些再生水处理单位还随意改变水泵进、出管的管径，这些对扬程也有一定的影响。

(2)常用简易的设备故障诊断方法。

常用的简易状态监测方法主要有听诊法、触测法和观察法等。

①听诊法。

设备正常运转时，伴随发生的声响总是具有一定的音律和节奏。只要熟悉和掌握这些正常的音律和节奏，通过人的听觉功能就能对比出设备是否出现了重、杂、怪、乱的异常噪声，判断设备内部出现的松动、撞击、不平衡等隐患。用手锤敲零件，听其是否发生破裂杂声，可判断有无裂纹产生。电子听诊器是一种振动加速度传感器。它将设备振动状况转换成电信号并进行放大，工人用耳机监听运行设备的振动声响，以实现对声音的定性测量。通过测量同一测点、不同时期、相同转速、相同工况下的信号，并进行对比，来判断设备是否存在故障。当耳机出现清脆尖细的噪声时，说明振动频率较高，一般是尺寸相对较小的、强度相对较高的零件发生局部缺陷或微小裂纹。当耳机传出混浊低沉的噪声时，说明振动频率较低，一般是尺寸相对较大的、强度相对较低的零件发生较大的裂纹或缺陷。当耳机传出的噪声比平时增强时，说明故障正在发展，声音越大，故障越严重。当耳机传出的噪声是杂乱无规律地间歇出现时，说明有零件或部件发生了松动。

②触测法。

用人手的触觉可以监测设备的温度、振动及间隙的变化情况。

人手上的神经纤维对温度比较敏感，可以比较准确地分辨出 80 ℃以内的温度。当机件温度在 0 ℃左右时，手感冰凉，若触摸时间较长会产生刺骨的痛感。10 ℃左右时，手感较凉，但一般能忍受。20 ℃左右时，手感稍凉，随着接触时间的延长，手感渐温。30 ℃左右时，手感微温，有舒适感。40 ℃左右时，手感较热，有微烫感觉。50 ℃左右时，手感较烫，若用掌心按的时间较长，会有汗感。60 ℃左右时，手感很烫，但一般可忍受 10 s。70 ℃左右时，手有烫得灼痛感，一般只能忍受 3 s，并且手的触摸处会很快变红。触摸时，应试触后再细触，以估计机件的温升情况。用手晃动机件可以感觉出 0.1 ~ 0.3 mm 的间隙大小。用手触摸机件可以感觉振动的强弱变化和是否产生冲击，以及溜板的爬行情况。用配有表面热电偶探头的温度计测量滚动轴承、滑动轴承、主轴箱、电动机等机件的表面温度，则具有判断热异常位置迅速、数据准确、触测过程方便的特点。

③观察法。

人的视觉可以观察设备上的机件有无松动、裂纹及其他损伤等；可以检查润滑是否正常，有无干摩擦和跑、冒、滴、漏现象；可以查看油箱沉积物中金属磨粒的多少、大小及特点，以判断相关零件的磨损情况；可以监测设备运动是否正常，有无异常现象发生；可以观看设备上安装的各种反映设备工作状态的仪表，了解数据的变化情况，可以通过测量工具和直接观察表面状况，检测产品质量，判断设备工作状况。将观察的各种信息进行综合分析，就能对设备是否存在故障、故障部位、故障的程度及故障的原因做出判断。通过仪器，观察从设备润滑油中收集到的磨损颗粒，实现磨损状态监测的简易方法是磁塞法。它的原理是将带有磁性的塞头插入润滑油中，收集磨损产生出来的铁质磨粒，借助读数显微镜或者直接用人眼观察磨粒的大小、数量和形状特点，判断机械零件表面的磨损程度。用磁塞法可以观察出机械零件磨损后期出现的磨粒尺寸较大的情况。观察时，若发现小颗磨粒且数量较少，说明设备运转正常；若发现大颗磨粒，就要引起重视，严密注意设备运转状态；若多次连续发现大颗粒，便是即将出现故障的前兆，应立即停机检查，查找故障，进行排除。这些诊断方法需要较长时期的经验累积才能判断准确。

2. 水厂加氯系统常见故障及排除

(1)汽化量不足及其解决方法。

液氯汽化的过程，在物理学中是吸热的过程，此时，必须连续不断地向液氯中投入足够的热量，液态氯才可能连续不断地汽化成气氯。通常采用液氯自然汽化的形式，空气中的热能通过瓶壁足量地传入到瓶内，液氯就会足量地蒸发。

调研发现，一些再生水厂并未安装液氯蒸发器，依赖气温对氯瓶内的液氯进行自然蒸发，液氯汽化量随环境温度变化而变化，温度越高，汽化量越大；温度越低，汽化量越小，甚至不能汽化；冬季普遍存在汽化量不稳定的问题，影响了投加效果。虽然各厂都采用了一些诸如水喷淋、电炉烘烤等临时应付措施加速其汽化，但仍存在较多问题。如直接对氯瓶喷水，加重了氯库内的湿度，使氯库内的氯气和水反应生成次氯酸，对钢瓶外壳及氯库内真空调节器等设备产生腐蚀。其解决方法为：

①在经济条件允许的情况下，考虑配备相应规格的蒸发设备，如液氯蒸发器等。增加并联使用的氯瓶的个数和增大氯瓶的规格。

②使用电热器、水暖器等提高氯瓶间的温度。

③在保证氯库干燥通风的情况下，采用风循环，加速氯瓶周围空气的流动，达到传热的目的。

(2)低温液氯进入压力管路及其预防措施。

①真空负压加氯设备曾多次发生氯瓶内液氯来不及汽化，而致使液氯被抽到氯瓶出口的压力管路、过滤罐、减压阀、真空调节器等部件的事故。

②氯瓶出口的气态氯在管道内再度被液化。如果加氯机内的减压器外壳为塑料材质，就可能发生炸裂，其原因就是氯瓶出口的气态氯在管道内再度被液化进入加氯机再度汽化，体积膨胀导致塑料外壳炸裂。

由于低温液氯蒸发时需大量吸收周围的热量，因而液氯流经部位的器件表面会发生结露、结霜等现象，温度过低时，则导致这些器件中的塑料部件受损，如隔膜损坏。液氯还会把过滤罐内聚集在一起的杂质冲到真空调节阀处引起异常的喘振、冻结压力表隔膜并使压力表失灵，影响加氯设备的正常运行。为了避免加氯设施受损，可以采取以下几项技术措施：确保加氯设施安装地点的室温；在压力管路上缠绕电加热头；真空过滤罐处安装红外辐射取暖灯，在氯瓶出口的管路上附设温度传感器等在线监测仪表；在真空调节器前安装液氯捕捉器等；尤其在初春及冬季低温时，防止氯瓶出口的气态氯再度被液化。

切忌为提高氯瓶的出气率而对氯瓶进行直接加热，否则会引起氯瓶内液氯过度汽化而使瓶内压力超出上限，引发更大危险。

(3)加氯量调不上去的原因及其解决方法。

①加氯量控制阀处真空度低，加氯量调不上去。

这种故障说明加氯系统负压小，其主要原因为：一是产生负压的水射器工作不正常；二是负压管路有泄漏。判断水射器工作是否良好可采用如下办法：关闭供给水射器氯气管路的阀门，打开水射器的氯进口管的活接头，用手轻轻放到接口处，应有明显吸力，吸力越大说明水射器工作状态越好。若吸力不大或没有吸力说明水射器工作不正常。若水射器工作良好，仍有此故障，说明负压管路有泄漏，需要检查的重点为管路接口，如连接真空表的软管接头处。

②加氯量控制阀处真空度很高，加氯量调不上去。

该故障产生的原因是气源不足，应检查真空调压器是否打开、开启度是否过小、通向加氯量控制阀的管路阀门是否没开好、氯瓶角阀是否打开、连接氯瓶的柔性管是否堵塞、角阀是否堵塞等。也有可能是真空调节阀或气源管路堵塞，产生的原因往往是由于氯气中的杂质沉积引起的。此时，拆卸真空调节阀，进行检查清洗。

(4)氯气正压管道泄漏的原因及解决方法。

现代真空加氯技术的发展，极大地提高了氯气流量调节控制环节的安全性。但是从氯瓶出气至加氯机真空调节器之间的正压管路及正压切换系统仍存在许多可能的泄漏点，是目前氯气使用中的主要安全隐患。其解决解决方法：

①严格执行氯瓶验收制度，对角阀打不开的氯瓶，可用工具顺角阀的轴向轻轻敲击阀芯，使其锈蚀层松动，再用专用工具适当用力开启；若还是打不开，则应由氯气供应商派专人处理。

②严格按氯气使用标准选择、安装、维护正压管路的管道、接头及阀门。

③尽可能地简化正压管路及切换系统，将正压连接点的数量降至最少，最大限度地减少可能的泄漏点。

3. 自动化故障及排除措施

再生水厂的自动化运行，可以大大提高再生水供水质量与水厂的工作效率，降低制水成本与员工的劳动强度。但是由于国内经济、技术、人员等条件所致，水厂自动化存在的许多问题仍需要不断改进和完善。

再生水厂自动化控制中设备存在的问题可以分为单项设备运行上存在的问题和系统运行上存在的问题。根据了解的情况，单项设备运行上存在的问题，绝大多数是产品本身质量问题和日常维护保养问题造成的，系统不能达到自动调节的运行效果，则最主要的是由于工艺控制理论不够完善，对客观情况的认识还未达到应有的深度造成的，主要故障包括：

(1)自控仪表和设备质量问题。由于这些设备的影响，致使自动化系统时常发生故障，无法正常运行。

(2)配套设备质量问题。在调研中发现，很多环节的自动化系统运转不起来，并非是自控系统上存在问题，或是自控仪表、自控设备存在问题，而是配套设备存在着质量问题。

(3)软件质量问题。包括计算机软件及 PLC 程序编制上存在的问题，有的水厂经常发生计算机“死机”现象。

(4)设备选型不当和备品备件问题。再生水水质差异较大，一些在线监测仪器设备选用不当，配套不合理。有些设备发生故障后，由于缺乏备品备件而一时无法修复，这对进口设备尤为明显。

解决水厂自动化技术中存在问题的主要办法如下：

(1)谨慎选用进口设备。一些再生水厂运行表明，进口设备虽然具有许多优点，确实在再生水供水中起到了举足轻重的作用，但是也客观存在着一些问题。有的国产设备使用效果良好，维护也比较方便，备品备件能得到及时供应，售后服务能得到保障。所以建议在功能、技术参数能满足自控系统要求的前提下，尽可能使用国产设备。

(2)重视技术吸收。再生水厂自动化工程需要在运行过程中不断地完善和改进，这就需要工程技术人员在设计、安装和调试时尽可能地全程参与，掌握和消化整个系统和技术细节。这样，以后可以自主地根据实际生产状况对控制系统进行相应的完善和调整。

(3)自我改进，推陈出新。对于大型再生水厂或者分散性再生水处理设施所应用的自动控制技术和设备有差别，应充分了解具体设备的性能特点，对系统中存在的问题进行仔细分析、改进，找出解决问题的办法。对于一些自控中的复杂问题应由专业部门或者具备营运资格的技术单位来解决。

第 6 章　再生水设施的监督管理

6.1　总体目标和要求

再生水的利用涉及水源、管网、水厂、用户端等环节，以及规划、建设、运营、监管等过程。尽管城市污水再生利用有了一些成效，而且使用再生水所具有的优越性越来越得到大家的认可，但是在具体的执行过程中，仍然遇到了一定的阻力和困难，如何使再生水设施及其处理工艺系统能够保持稳定的运行效果和使用安全性，还缺乏有效的指导和监管。

本章主要针对调研中发现的再生水安全监管中所存在的问题，提出再生水安全利用的技术与管理上的建议，构建完整的监管体系对再生水设施运行、管理等方面进行严格监督，保证再生水的安全利用。能够为水行政主管部门在管理政策的制定和执行方面提供更科学有效的依据和参考。

6.2　国外再生水行业运营管理模式

国外发达地区较早开展再生水利用，虽然各国的监管模式各有不同，但多年来不断发展改进，积累了一些值得我国借鉴的经验。

6.2.1　美国再生水行业运营管理模式

1. 运营管理模式

再生水作为特殊的供水水源，既涉及城市排水，又与城市供水密切相关。因此，其参与主体及运作模式可能是多样化的，在美国，目前污水再生运作模式主要有三种：

模式 1 中是由供水主体和排水主体联合作为一个独立的自负盈亏的经济实体，统一负责城市供排水与污水回用的运作，如加利福尼亚州欧文、兰切供水区就采用此模式。对于模式 1 由于供水、排水以及回用是一个统一的经济实体，可以实现内部协调和自我管制，政府管制机构仅需要对其进行宏观调控，简化了管制环节，提高了管制效率，可以大大推动污水再生利用进程，而实践也表明，该模式是污水再生利用的较好模式。

模式 2 中排水主体不承担污水回用的责任，而是由供水主体将从排水主体购买的二级污水经深度处理达到相应标准后再分配给用户。如加利福尼亚州康特拉、科斯塔县就采用此模式。

模式 3 中是由排水主体承担污水深度处理回用的责任，并直接将再生水出售给用户或较大的售水商（包括供水部门），后者再将再生水分配给用户。如洛杉矶波莫那市废水回收厂就采用此模式。

对于模式2、模式3，如果供排水运作主体都较强，在分立情况下规划并实施好污水再生项目仍是可能的。但对于政府管制而言，由于供水运作主体和排水运作主体在一定程度上是分立的，为推动污水再生的顺利进行，政府管制机构不仅需要进行宏观调控，还必须在不同运作主体之间进行内部协调，必然给管制工作造成一定困难。

因此，无论采用何种运作模式，实践表明，只有由政府专设的部门对城市供水、排水以及污水再生运作主体进行统一管制，避免“多龙管水、群龙无首”的矛盾，才能更好地实现对污水再生事业的宏观管制以及不同运作主体之间的内部协调。因此，在美国等发达国家都是将供水、排水和污水再生作为完整的水循环过程，成立专门的供排水管制机构统一管理。

美国的许多城市从20世纪末就开始以“水区”为基本单元，将供水、排水、污水处理及再生作为完整的水循环过程，成立专门的供排水管制机构，由选举产生的委员与地方政府指派的委员一起组成董事会统一对水资源利用进行整体规划，对供排水运作主体进行管制。另外，为健全城市污水再生管理体制、加大法制化力度，除将污水再生纳入各地供排水统一管制体系外，联邦政府还设立了专门的资源再利用管理机构，要求污水再生利用的生产和服务必须符合联邦和地方法律法规的相关规定，接受有关部门的执法监督。同时，为支持污水再生的顺利进行，保证污水再生具有稳定的资金来源，联邦政府和地方政府都设有污水再生专项贷款和基金计划，因此，城市污水再生进展较顺利。表6.1中以加州水区为例列出了与城市污水再生有关的联邦、地方政府管制机构及其主要职责。

表6.1　美国城市污水再生相关机构及职责

相关机构	主要职责
美国环境保护局	负责制定污水再生利用法律法规和再生水处理、使用标准
州卫生服务部	负责监督再生水的处理达标情况和使用情况
州水资源控制委员会	管理“水再生贷款计划”，为污水再生设施提供低息贷款及资助
州水资源部	负责为地方污水再生示范工程提供技术和资金来源

美国中水管理体制如图6.1所示。由图6.1可见，该州的再生水利用是通过国家、州以及地方三级管理机构密切分工合作，来实现资金的及时到位、技术的有力支持、水权的科学划分以及水质的监督检查等四方面的综合调控。各机构分工明确：国家机构负责资金的宏观调控，总体法律法规的制定；州机构负责具体的技术指导，资金、水权的分配以及地方标准的制定；而地方机构则承担更为具体的水质管理工作。首先，这样层层推进、宏观与微观相结合的格局有效保证了整个中水系统的顺利建设和运转，使所有的投入能够行之有效地转化为产出。其次，还可以注意到在整个系统中已经出现了专门的资源再利用管理机构，并且由联邦政府设立，从而宏观上把握了整个再生水事业的发展。

美国对涉及公共利益的服务的监管是长期建立起来的，并颇受推崇。其主要特点是政府对公用事业运营拥有至高无上的控制权，包括价格控制权等。各州通过公用事业委员会对私人所有的水公司及将运营权外包的市政府所有的水公司进行监管，决定收益规律和费率结构等。此外，在美国，水公司还受到严格的环境监管，由联邦环境保护署及各州环境保护局进行监管。

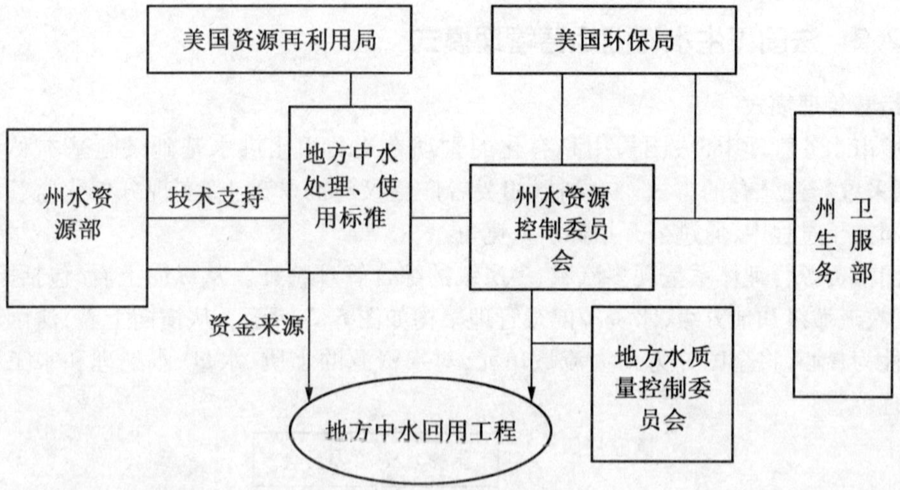

图6.1　美国中水管理体制

2. 特色借鉴

(1)管理法律健全。

美国水资源管理以各州自行立法为主,对再生水的开发、利用和管理的每个环节都有较详尽的法律规定。各层次法制建设健全,有一套与其市场经济体制相适应的水务管理和水权制度。《美国再生水利用指南》《清洁水法》《水质法》等为全国再生水管理奠定了基本框架。各州根据自身的特点和要求,自行立法,保证管辖范围内的水务有序进行。现存的法律体系主要是以《水质法》为核心,配套有法律制度、饮用水卫生标准制度、综合规划制度和资金制度等。

(2)职责清晰。

设立再生水安全监督执行机构。执行机构在环保署的直接指导下,以各州的水资源计划为标准,采取必要的检测监督、执法及技术支持手段对再生水利用进行监督管理。由各州、水系统、部落和公众共同承担再生水利用的具体责任。

(3)监管制度完善。

美国政府主要通过立法监管再生水处理公司的水质量和环境影响,通过各州的公用事业委员会监督水质量,通过联邦环境保护署和各州环境保护局监督环境影响。

(4)资金保障。

一是各部门根据特定法案或政策而建立某些融资支持计划或项目,对规划、建设提供大量拨款和低于市场利率(甚至零利率)的长期贷款(一般为20年);二是通过规范再生水用户收费、返还税收等保障项目获取运营收入;三是以具体融资标准规范引导和筛选再生水项目,支持符合政策需求的项目。

(5)用户沟通。

监督部门规定用户每年应收到再生水企业递交的用户信心报告,该报告需包含水源和水质等内容。目的是让用户及时了解再生水系统的安全状况,参与实际监督。

6.2.2　法国再生水行业运营管理模式

1. 运营管理模式

在城市水务管理中，法国采用私有化的管理方式。相比供水基础设施基本私有的英国，法国采取产权公有的方式。在利益相关者广泛参与的基础上，实现分权化监管。并在特许合同授予过程中，通过公开招标引入竞争。

法国水资源管理体系呈现多流域、多层级的综合管理特征。从纵向上看，包括国家级、流域级、次流域级和地方级，水资源四级管理架构如图 6.2 所示。从横向上看，法国以自然循环属性为核心，将全国分为六大流域单元，对水资源的水质、水量、水处理和水工程进行综合管理。

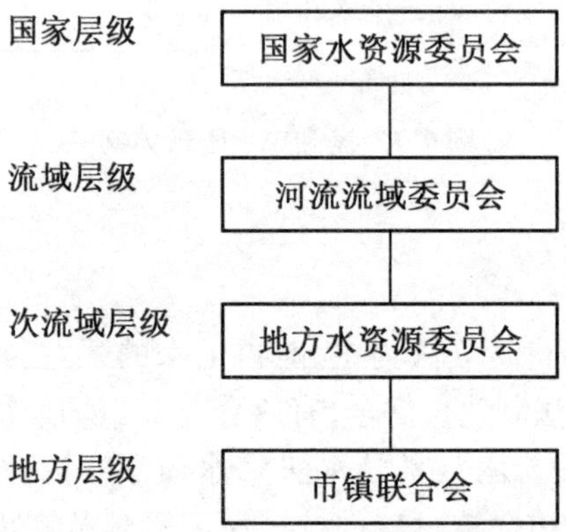

图 6.2　水资源四级管理架构

法国政府承担全部水资源管理职责，水务监管机制如图 6.3 所示。国家层级的水资源管理部门是国土规划与环境保护部，它协同公共工程部、农业部、工业部和卫生部等部门管理所有涉水事务，涵盖污水回用。在流域一级上主要是流域委员会及其执行机构——流域水管理局，统筹流域范围内的水资源规划包括再生水的管理。流域委员会是一种为了发展而创造的新型管理体制，它既体现政府的服务，又体现政府与当地用水户及公众之间的互动。在地区一级上成立地方水资源管理委员会；在地方上则成立市镇联合会，主要负责供排水、污水回用等具体管理。在各省之间，一般由省长领导、协调流域范围内的行政管理工作。在法国，流域水管局和流域委员会是公认的两个重要的水资源管理机构。

在水行业具体监管事务层面，法国是通过市镇层面实现监管的。镇政府不仅要提供饮用水、承担废水的处理工作以及污水的再生利用。法国本土共有 3 万多个市镇，有 2/3 的市镇成立联合会。因此，研究法国的再生水监管相当于研究市镇层面的监管。一般情况下，大市镇的水务管理和经营是在本镇范围内进行的；而人口不多的小市镇，常联合邻镇进行水务管理和经营。

市镇水务管理的模式主要由三种：一是政府委托管理，租赁和特许经营是最常见的两种合同形式；二是政府直接管理；三是混合管理，它是介于直接管理和委托管理之间的一种管理模式，但要求私人资本控制在 20% 以上，公共资本控制在 51% 以上。20 世纪 90 年代后，随着私有化进程的加快，政府直接投资的企业不断缩减，且大多处在偏远分散地区，而私有化企业犹如雨后春笋，蓬勃发展，在数量上目前已是政府投资企业的 3 倍。

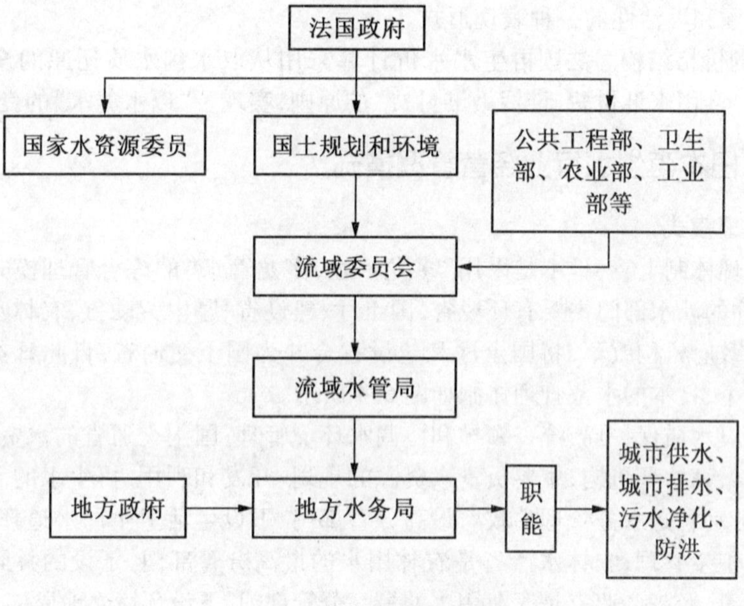

图 6.3　水务监管体制

2. 特色借鉴

(1)依法规范水资源管理。法国是一个依法管水的国家，水的法制建设比较健全。且为适应环境的变化，一直在不断地更新水法，最近一次修改水法的时间是 2006 年。新《水法》提出以流域为单位进行综合管理的政策原则。流域水资源开发管理规划从批准之日起，便成为各地方政府处理水资源开发、利用和保护方面重要政策依据。流域水资源管理依法管制，一切水事活动均需参照法律，且社会各界都必须严格遵守。

(2)城市水务市场私有化程度高，但水务市场不对外资开放。法国私人企业是提供城市水务服务的主体力量。在法国的 3 万多个市镇中，由私人部门提供水资源服务的市镇占 60% 以上。全国范围内，至少有 3/4 的水资源服务是由私人企业提供的。虽然私人部门参与度很大，但在选择投资时，对外国资本是限制的，即水务市场不对外资开放。法国绝大多数基础设施的所有权仍然保留公共所有。

(3)水务市场被私人寡头垄断。在法国，虽然存在 50 多个小型水务企业，但市场分割主要由苏伊士、威望迪和 SAUR 三大运营商主导，并为全国 96% 的人口提供供排水和再生水服务。

(4)公众广泛参与。各级水委员会提出的重大水利项目包括污水回用项目和再生水管理规划都必须听取公众意见。流域委员会成员组成中用户代表、专家代表、社团代表占全体委员总数的 40% ~45%；水务局董事会成员的 25 名代表中，用户代表占 8 名，占总数的 32%；地方水资源委员会中，用户代表占成员总数的 25%。可以看出，在法国每个层次的管理层级中都有公众的身影，且参与比例较高。不同层级的公众参与能有效提高再生水的管理效率、加深公众对再生水利用的理解。

(5)管制方式灵活、多样。法国水务管理主要有三种方式，一是委托管理，包括租赁经营、特许经营；二是直接管理，市镇联合会直接负责供水服务的投资和运营；三是混合管理模式，是存在于直接经营和特许经营之间的一种中间模式，兼顾了两者的部分特点，是合同管理体制多样性和灵活性的一种表现形式。

(6)合理的价格结构。法国再生水水价计算采用从取水到水质还原的全成本核算模式。通过坚持“谁用水谁付费，谁污染谁付费”的原则，实现了“以水养水”的良性循环。

6.2.3　日本再生水行业经营管理模式

1. 运营管理模式

从整个管理体制上看，日本是采用“多龙治水，多龙管水”的综合管理模式。在横向管理上，部级层面的涉水部门主要有环境省、国土厅、建设省、厚生劳动省、农林水产省和经济产业省。后因政府机构改革，将国土厅和建设省合并为国土交通省，自此日本的水务管理机构减少为5个，日本的水务管理体制如图6.4所示。

环境省下设水质保护局，统一领导和协调水环境管理；国土交通省的水资源部，是水资源日常管理的最高协调机构，主要负责水资源的规划、开发和利用，再生水的利用主要属于此部门；厚生劳动省是水务管理的政府最高分管部门，下设生活卫生局水道环境部，主要负责生活用水的卫生管理；农林水产省是农林用水的最高分管部门，下设的林野厅对河流上游流域治理负责；经济产业省是工业用水的最高分管部门，下设环境立地局。

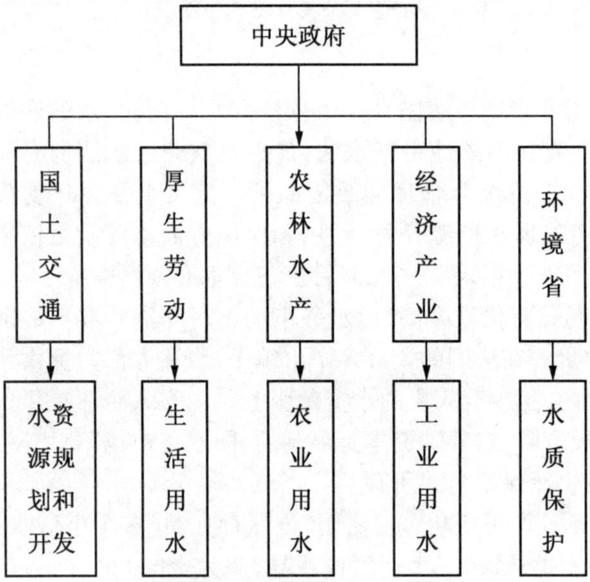

图6.4　日本的水务管理体制

在纵向管理上，日本主要采用中央政府→都、道、府、县→市、町、村的三级管理体制，如图6.5所示。中央政府管理机构如前所述，主要有5个部级的管水机构，分别是生活、工业、农业、水质及水资源调配的政府最高分管机构。

都、道、府、县(相当于我国省一级的管理机构)因地域、人口、水资源及其分布等自然和经济社会情况不同，差别很大。一般各县设有企业部，下设水道课，按照地方法规规定对再生水进行管理。管理内容主要包括审查和批复建设、扩建、改造、拆毁等。

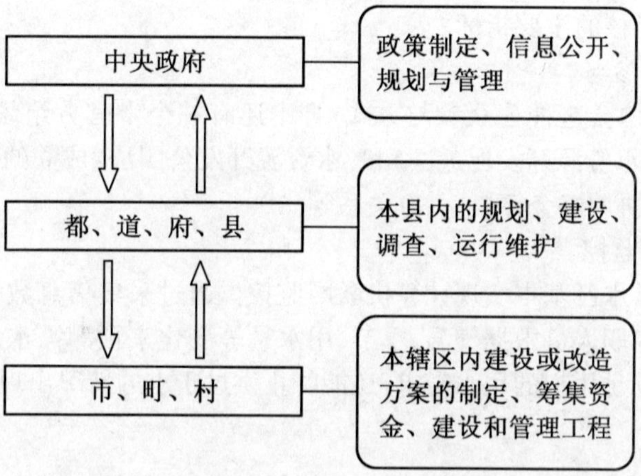

图6.5 日本中央－省－地方三级监管模式

地方水管理机构管辖范围为市、町、村。因为各级政府之间没有任何隶属关系,机构设置也无对口要求,地方自来水管理机构完全根据需要设立,没有统一固定的模式。管理机构职能是制定本辖区内自来水建设或改造方案,筹集资金,建设和管理自来水工程。

除此之外,日本还存在很多半官方组织和民间组织,与再生水利用相关的有日本下水道协会等。它们独立于中央和地方政府,但也受其指导和制约,并在饮用水污染防治中发挥着不可替代的作用。

2.特色借鉴

(1)健全的法制体系。

日本的水法体系是在整体环境观指导下的统一水环境立法,通过制定《水道法》《工业用水法》《公害对策基本法》《环境基本法》《工厂排水规制法》《水资源开发促进法》《水资源开发公团法》《城市规划法》,已经形成一套较为完备再生水利用法律体系,而且在实际应用中不断修正、调整和完善。

(2)完善的再生水安全保障措施。

为达到水质和水量"双安"的目标,日本采取了四种再生水管理手段:工程手段和应急手段保供水、技术手段保水质、行政手段保协作、法律手段保安全。

(3)政府主导。

日本水务企业中民营企业仅占4.5%,另外95.5%的份额全部为国家所有。日本城市供排设施建设资金主要靠政府投入,所有权自然归国家和政府所有,不允许私有。

(4)中央到地方三级管理体制。

城市供水管理体制分为三级管理。国家一级的政府管理机构是中央五部门,主要负责政策制定、信息公开、供排水行业的规划与管理等;都道府县一级管理机构设有企业部,负责本县水务的规划、调研、建设、供水与运行维护;地方自来水管理机构因与上级没有任何隶属关系,完全根据需要设立。主要负责制定本辖区内再生水设施建设或改造方案、筹集资金、建设和管理再生水工程。

(5)首长负责制。

日本对再生水的管制采用地方行政首长负责制,把落实各项措施及其完成情况作为行政首长本年度业绩考核的主要指标。

(6)多渠道公众参与。

除了民间组织、协会这种公众参与方式，日本还有一个半官方组织——水资源开发公团。该组织是根据《水资源开发促进法》和《水资源开发公团法》成立的，主要负责开发和利用日本的水资源，及协调资金筹集、各方关系等。

(7)全流程联网监控。

日本的城市供排水已基本实现计算机联网监控。通过采集信息数据，由配备的专职人员对其进行分析。专职人员根据气温、季节、用水量等变化来预测需水量，并通知相关再生水厂。该方法不仅满足用户的用水需求，还能防止供过于求的情况出现。

6.3 国外再生水管理的总体经验

(1)法律体系完备。

在保障用水安全方面，英国、法国、美国、日本等先进国家都制定了完善的法律体系，且在实践过程中不断地修订和完善。法律内容涉及面广且对各部门各层级的管理职责做了明确的规定。各部门分工明确，各司其职，依法治水。

(2)监管机构独立。

安全监管主要以政府监督立法为先导，无论是国有还是民营都坚持依法管水。境外先进地区不仅在政府内部建立了独立的监管组织机构，还在政府之外建立了独立的非政府组织。此外，成立的行业协会也能起到行业监管的作用。

(3)责权清晰。

主要体现三个特点：首先，从中央到地方的分级管理，权责清晰；其次，地方管理实行目标责任制；最后，从水源地到用户端的整个再生水系统，各段责任边界清晰。

(4)资金或投资收益有保障。

无论是以政府主导的美国和日本模式，还是以私有企业主导的法国模式，在资金保障和投资收益方面都能做到很好的平衡。美国采用“收回成本原则”保证再生水供水企业获取恰当的费用收益率。日本采用政府投资来确保再生水供水行业资金保障。法国通过政府补贴、国家基金补助等方式确保企业收益。

(5)信息透明。

在政府与企业之间、政府与公众之间、企业与公众之间的信息公开透明，通过建立程序化和公开化信息披露机制，实施政府监管、公众监管，解决信息不对称的问题。

(6)公众参与度高。

国外大部分国家都非常重视再生水安全的公众参与比例。在供水的各环节，都有公众的参与。各个层级的代表通过讨论分析、利益协调，最终在满足各方需求的基础上达成共识。

6.4　国内再生水监管面临的问题

根据第3章的调研发现，我国目前再生水建设项目的管理方式，基本上是"投资、建设、监管、使用"四位相互混为一体。在这种模式下，在许多政府投资的工程项目上，行政权力直接介入工程项目的实施，相互之间又缺乏有效的监督机制，极易造成决策失误或监督失效、失灵，导致项目投资效益低下。具体如下：

（1）部门垂直管理不通畅。

目前部分地区水务管理部门呈现多元化，有的城市是水利局（如厦门）、有的城市是水务局（如深圳）、有的城市是城市管理局（如宁波）等，管理系统垂直不贯通，导致行政效率下降，故需要进一步理顺水务管理部门的管理职责。

（2）监管主体责权划分不明确。

长期以来，各城市再生水大多由水务局、建设局、水利局、公用事业局、市政局、环保局、卫生防疫站等部门管理。水管理的多部门参与直接导致管理权限的分散，权利的分散化和部门利益冲突是我国水管理中的一个突出特点，各部门间缺乏有机的配合与协调，也是引起众多监管问题的主要原因。管理体制混乱，阻碍了污水的再生利用的进程。这种管理体制使我国城市污水处理行业缺乏产业发展的总体规划，行业的政策、计划、产业结构布局及调整、资源整合等众多工作不能健康有序地开展。

（3）污水再生处理单位的运营需要由事业单位向企业化过渡。

城市的供水、污水包括再生水利用，长期以来虽然都是同属城市建设系统，设施的建设都是由政府投资或由政府筹措资金来组织进行的。但是，行业的性质却有所不同，在原来的国民经济行业分类中，供水属于第二产业，即生产加工业；而污水属于第三产业，即社会服务业。在城建系统内部，城市供水行业包括自来水公司在内都是企业，其生产经营和销售都是按企业来运作的。而城市污水却是事业单位，其设施的维护管理是由城市政府的财政预算安排的，主要是由城市维护费来支出。因此，长期以来，大多数城市都是把两个行业分属两个不同的部门来进行管理。我国城市污水再生处理由政府立项、投资建设并承担运营是目前的主要做法。这种方式导致污水处理厂在政府投入巨资建成后，绝大部分运营单位为事业单位。普遍存在机构臃肿，运营成本过高，管理人员缺乏积极性，资源得不到有效利用的状况。收费不能保本，依赖政府补贴。

近几年来，随着污水再生处理厂的不断建成投产，城市污水再生处理的任务开始从过去的单纯设施运行维护向生产经营方面转变，污水管理单位也开始从事业单位向企业化过渡。政府应鼓励各种经济成分的积极参与，把城市污水处理和回用全面推向市场，实行社会化、企业化道路。

（4）缺乏合理的水价体系。

目前北京、天津、深圳等城市的再生水水价尚无标准价格，有时再生水的运行成本还高于自来水水价，如果水价全部费用由用户承担，在没有相应法令与政策的支持下，用户利用再生水的积极性自然会受到影响。因此，在目前北京市污水处理与再生水利用尚处于起步阶段的条件下，需要政府制定合理的水价体系与相应的政策法规进行扶持，以法律、法规的形式确立再生水回用在全市水资源管理中的地位,使资源化利用工作纳入依法管理的轨道。

(5)缺乏城市污水再生利用系统整体规划。

城市污水再生处理后作为工业冷却、农田灌溉和河湖景观、园林绿化、洗车冲厕等用水在技术上可行,但目前相当一部分再生水的用户比较分散,用量不大,如何按照集中与分散相结合的路子,进一步扩展用途,扩大覆盖,集中处理后的再生水输送管道系统如何规划建设是一个亟待解决的问题。目前的再生水设施建设多以单体建筑为主,缺乏联建和区域性建设,造成资金的浪费。

6.5　再生水职能管理机构

再生水的安全管理涉及水源、管网、水厂、用户端等环节及规划、建设、运营、监测等过程。

从国家层面来看,国家发展和改革委员会指导再生水水价的制定;环境部对水污染防治实施统一监督管理,制定再生水国家质量标准,会同有关部门编制再生水利用规划;水利部负责全国水资源的统一管理和监督工作;建设部门指导全国城市再生水的建设;卫生行政主管部门负责再生水用水的卫生监督,并会同相关部门制定再生水标准。在中央层面,不同部门之间职责界定尚属清晰,但有时准确定位还处在模糊状态。

国务院城市建设行政主管部门主管全国城市供水工作,省、自治区人民政府城市建设行政主管部门主管本行政区域内的城市供排水工作。但近几年城市水务管理体制改革的趋势是实现辖区内水务一体化。目前全国范围内有 4 个省级城市和 8 个副省级城市已实现水务一体化管理,其他城市也在积极的探索、改革和发展中。1993 年,深圳学习香港和新加坡的水务管理模式,率先在全国范围内成立水务局,合并原水利局的职能,同时实现供水、排水和再生水利用一体化管理。

6.6　监管主体和客体权责划分

我国再生水监管缺失的根源不在于监管主体缺失,而是监管主体和客体的权责不清晰。因此,构建一个有效的监管体系,应优先理清监管主体及客体的权责,在此基础上,建立高效的监管机制。

再生水监管涉及的监管主体和客体有:中央行政部门、省级和市(县)级地方政府、地方政府的行政部门、再生水供水企业、设施管理单位、再生水设备(产品)生产企业、行业协会、消费者等。基于对监管体系的梳理研究,本研究提出了监管主体和客体的权责划分。

(1)明确国家部委对再生水安全管理的指导、监督、协调职责。国家部门体制相对比较完善,国务院建设、环保、水利、卫生行政部门根据规定各司其职,相互监督。住房和城乡建设部负责再生水工程建设的审批、再生水企业资质管理等。水利部门负责水资源保护和水资源配置。环保部门会同有关部门编制再生水利用规划、制定相关标准。卫生部门负责饮用水水质标准、检验规范、饮用水材料设备的卫生准入。

(2)明确省(市)级政府对辖区内下级地方政府再生水利用的监督、考核和协调职责。开展水质督查、再生水系统安全评估、再生水安全管理绩效考核等。

(3)明确县级以上地方政府对当地再生水的安全利用负总责。无论地方政府是采用“一体化”管理,还是“分部门分工协作”管理,也无论是哪个部门具体主管,都必须由地方政府负责再生水的水质安全,并保障再生水供水系统与城市相关基础设施在规划、建设、改造和管理工作中的统筹协调。

地方政府负总责,其内涵包括以下四个方面:

①地方政府对再生水设施规划、投资、建设、运营负领导责任。

②地方政府统一负责、领导、组织、协调其行政区域内的再生水监督管理工作,建立健全再生水安全利用全程监督管理的工作机制。

③地方政府统一领导、指挥再生水安全突发事件应对工作。

④地方政府完善、落实再生水安全监督管理责任制,对饮用水安全监督管理部门进行评议、考核。

当地方政府对饮用水安全负总责得以明确,地方政府就有积极性来协调本级行政部门与上级行政部门的关系,避免了上下两级政府因行政部门设置不同而导致的沟通不畅,地方政府负总责也意味着上级行政部门主要是指导而非主管,所谓的垂直管理不畅通的问题也就不复存在。

此外,一旦地方政府承担了再生水监管的责任,势必要主动建立下属各行政部门之间的协调机制,解决部门之间权责不清的问题。

(4)明确政府与运营企业的权责。由于水务行业投资主体多元化,政府原来“管干部”的管理模式已不适应经营主体的变化。为更科学化、专业化地对经营主体实施监管,避免政府监管缺位或过度干预,或借监管之名损害运营企业利益,国家应明确政府与运营企业的权责。

政府应负责审查再生水运营企业的资质,建立进入、退出、临时接管等制度,与运营企业签订类似特许经营协议。在特许经营协议中,应强化运营企业安全责任,明确政府对运营企业的全过程监控,明确企业进行专业化管理等要求。

再生水运营企业根据国家法律政策和特许经营协议开展生产活动,企业内部建立安全责任机制,强化再生水生产、运营者作为饮用水安全责任人的责任;按照专业化管理要求,制定生产、运营、管理的标准和规范。

(5)明确政府及相关部门对再生水设施维护、管理单位的监管责任。再生水主管部门应制定再生水管理办法,对供水水质检测、设施清晰、水质信息报告等内容进行规范,同时制定再生水设施有关建设和改造标准。规范再生水设施的改造。对再生水供水管理单位实行资质管理,建议实行供水部门统一管理和专业化运营管理为重点的管理方式。推进制定涉水相关产品的产品卫生管理制度,实行卫生许可管理。

(6)要求行业协会参与再生水利用的指导和监督。行业协会是独立于政府部门的监督机构,与用户直接沟通、及时反映用户的要求和呼声,并代表消费者向监管部门提出改进意见。

(7)提高公众对再生水的监督。主要从三方面来提高公众的监管。首先,应提高公众对再生水安全的认识。各级供水行政部门要利用多种形式广泛开展再生水利用的知识宣传，引导群众科学认识和正确对待城市缺水和再生水安全利用问题，加大社会监督力度。其次，应拓宽公众参与渠道。积极发挥非政府组织、行业协会、公共咨询机构、听证会等公众参与形式的作用。最后，应建立公众举报奖惩机制，最大范围地调动公众参与的积极性，实现公众参与的长效机制。

6.7　再生水安全利用监督管理体系

通过研究初步提出了构建再生水安全利用监管体系的框架，包括 5 个子系统。它以市场化运营管理为导向，以全过程的监察与管理为核心，以安全预警应急管理为保障，以价格管理和用户宣传教育系统为支撑，通过统一管理机构和管理机制，达到再生水安全利用的监管体系。每个组成部分既相互独立，又相互联系，缺一不可，共同作用，是保证再生水利用安全的必要条件。

6.7.1　融资方式与市场化运营

1. 融资方式

新建污水再生项目需要巨大的投资金额，必须通过多途径取得建设资金，而目前我国污水处理及再生利用投资和运营的市场化程度很低，融资渠道不顺，污水资源化的全面推广难度很大。污水再生投资并不同于污水厂建设投资，污水再生既是公益事业，又是回报率较高的事业，政府应进一步深化投资体制改革，建立有偿使用、合理计价的多层次、多元化的投资渠道。

目前，我国再生水项目建设资金来源不足，再生水回用需要建立完备的污水收集系统、再生水处理系统和再生水供给管网系统，其设施建设资金的投入额是相当大的。但是目前再生水资源项目资金主要是依靠国家投资，这类项目基础设施投资大、建设周期长，资金回收慢，利润率较低，因此资金短缺问题严重制约再生水项目的建设与发展。

再生水回用项目融资时，至少有三方参与：首先是项目的发起方，通常是政府或者由政府管理的国有机构；其次是再生水回用项目公司，是项目发起人以股东身份组建，在法律上与政府或国有机构分离；第三方为资金提供方，也就是投资者。当愿意提供资金的投资者不止一个时，可以通过招标的形式确定第三方投资者。

通过项目融资可以有效解决政府的财政紧张，无力发展再生水回用的窘境。同时也可以吸收更多民间资金或国外资金参与到城市水务工程中。目前随着资本市场的不断发展，对再生水回用项目主要可以采用 BOT、TOT 和 TBT 等项目融资的实现形式。

(1) BOT(Build - Operate - Transfer)的含义是“建设 - 经营 - 移交”，指政府将一个工程项目的特许经营权授予私人投资者，投资者在规定的特许期内负责项目设计、融资、建设和经营，回收投资并获取利润，特许经营期结束后将项目所有权移交给政府的一种项目融资模式。再生水项目采用 BOT 融资模式的实质是将再生水回用工程的建设和经营管理民营化。这种模式对于目前我国再生水回用的发展有着明显的促进作用：既可以通过吸收大量的社会闲散资金和国外资金来减轻政府的财政负担，又可以将政府的投资风险转移到民营机构中去。

以BOT融资模式建设再生水回用工程必须考虑以下几个问题：

①再生水项目为公益性项目，投资者为回收成本获取利益，往往会忽视消费者利益，政府在招标和授予特许经营权的时候应予以必要的限制。

②政府将风险转移到民营机构是以出让特许经营权为代价，因而会在相当长的一个时期内无法从再生水项目中获取收益。

③对投资者而言，招投标过程中是否中标的不确定性使得前期可行性研究和初步设计费用有可能变成沉入成本，自身投资风险较大。

(2)TOT(Transfer - Operate - Transfer)意为移交 - 经营 - 移交，它是在BOT融资模式上的发展，政府将已经建成的设施(如再生水处理设施、污水处理设施或输水管线等)的产权和特许经营权移交给投资者经营，投资者以该设施在约定时间内的收益为基础，一次性地付给政府一笔资金，约定期满后，再将设施交还政府。

再生水回用项目利用TOT模式融资的实质是政府加快收回建设水处理设施的投资。利用收回的投资，能够进一步扩大再生水回用的发展规模，提高再生水项目的开发效率。

(3)TBT(Transfer - Build - Transfer)项目融资模式是BOT融资模式和TOT融资模式的结合，是项目融资的另一种实现形式，意为“移交 - 建设 - 移交”，在这种融资模式下包含两个项目，政府将一个已建成的项目的设施和特许经营权通过有偿(或无偿)的方式转让给投资者，目的是为了新建一个BOT项目。投资者可以从已建和新建的项目中同时获取收益，而政府的收益来源则是转让资金或者新建项目收益。两个项目的特许经营期满之后，其设施由投资者移交政府。再生水项目采用TBT融资模式可以加速项目资金回收，盘活已有固定资产，促进再生水项目的发展呈现稳步递进的态势。

比较BOT、TOT和TBT的实现过程，可以看出投资者获取再生水项目的特许经营权后，TOT模式下，可以直接经营该项目，而BOT模式中必须经过项目的建设阶段。因此采用TOT模式使得投资者前期费用的风险降低，同时由于项目已经建成，其运营风险也得到了很好的控制，投资者只需将精力更多地集中在考察项目的获利能力和取得项目后的经营管理上。这一点对于投资者有着更大的吸引力，从而更有利于再生水项目资金的融通。

2. 可行的市场化运营方式

再生水行业的运营和监管，应打破行业及部门垄断，引入竞争机制，有条件放开城市污水市场并建立城市污水业市场监管体系。建立城市污水业市场的准入制度。对于现有城市污水业资产，经营者的选择由国有资产管理者负责，建设行政主管部门对其监管。政府应全面开放再生水基础设施市场，实行行业市场化和企业化管理。

(1)对于市政再生水厂，由于耗资较大，年运行费用高，若全部由政府承担，则政府负担不起。因而发展的趋势迫使再生水厂必须由事业型向企业经营型转变，最大限度地降低运行成本，提高生产效率，从而可逐步摆脱过分依靠财政补贴的局面。调研中发现，北京市污水再生利用从简单的污水灌溉、工业废水厂内回用、单栋建筑中水回用系统，发展到区域性城市污水处理厂污水再生利用系统，并成立专业公司——北京京城中水有限责任公司(简称中水公司)，负责北京市再生水回用项目的投融资建设、经营，再生水工程项目建设与管理、再生水设施运行与管理、再生水经营与销售、再生水处理技术咨询及相关污水处理厂、泵站运营管理，这是目前值得借鉴和推广的模式。

污水再生处理运营企业进行市场化运作可采用以下方式:一是"两权分离"方式,即政府可以采取城市污水厂建设权与运营权分离的方式。政府从财政上投资建设污水处理设施,工程建成后,将设施通过招标的方式委托给专业化的运营公司负责运营,实行社会化的有偿服务,政府收回投资再投入其他项目。运营公司在污水处理厂建成投入运行后,实行企业化管理,同其他市场经营者一样,自主经营、自负盈亏,一切运行管理均与经济挂钩,提高效率,降低成本,从而将环境、社会和经济效率统一起来,实现治污目标与经济效益的双赢。二是"两权结合"方式,如企业以 BOT 方式或股权融资方式建设城市污水厂,即建设权与运营权结合的方式,由专业化的治理公司自己投资建设污水处理设施,自己负责设施的运营,实行社会化的有偿服务。

(2)对于分散性的小型再生水设施,在运行管理和安全方面出现的问题比较多,为了保证用水安全和提高运行效率,建议从建筑交付使用开始就通过招投标的方式将各分散的建筑再生水委托给专业的运营管理公司来运行管理和维护。再生水运营管理公司与居民小区的物业、开发商以合约形式达成协议,派专业人员定时巡管各建筑再生水设施,维修设备,调节某些药剂的投加量,调试参数或进行定期检测。为使用再生水设施的单位提供水处理药剂、设备维修更换、水质检测、运行管理及人员培训等一系列服务。对专业的运营管理公司来说,有足够的专业技术力量和健全的岗位责任制度作为支撑保证运行的效果,可降低再生水设施的运行费用,又可以通过规模经营获得较好的经济效益,有利于促进建筑再生水市场的规范化和规模化发展。运营者的准入监管是水行政管理部门的责任,再生水运营管理公司必须要经过资质审查,有一定的准入条件和标准,获得经营权后还要接受政府相关管理部门对运营的监管。

再生水处理运营企业实现市场化运作后,其运营费用要通过收取的污水处理费来支付。污水处理费要实行按月划拨给排水和污水处理企业,用于城市管网建设和污水处理厂的运行、维护。对于企业来说,必须正确认识企业效益和社会效益的统一性,正确处理企业内部利润最大化同社会福利最大化的关系。要使其经营行为逐步市场化,自负盈亏,自我发展。再生水处理运营市场化的竞争格局一旦形成,不但可以使政府从国有企业经营的低效率和高成本中解脱出来,减轻财政负担,而且可以提高基础设施的收益水平,刺激民间投资的参与,使城市污水处理行业走上良性发展的轨道。

6.7.2 再生水设施的投资效益分析

1. 社会效益分析

推进城市再生水系统建设,能从水资源、水环境多方面提升环境质量,创建优良的投资环境,切实改善市民生活环境,成为发展新局面、循环经济的一个展示窗口。

(1)是落实科学发展观的具体体现,走发展与环境并重的和谐之路,减轻水环境污染,提高水环境质量,为建成"绿色城市"奠定基础。

(2)是落实循环经济理念的具体体现,通过提供满足用户需求的再生水,可开辟第二水源,替代优质饮用水资源,缓解水资源供需矛盾。

(3)可结合河道综合治理,为市民提供亲水娱乐空间,能进一步提升城市形象,改善市民生活质量。

2. 环境效益分析

通过开展再生水系统建设，可缓解水资源供需矛盾，提高水环境质量，将带来以下几个方面的环境效益：

(1)开辟新水源，有效缓解深圳市日益紧张的水资源供需矛盾。

2020年，通过再生水系统的建立，按保守估计，工业、城市杂用再生水最高日供水量约110万 m^3/d，日变数系数 $K_{日}=1.25$，则年再生水供水量约3.2亿 m^3/a，可弥补深圳市水资源缺口的50%左右，是缓解供需矛盾，开源节流的必然举措。

(2)进一步削减污染物排放量，改善水环境。

规划再生水系统将对将污水处理厂出水进行进一步处理，削减污染负荷。约110万 m^3/d 污水处理厂出水经过深度处理后回用，其污染物不再进入水环境；约237万 m^3/d 污水处理厂出水提高标准并结合人工湿地处理后进行河道生态补水，河流污染负荷将得到较大幅度的削减。

(3)改善城市水环境，为市民提供亲水空间。

规划再生水系统将为深圳市五大河流干支流提供大量的生态景观用水，逐渐恢复河流的生态功能，改善水生态环境，提升其景观价值，为市民提供更多的水文化休闲空间，大幅度提高市民对居住环境的满意度，提高市民生活环境的舒适度。

3. 经济效益分析

城市污水再生回用是一项环保工程、资源开发工程，除具有较高的社会效益和环境效益外，还具有一定的经济效益。

规划期末2020年，深圳市将可以节约至少110万 m^3/d 的外部引水资源，从而节省远距离引水管道建设及运行维护费用。根据《关于整合东江水源工程和龙茜供水工程宝安区域原水价格等问题的通知(深价管字〔2007〕76号)》进行保守估计，东江水源工程原水价格为0.78元/m^3，东深供水工程龙东茜供水工程原水价格为价格为0.97元/m^3，因此建设再生水系统后，每年节省的原水费用就将达到2.5～3.1亿元/a。

工业企业用户合理使用再生水，将降低企业成本，增强企业的竞争力，为企业创造一定的经济效益。

6.7.3　全过程监察与管理机制

在市场运营条件下，政府完全可按合同办事，做到管理有依据可循，责权利明确，避免了以往对国有事业性污水处理单位管理的尴尬局面。无论采用何种方式建设和运营，污水再生运营主体都必须依法接受政府管制机构监督，政府部门有权对运营者进行监督、审查，如运营主体由于自身原因，在污水再生的建设、经营、服务方面无法达到中标要求，政府可依法中止其特许经营权，强制接管并重新进行招标。但是政府绝对不可代替企业的正常运作，而是制订规则、监督操作、严格管理。

1. 设计审查和建设过程监管

再生水监管机构在办理施工图审查、开工许可证、验收等环节都应对再生水设施建设有明确规定。另外，对再生水设计、施工、监理、市政供水单位责任等也有明确要求。坚持建设过程的监管，包括再生水项目建设招标和设备采购。凡涉及设计单位或施工图审查单位责任的，由主管部门对责任主体依法进行监督和处罚；凡涉及建设、施工、监理部门责任的,由主管部门对责任主体依法进行监督和处罚。这是保证再生水建设按规定顺利进行的重要措施。

2. 运营过程监管

运营过程的监管内容包括 4 类:第一类是产水过程的监管;第二类是服务的监管,包括普及性服务;第三类是成本和价格监管,价格不是一成不变的,价格会根据外界的变化,尤其是通货膨胀、原材料涨价等而变化;最后是安全运行监管,包括设施的完好率、整个过程的原料的质量等。政府对城市污水再生处理运营企业实施的管理职能主要有:准入管制、服务标准管制和价格管制。

(1)准入管制。准入管制的原则是放松管制,鼓励竞争。申请污水再生处理特许经营权的企业应该具备如下条件:依法注册的企业法人资格;与所申请的经营内容相应的条件:企业经营管理、技术管理负责人具备相应的从业经历和业绩,其他关键岗位人员具有相应的从业资格,应具有的资金和设备、设施能力,良好的银行资信和财务状况;与其业务规模相适应的偿债能力:具备可行的经营方案以及政府规定的其他必要条件。选择特许经营企业应公平透明,应当程序公开、条件公开、录用公开、特许经营合同内容公开,既不排斥国外资本参与,更不排斥国内优秀企业竞争。

(2)服务标准管制。主要规定出水水质标准,应达到国家规定的排水和再生水水质指标,污水处理量应达到一定的规模和处理能力。

(3)价格管制。价格管制则是为了防止产生不合理的垄断利润和保护社会公众利益。政府对管制价格进行调整,这是特许经营权的重要内容。特许经营的经营信息要公平透明,应当要求经营者向社会公众公开经营期间的重要信息(包括财务经营状况、建设投资与质量情况),确保全社会成员最大可能地了解掌握城市污水再生处理利用的信息。同时,要建立特许经营者外购服务与物资的公开招投标机制,以防止跨国公司取得特许经营权后滥用经营权而产生的内部利益转移、债务转嫁。同时政府对污水处理和再生水收费的管制要严格履行法律程序,如价格调整申报制度、公众听证制度和明示公告制度等。另外,为反映经营的财务成本和保证厂商的经济利益,政府要给予必要的补贴。

3. 水质监管

政府管制部门必须切实采取措施加强对污水再生的安全性监督,确保出水水质达标,对不合格出水限制使用,加强对再生水源进行日常监测(包括污染物检测以及健康、安全测试),定期对污水再生处理系统的稳定性进行评价,在再生水使用地区进行分散式监测。再生水设施管理单位要建立有效的中水水质监测制度,包括明确检测单位和职责,检测周期,使检测制度化,设置专职/兼职的检测人员。由政府制订检查程序和检查频率,抽检的机构和报告必须具有公正性、独立性、法律性。

再生水水质标准中规定了 13 项水质指标,一般建设单位无力全部做监测分析,为了基本估计水质情况和减少工作量,可把监测工作分为例行监测和抽检监测。一些易测,不需特别的监测器材的项目,如 pH、色度、嗅、浊度、余氯,可作为例行监测,每天测定一次;一些特征污染物,如 COD_{Cr}、BOD_5、LAS 等可作为抽检监测,一般一周一次。这些特征污染物中建议优先测定 COD_{Cr},其他有机污染的指标是可以估计的。委托有监测资质的单位每年全面监测一次。

在水质监管过程中,通过不定期抽查、群众监督评议、政府定期公示等方式达到监督目的。信息公开和公众参与制度非常重要,市政中水的企业和使用建筑中水的单位以及小区应当定期公布质量信息以接受公众监督。在政府进行水质监管的过程中,需要通过一个独立的检测系统随时监测污水再生利用产业的产品和服务质量。管制部门可授权资质合格的第三方对再生水水质进行监测,授权消费者权益部门接受再生水用户的投诉,开通消费者投诉热线,并授权其他机构对企业的质量进行综合评估。而政府部门根据评估结果对污水再生利用企业实施相应的奖励或惩罚措施。

北京、深圳等供水部门规定再生水公司必须通过质量管理体系(ISO 9001)、环境管理体系(ISO 14000)和职业安全健康体系(OHS18000)的综合认证工作,才能实现公司经营管理体系的标准化以及管理体系的持续改进和有效运行。以北京市为例,其中水公司组建了全国第一座获得国家计量认证资质 CMA 的再生水监测中心,对水质实行三级监测管理。市水务局负责再生水的水质监督,定期对再生水水质进行抽检。市排水监测总站每季度进行水质全面检测,市疾病预防控制中心定期对再生水的卫生指标进行监督检测,市排水集团监测中心每天进行常规检测,每周进行全面检测。另外中水公司监测站每天也要进行常规检测,以监督检查设施运行情况。为避免不合格水对外供应,中水公司在每个中水加工厂的出水口安装实时在线检测系统,对悬浮物、pH、余氯等水质指标进行实时监测,发现不合格,立即返回重新处理。

4. 市场监管

政府监管部门应制定再生水市场的准入条件和退出规则,并执行监督、处罚权。市场准入标准有投资实力、技术水平、管理机制、管理人才、制度创新、同行业的经营历史纪录等。污水企业不能容忍竞争操纵的动荡不安,要有稳定性和延续性。退出机制主要分为强制退出和自愿退出。强制退出是对不能实现政府管制最低要求的投资者实行的惩罚性处理措施。自愿退出是自己经营不善或其他原因不愿经营的解除经营合同的办法。目标是经营者发挥自身最大限度的优势,才能达到合理的利润回报,否则是承担相应的责任和损失。

6.7.4　安全预警应急管理

再生水的安全管理涉及从污水处理厂的二级出水、再生水厂到用户等诸多环节。便捷的通信联系和规范的安全预警系统将是再生水安全管理的安全保证。再生水安全管理的预警系统可以按照图 6.6 建立。其中地方环保局、环境监测中心,作为政府协调环境安全事务的部门在整个预警系统中起着关键作用:培训维修技术人员;制定详细有效的维修维护条例;对再生水使用者进行宣传教育和安全知识培训。用户端若发现再生水水质有问题,可以及时拨打水务部门热线电话或消费者投诉热线,以便立即通知到再生水厂应急中心,停止供应再生水,启动应急预案。环保局或监测中心若测定再生水厂出水有问题,可直接通知再生水厂应急中心启动应急预案;若测定再生水厂进水即污水厂二级出水有问题,通知再生水厂暂时停止进水,可补充自来水代替再生水的供应。

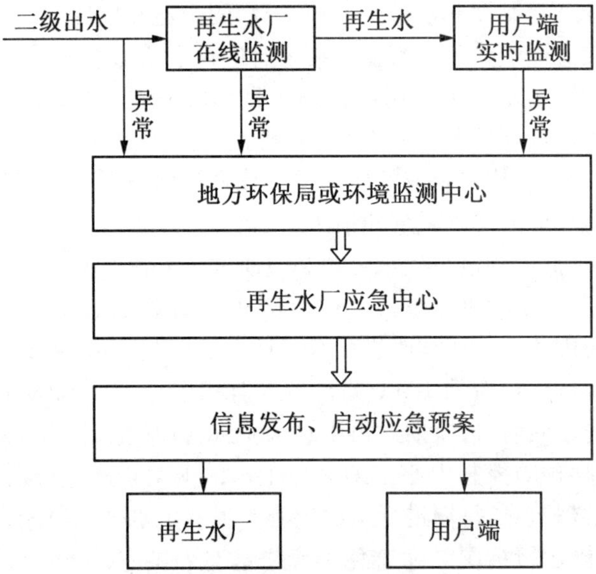

图 6.6　再生水安全管理的预警系统

6.7.5　再生水价格制定与管理

在调研中发现,小区居民不愿意使用再生水的一个最主要原因就是再生水的价格与目前的自来水价并未形成明显的价格差,居民更愿意使用自来水。而从再生水设施的建设和运行维护来看,目前再生水的制水成本还比较高,尤其是对于处理规模较小的分散型再生水设施。集中型污水再生利用尽管处理成本相对较低,但是再生水管线的高额投资成本成为限制其回用规模的重要因素。

因此,从目前再生水利用的发展现状来看,技术问题并不是阻碍其发展的主要障碍,它在经济上的可行性往往更是人们关注的焦点。由于再生水行业的特殊性和其资源属性,不能完全由市场能力自行调节,需要由政府干预调节。

再生水的价格是再生水市场的核心要素。一方面,在再生水的水质和水量能满足安全性和稳定性的情况下,价格是决定需求的主要因素,合理的价格机制能够对再生水的需求产生经济激励。另一方面,再生水的价格水平又决定了污水再生利用企业是否能够得到足够的收益以满足其财务平衡的需求。为了培育再生水市场并为污水再生利用产业的良性运转提供资金保证,应当建立起再生水的收费制度,以补偿污水再生利用设施的投资、建设和运营的支出。

因此,再生水价格制定的关键是寻找到合理的平衡点,在这个平衡点附近,再生水制水企业能实现"保本微利",有较好的财务能力,用户也能有可观的经济效益。合理的再生水价将可以使城市污水再生回用项目建设和运行进入良性的循环。

但是目前我国再生水的收费制度还存在着很多问题:

(1)运行方和使用方存在"价格矛盾"。从运行方来看,由于再生水设施的建设、运行维护以及管网铺设的成本,运行方认为再生水水价过低,在这种情况下,由于没有其他措施保证污水再生利用产业投资者的基本收益,使得该产业缺乏足够的市场资金投入。但是从使用方来看,再生水价格与目前的自来水价相比没有优势,因此经济上并未对使用方造成强迫性。

(2)再生水的价格管制政策沿袭了传统的收益率管制政策,可能会造成污水再生利用企业的成本膨胀,而不利于提高产业效率。

这两方面的问题说明,我国再生水价格体系的不合理已经成为阻碍再生水利用进一步发展的关键障碍之一。

1. 再生水定价的原则

再生水的供给属于广义上的供水范畴,因而再生水定价的原则与一般的城市供水应当具有一致性,并结合污水再生利用产业的特殊属性,认为再生水的定价应当遵循以下原则:

(1)社会原则。价格政策必须有利于污水再生利用企业为社会提供能够满足安全性需要的再生水并保持良好的服务水平,而且还必须有利于促进公众对再生水的可接受性。

(2)环境原则。再生水价应当能够提高污水再生利用产业在节约水资源和缓减水污染中的作用。

(3)经济原则。经济方面要考虑到公平、用户的承受力范围、企业的财务需求和客户服务成本最小化。

(4)实施原则。即再生水的定价方法必须具有良好的可实施操作性,要为公众接受理解,价格体系易于设计以及信息需求量小。

我国再生水定价中最值得关注的应该是社会原则和经济原则。从社会角度来看,由于我国尚未大规模开展污水再生利用,公众对再生水并不是很了解,甚至还可能会有一些疑虑,因而在这种情况下,再生水的定价必须充分考虑到公众对再生水的理解和接受程度,甚至在很多情况下公众的可接受性等因素要占据主导地位。而从经济角度分析,再生水的价格应当在扩大再生水需求和满足企业的财务目标之间达到均衡,并且有助于促进企业提高效率和技术进步。

2. 国内城市再生水指导价格分析

近年来,我国高度重视水价改革,把合理确定再生水价格作为一项重要的政府工作来抓。2004年,国务院办公厅《关于推进水价改革促进节约用水保护水资源的通知》(国办发〔2004〕36号)中指出:"推进水价改革要合理确定再生水价格。缺水地区要积极创造条件使用再生水,加强水质监测与信息发布,确保再生水使用安全。再生水费由生产供应单位向用户按用水量计收。再生水价格要以补偿成本和合理收益为原则,结合再生水水质、用途等情况,与自来水价格保持适当差价,按低于自来水价格的一定比例确定,引导工业、洗车、市政设施及城市绿化等行业使用再生水。对再生水生产用电实行优惠电价,不执行峰谷电价政策,免征水资源费和城市公用事业附加,研究制定鼓励生产和使用再生水的税收政策,降低再生水生产和使用成本。同时,各地区要适时制定办法,扩大再生水使用范围,强制部分行业使用再生水。"

2008年,国务院价格主管部门拟出台《再生水价格管理办法(建议稿)》,以使各地合理制定再生水价格,提高城市污水再生利用率,推进污水再生利用产业的市场化,规范再生水费的征收、使用和管理。

在国务院办公厅发出《关于推进水价改促进节约用水保护水资源的通知(国办发〔2004〕36号)》后,国内部分城市积极推进再生水价格的制订工作,这些城市有北京、天津、西安、青岛、石家庄、无锡、苏州等,再生水指导价格在0.9~1.5元/m³之间。

通过再生水价格与自来水价格保持适当差价,引导工业、洗车、市政设施及城市绿化等行业使用再生水,是目前国内城市较多采用的再生水价格制订方式,符合国务院水价改革的指导思想。目前,再生水的低价格是以“加大公共财政投入”为基础的,免收水资源费,也免收城市公用事业附加,部分城市还免征污水处理费(表6.1)。

表6.1 国内城市自来水价和再生水价对比表

元/m³

城市	自来水价				再生水价				污水处理费
	居民	工业	其他	特种	居民	工业	景观	其他	
北京	3.7	5.6	5.4	41.5	1.0	1.0	1.3		0.9
天津	3.4	6.2	6.2	20.6	1.1	1.3	1.5		0.8
西安	2.9	3.45	3.85	17.0	1.17	1.17	1.17		0.8
青岛	2.5	3.5~7.2	1.0	1.0	0.6		0.7~0.9		
石家庄	2.6	3.7	3.5	24.7	1.0	1.0	1.0		0.6~0.7
无锡	2.57	2.87		3.37	0.9	0.9	0.9		1.1
苏州	2.7	3	3.3	4	1.3	1.3	1.3		1.17

3. 深圳市再生水定价的可行方法

目前深圳市水务局和深圳市物价局正在协力合作,争取尽快出台《再生水价格指导意见》。经调研,目前水务部门关于深圳市再生水价格制订的指导思路有:

(1)制订合理的再生水价格,并且在政策上给予优惠。

(2)明确使用再生水免缴污水处理费。

(3)再生水价格可以逐步到位。

按国家相关精神和国务院价格主管部门拟出台再生水价格管理办法(建议稿),推荐深圳市采取政府投资、企业运营的再生水系统建设模式。

再生水设施及管网的建设费用建议由政府投资。再生水设施及管网建议交由企业运营,近期再生水价格以维持企业运营并获得适当的利润为准。

根据再生水价格管理办法(建议稿),实际的再生水费与向用户征收的再生水费可以不同,但后者不得高于前者。用户分担再生水费的具体比例由地方政府根据当地的实际情况确定。如果向用户征收的再生水水费不是足额征收,政府应按合同约定将再生水费补足后支付给企业。因此,建议深圳市可采用以下几种再生水水费收取方式:

(1)参考国内外城市水价,面向再生水用户征收1.0~1.5元/m³的再生水水费,政府按年供水量补偿再生水实际征收价格和再生水水厂运营成本之间的差距。远期随着自来水价格的提高,再生水价格可由物价部门核算并听证后逐渐提高,但不宜超过再生水运营总成本。

(2)参考污水处理费的收取价格,面对再生水用户收取1.05元/m³的再生水水费,政府按年供水量补偿再生水实际征收价格和再生水水厂运营成本之间的差距。

(3)对于企业用户,一定推广试用期内,可免收再生水水费,以充分调动企业用户的积极性,发展再生水用户。

(4)可研究将再生水系统的投资运营费用计入给水或污水系统费用。

(5)再生水的价格建议按不同的回用途径分别制订。我国现行的水价体系采用的就是这种定价方法,比如现行的城市供水价格实行分类水价,它根据使用性质可分为居民生活用水、工业用水、行政事业用水、经营服务用水和特种用水等五类,对于每一类用户征收不同的价格。再生水也应当采用这种方法定价,一方面是与现行的水价体系互相兼容,另一方面也体现出了再生水价格的灵活性,从而有利于污水再生利用产业的发展。

不论采取哪种模式,都应由政府政策引导,分阶段逐步实现再生水价格到位,确保再生水运营企业"保本微利",从而提高再生水运营企业的经营积极性和再生水用户使用的积极性,使再生水系统的运营进入良性的循环。

6.7.6　用户宣传和客户服务

在调研中发现,国内公众未完全接受使用再生水,主要是由于信息不充分,对水质的安全性和成本存在较大的顾虑,严重阻碍了污水再生的推广应用和再生水价的提高。

再生水作为特殊的供水水源,要加强宣传教育和引导,让公众参与再生水的监督,逐渐使城市污水再生由单纯的政策要求变为人们自觉的行动。

政府应组织相关部门编制有关污水再生的宣传材料、制订宣传计划,加强社会对污水再生的环境经济效益及其风险性、安全性的了解,采用多种形式向社会提供包括立法、指南标准、培训课程、研讨会及研究成果方面的信息。应增加关于污水再生利用方面宣传的内容,鼓励社会介入污水再生利用活动,同时政府部门应提供援助促进教育机构、管理机构和其他培训组织进行有关污水再生工程建设、运行、维护、管理、技术等方面的培训,使污水再生运营主体和再生水用户掌握必要的技术和知识。如通过为设计单位设计人员举办节水设计专门讲座,向设计人员说明有关再生水设计、审查、验收标准及规定,提高设计人员对再生水的认识和设计水平。建议应该建立广泛的公众宣传教育体系,开展多种形式的教育活动,充分利用广播、电视、书刊报纸等多种媒体,向公众普及再生水回用的技术、水质标准和相关知识,介绍国内外成功的实例,减少人民对于使用中水的顾虑,在客观上也有利于借助公众的监督力量协助监管机构及时发现建筑中水使用中的问题。

此外,运营企业应建立再生水客户服务中心。客户服务的目标非常清晰:一是承担社会责任,履行企业义务;二是紧扣社会要求,推动企业发展。北京市负责再生水运营的企业——京城中水公司自2006年就自筹资金建设了首都第一座再生水客户服务中心,直接面对客户,受理安装、洽谈、售后服务等业务,相关数据和资料也同时进入客户关系管理系统,不仅有利于查询、分析,而且提高了服务效率。

第 7 章　深圳市再生水利用的实例

7.1　再生水厂

7.1.1　滨河再生水厂

滨河污水处理厂成立于 1983 年，是深圳市水务（集团）有限公司所属的四个污水处理厂之一，是深圳市大型的二级污水处理厂。滨河污水处理厂占地面积 13.87 hm^2，处理能力为 30 万 t/d，服务面积为罗湖区西部和福田区东部约 27.5 km^2，服务人口约 54 万人。

滨河厂污水回用对象为河、湖生态景观补给水、公园绿化用水、市政杂用水、市中心区公建杂用水以及部分洗车用水和公厕冲洗水等几个方面。主要服务用户有：新洲河、福田河、荔枝湖、香蜜湖等生态补水；荔枝公园、笔架山公园、中心公园、莲花山公园等绿地浇洒；福田区市政道路绿化浇洒和道路冲洗；市委大院、市民中心、福田区政府大院及福田区各大医院绿地浇洒；政府修建的居宅小区的绿地浇洒；福田区环卫设施冲洗用水；以及市中心区杂用水。

（1）污水回用工艺。

污水经拟建的一根 $D=1\ 800$ 污水干管从现状三期进水总渠自三期泵房前接入新建工程的进水泵房，同时修建 $D=1\ 000$ mm 的管道，将原来一、二期工程的进水管道也连接进入新建进水泵房。污水进入格栅间前的进水井后依次通过已建的粗格栅、污水提升泵房后进入细格栅、曝气沉砂池，曝气沉砂池出水通过管道经过电磁流量计计量后进入初沉池，然后流入生物池，经过初沉的污水与二沉池的回流污泥在生物池混合并进行生物处理，生物处理后的混合液进入厂区东侧的二沉池内，二沉池出水与三期工程氧化沟的出水汇合后经过二次提升进入深度处理的滤池过滤，过滤后进行紫外消毒，消毒后部分污水经过管道进入再生水回用的接触池，其余的污水直接排放进厂区南侧深圳河。在二级处理能达到一级 A 出水标准时，大部分污水可以跨越深度处理构筑物，直接进入紫外消毒后排放，此时可只提升再生水回用部分的水量进行深度处理，为水厂经济运行和安全运行提供了条件。

深度处理后的尾水，对其中 10 万 m^3/d 的尾水采用次氯酸钠消毒后，经泵站加压后送至用户。

滨河厂污水回用处理工程设计流程如图 7.1 所示。

（2）污水回用供水系统。

污水回用供水系统包括水源、水处理系统、加压系统及供水管网系统。

①水源。

污水回用水源取至滨河污水处理厂的尾水。滨河污水处理厂的设计规模为 30 万 m^3/d，目前的实际污水处理量为 23 万 m^3/d。由于滨河污水处理厂目前的进水水质与原设计的进水水质有较大的变化，实际进水水质远高于原设计的进行水质，使污水处理厂的尾水未达到原设计的要求。根据目前的实际情况及深圳市水环境规划，计划对滨河污水处理厂进行改建，改造后的污水处理厂将对污水进行深度处理，其尾水已达到国家规定的污水回用标准。滨河污水处理厂改造分为两部分：第一部分为拆除现有的一、二期污水处理系统，新建一座 18 万 m^3/d 的污水处理系统；第二部分对现有的三期污水处理系统进行改造，将原处理规模 25 万 m^3/d 改为 12 万 m^3/d，改善其出水水质。

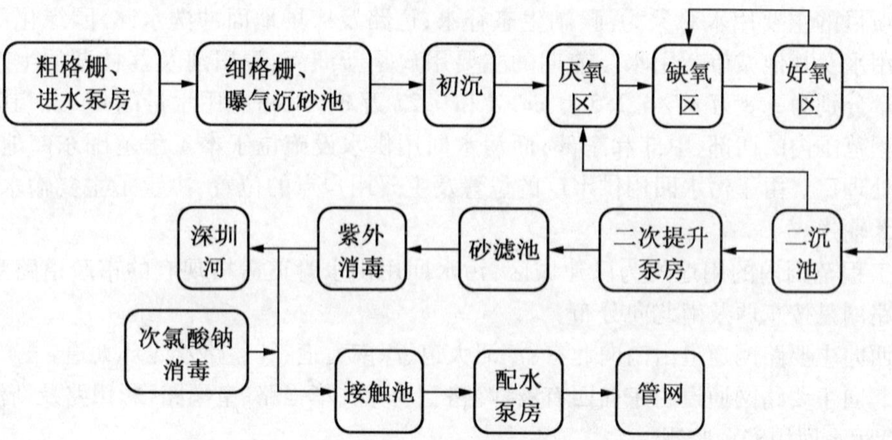

图 7.1　滨河厂污水回用处理工程设计流程图

城市污水处理厂的污水主要来源于城市生活污水及生产废水，污水来源稳定，水量变化较小。而污水回用的规模为 10 万 m^3/d，因此，其水源可以得到保证。

②水处理系统。

由于水处理系统不是本工程的研究范围，仅对其简单叙述如下：

污河污水处理厂改建后由现状的三套污水处理系统，改为二套污水处理系统，改建后每套污水处理系统的规模分别为 18 万 m^3/d 和 12 万 m^3/d，每套污水处理系统的尾水均经过深度处理，其水质已达到国家规定的污水回用标准。

③加压系统。

本工程范围内的地形是东西长约为 6.5 km，南北长约为 4 km，北高南低，高差约为 20 m。本管网主要供水对象为河、湖生态补水，公园绿化用水，市政道路冲洗用水，道路绿化用水及其他城市杂用水。除莲花山公园和笔架山公园山体绿化因地势较高需要较高的总水压外（莲花山山顶标高为 106 m，笔架山山顶标高为 177 m），其他用户的地面标高均小于 25 m，服务水压不小于 0.15 MPa。如各用户水压均由管网直接提供，则整个管网的水压将被整体提高。莲花山公园和笔架山公园山体绿化用水量约为 1 000 m^3/d，而管网的供水量为10 万 m^3/d。势必造成大量的能量浪费。高压管道还会增加管网的维护费用及管网的漏损量。在满足各用户的用水要求的前提下，降低管网的运行费用及维护费用，管网采用整体加压，莲花山及笔架山地区采用局部增压的方式供水。

本工程范围内的地形特征为北高南低，南北高差约为 20 m，如将污水回用处理及加压设施设在北端，可以充分利用地形的高差，减小供水动能。但由于污水回用采用的水源是滨河污水处理厂的尾水，而滨河污水处理厂处在工程范围南端的深圳河畔，其尾水是自流排入深圳河。如将污水回用的加压设施设在地区的北端，首先需将滨河污水处理厂的尾水加压输送至地区北端，然后进行二次加压，如此，已失去了利用南北地形高差的节能的作用。因此，污水回用加压设施建议设在滨河污水处理厂。

④管网系统。

配水管网的作用是以最短的时间、最近的距离、最经济的管径、最安全可靠的方式，将水运至每个用户点。

本项目的主要用水对象为河、湖生态补水，道路及广场地面冲洗水，公园绿化用水，道路绿化用水及其他城市杂用水。前期的主要用户是新洲河、福田河及荔枝湖的生态补水，其用水量分别为3.8万 m^3/d、2.5万 m^3/d 和0.27万 m^3/d，占总用水量的66%。其位置地处本工程范围内的西部、中部和东部，而污水回用供水设施位于本工程范围东南地区的滨河污水处理厂。由于污水回用供水厂的位置及主要用户点的位置，决定了主要输水应由东南向西北输送。

本工程范围内的用地均为已建城区，污水回用供水管道需按现有的市政道路敷设，现状主要路网是按东西及南北向分布。

东西向主要路网通道由南向北有：滨河大道、深南大道、红荔路及北环大道。

南北向主要路网通道由东向西有：红岭路、上步路、华强路、皇岗路、彩田路及新洲路。

(3)污水回用安全监测。

污水回用管网中影响水质安全的主要因素是水在管网中停留的时间过长。在管网中，污水回用水可以通过不同的时间和管道路径将水输送给用户，而水的输送时间与管网水质的变化有着密切关系。可以通过管网合理设计、管道的及时维修和更换、调整管道布置和系统运行的科学调度来保护和改善管网水质，保障水质的安全性。

污水回用系统管理单位必须负责检验污水回用出厂水和管网水的水质，应在出厂水和用户经常用水点采样，进行水质检验。污水回用管网的水质检验采样点，应均匀分布在污水回用管网中水质易受污染的地点，其中大用户河道、湖泊补水点及人流较大的公共空间公园绿地洒水点必须设置采样点。在每一采样点上每月采样检验应不少于四次，细菌学指标、浑浊度和肉眼可见物为必检项目，其他指标可根据需要选定。对出厂水和部分有代表性的管网末端水，每天均应进行一次常规项目检验。当检测指标连续超标时，应查明原因，采取有效措施，防止对人体健康及环境造成危害。

(4)效益分析。

①经济效益。

目前深圳大部分道路浇洒绿化、公园绿化以及河湖生态补给水等大部分采用城市优质饮用水，优质饮用水处理成本高，水价高，而且深圳原水资源短缺，而以上各用户对水质要求低，因此使用资源短缺的优质饮用水进行绿化和生态补给在很大程度上造成了资源浪费。

此次滨河厂污水回用工程正是通过将滨河厂出水厂进行相应的深度处理，处理后的水满足景观水质标准要求，然后回用至服务范围内以上用户，该项目是根据用户对水质的要求低而开展的，项目的实施避免了开发短缺的淡水资源，降低了水处理成本，水价低，为用户减轻了经济压力，具有很大的经济效益。

根据深圳市的气候条件，近期污水回用用户主要是河流、湖泊生态补水及公园绿化、道路绿化、道路冲洗等用户，用水量按270天计算，用水规模按10万 m^3/d 计算，年污水回用量为2 700万 m^3，如不计算管网的折旧成本，污水回用的运行成本为0.295元/m^3，如增加管网的折旧成本,则污水回用的运行成本为0.58元/m^3。按照深圳市事业单位目前的水价为2.3元/m^3,污水处理费为1.1元/m^3,总计水价为3.4元/m^3。经测算,本工程的污水回用收费单价定为1.10元/m^3较为合理,则用水单位每年可节约水费6 210万元,深圳市可节约淡水资源2 700万m^3。

②环境效益。

该项目服务范围内有两条河流:福田河和新洲河。多个旅游景点的湖泊,如福田河、新洲河、荔枝湖及香蜜湖目前均受到不同程度的污染,尤其是两条河流有大量污水流入河道内,河水水质被严重污染,通过前几年的截污整治工程后,河流解决了发黑发臭问题,水质有了明显提高,但没有从根本上改变河流被污染的现状,而且截流后河流水量减少,尤其在旱季,两条河流水量更少甚至干枯,河流的生态系统已遭到严重的破坏,河流已失去活性。滨河厂污水回用工程,为新洲河、福田河的复活提供了水源保证。污水回用工程可以及时对进入河流、湖泊的污染物进行稀释,避免水体产生富营养化,使水体的生态系统保持自然平衡;提高水体的自净能力,从根本上改变水环境,为市民提供了一个更好的休闲、娱乐场所;同时可以充分利用福田河和新洲河及湖泊的排洪调洪功能,不必再担心雨水径流对其污染的问题;可以减污水截流管的截流倍数,减少雨季雨水对污水处理厂造成的冲击。

③社会效益。

在带来巨大的经济效益和环境效益的同时,本工程的实施还会带来良好的社会效益。本项目为社会公益性工程,是从深圳市的长远发展和用户的自身利益出发来考虑的。

本项目是响应深圳市污水回用规划要求,在深圳率先成规模地进行回用,项目的实施可以为其他片区的污水回用提供宝贵的经验,因此该项目具有特殊的社会意义。同时,该项目的实施推动了循环经济的发展,将污水回用于居民生活中,减轻了优质饮用水的供水压力,为深圳创建节水型城市贡献了力量,有利于资源节约型、环境友好型城市的建设。

7.1.2　横岗再生水厂

横岗污水厂是龙岗区境内水量水质相对较稳定,可恒量供水给大运中心。根据《大运中心水资源综合利用研究》成果和市长会议相关纪要,决定结合横岗污水厂的扩建,新建横岗再生水厂,规模为5万m^3/d。横岗再生水厂不仅可以作为稳定的供水水源保证大运中心景观用水需求,同时也可以向周边地区提供环境景观、市政杂用等用水。深圳市横岗再生水厂是建设绿色深圳,提升龙岗区水环境质量的一项重要工程。工程因为节约大量有限的水资源,缓和城市水的供需矛盾,减少城市排水系统负担,而具有广阔的前景和社会、经济、环境效益。

(1)再生水供水水源。

横岗再生水厂可利用的水源主要是横岗污水厂的来水或处理后的水。横岗污水处理厂控制总规模为30万m^3/d,其中:现状一期规模10万m^3/d,出水执行《污水综合排放标准》(GB 8978—1996)一级标准;二期扩建规模为10万m^3/d,远期建设规模为10万m^3/d,出水执行《城镇污水处理厂污染物排放标准》(GB 18918—2002)一级A标准。

(2)再生水处理工艺。

①工艺流程。

综合考虑大运中心用水水质的要求及工艺、占地、供水水源等各方面因素,为优先保证大运会用水，经工程方案论证，选择超滤 + O_3 + 次氯酸钠消毒对横岗污水厂二期工程的出水进行深度处理。

具体的工艺流程是：纤维快速滤池来水重力自流至超滤集水井，通过超滤进水泵提升至超滤车间，经过全自动过滤器、超滤膜后，用超滤余压到达臭氧接触池；在臭氧接触池内消毒后到达清水池；再自流至送水泵房的集水井，经过送水泵房加压后，送至外部管网系统。其工艺流程如图 7.2 所示。

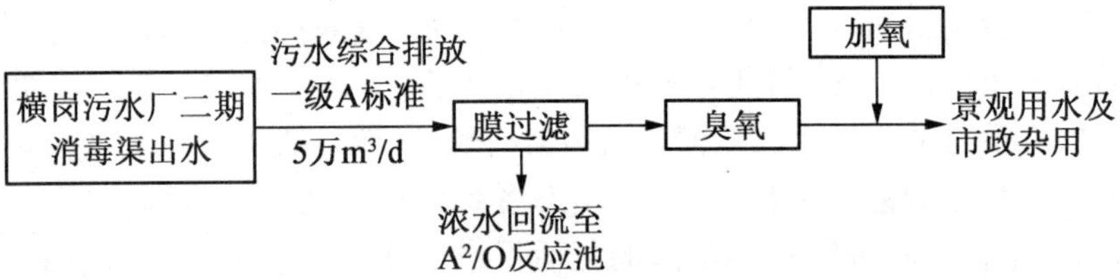

图 7.2　工艺流程图

采用此方案，可保证大运中心和信息学院 1.3 万 m^3/d 的景观用水需求，5 万 m^3/d 的处理水量分期建设，每期的处理规模为 2.5 万 m^3/d。超滤和 O_3 主体部分建在清水池上，建筑面积为 1 423.8 m^2。新建再生水厂各构筑物，包括：清水池、输水泵站、臭氧接触池，其占地面积为 4 900 m^2。

氮的化合物是植物性营养物，排放至缓流水体会使水中藻类异常增殖。一般认为，当水体流速大于 5 cm/s 时，基本可以避免发生水华。但大运中心的设计流速为 0.08 ~ 0.5 cm/s，并不能有效地抑制藻类生长。

在众多研究结论中，一致趋向于认为造成湖泊富营养化的主要营养物质是氮和磷，其中磷为限制因子，其次是氮。水体生成 1 g 藻，需供给 0.009 g 的磷和 0.063 g 的氮。可见，当氮磷的比例大于 7∶1 时，磷的含量决定着水体的富营养化程度。可见，如果控制好总磷的量（≤0.5mg/L），总氮在适当范围内变化对水质的影响不大。

a. 超滤膜过滤。超滤是一种与膜孔径大小相关的筛分过程，以膜两侧的压力差为驱动力，以超滤膜为过滤介质，在一定的压力下，当原液流过膜表面时，超滤膜表面密布的许多细小的微孔只允许水及小分子物质通过而成为透过液，而原液中体积大于膜表面微孔径的物质则被截留在膜的进液侧，成为浓缩液，因而实现对原液的净化、分离和浓缩的目的，如图 7.3 所示。

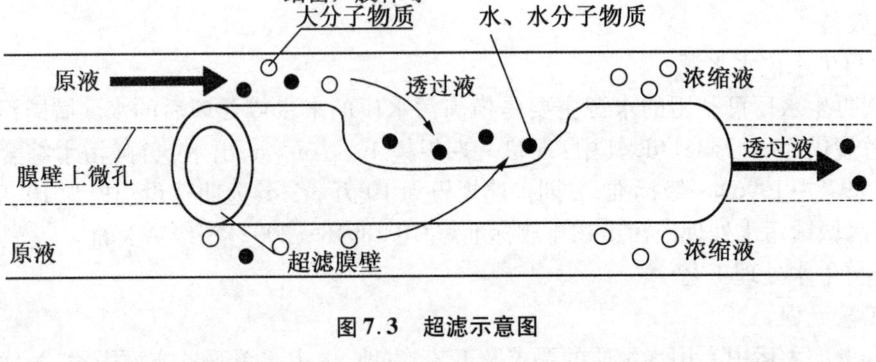

图 7.3　超滤示意图

原液一般指需要净化、分离或浓缩的溶液，透过液指原液中透过超滤膜而被滤除大分子溶质的那部分液体，浓缩液则是原液中因分离出透过液而剩余的高浓度溶液。在净化水工程中，原液是指原水进水，透过液即为净化水，浓缩液则是排放的废水。

b. 臭氧脱色单元工艺方案设计。《给水排水设计手册　城镇排水》中指出，为保证接触装置的设计合理、可靠，应通过模拟试验取得设计参数。由于目前没有原水中的 COD 组分的详细分析，也没有臭氧投加量的小试数据，因而此处根据公开发表的文献以及臭氧供应商的建议来确定臭氧投加量：《城市污水二级处理水臭氧深度处理初探》的试验结果表明，臭氧对色度的去除非常有效，在臭氧消耗量为 5 mg/L 和反应时间为 5 min 的条件下，出水色度为 3 度以下，脱色率高达 80% 以上，其结论指出在臭氧氧化和生物处理组合工艺中，考虑到臭氧氧化的目标和经济运行费用，臭氧氧化最佳设计运行参数建议为臭氧消耗量 5 mg/L，臭氧接触氧化时间 5 ~ 10 min；天津咸阳路再生水厂（5 万 m^3/d）采用混凝 + MF + 部分 RO 工艺，臭氧接触单元对再生水进行脱色、除味和部分消毒，臭氧投加量为 4.8 mg/L，接触时间为 20 min（引自《天津咸阳路再生水厂可行性研究》）；北京经济技术开发区经开再生水厂（4 万 m^3/d）采用 CMF + O_3 工艺，臭氧投加量为5 ~ 8 mg/L，接触时间约为 34 min（引自《北京经济技术开发区经开再生水厂可行性研究》）；中国市政工程华北设计研究院于 2000 年 12 月采用 CMF + 臭氧的工艺利用天津纪庄子污水处理厂二沉池出水进行深度处理试验，其臭氧投加量为 3 ~ 5 mg/L，臭氧接触时间为 5 ~ 15 min，出水色度达到 15 度；日本东京有明再生中心臭氧投加量为 4.9 mg/L，出水色度小于 10 度。另外，设备供应商建议本工程臭氧投加量采用 5 ~ 8 mg/L；综合考虑本工程原水为一级 A 出水，又经过自清洗过滤器和超滤膜处理，水体中的污染物含量以及色度会有所降低（西安建筑科技大学在北京北小河污水处理厂利用二沉池出水直接进行超滤膜处理试验，其试验结论指出总大肠杆菌和粪大肠杆菌的去除率大于 99%，对 COD 的平均去除率为 22.63%，对色度的平均去除率为 38.52%，对氨氮的平均去除率为 2.42%），因而此处选用 5 mg/L 臭氧投加量（这里假定原水锰离子质量浓度 <0.05 mg/L，加入臭氧时没有沉淀物析出），建议进行初步设计之前进行相关分析和小试来提供更切实的设计参数。

②工程分组。

考虑到优先保证大运中心景观用水及信息学院的中水需求，以及龙岗中心城用户对象的增长性，横岗再生水厂分两组建设，一组 2.5 万 m^3/d，先试运行一组，优先保证大运中心区景观用水 1 万 m^3/d，其次用于绿化及道路广场浇洒，剩余水量作为龙城公园和龙潭公园景观湖补水。其中送水泵房、配电间、清水池、臭氧接触池、超滤间、臭氧间、加氯间等土建部分按 5 万 m^3/d 一次建成。臭氧设备、加氯设备、超滤反冲洗系统按 5 万 m^3/d 一次性上齐。但送水泵、超滤进水泵、超滤膜组件设备按 2.5 万 m^3/d 分两组建设，先安装一组。

③厂区平面布置。

横岗污水厂沿龙岗河建设，西岸为已建一期工程，东侧为污水厂扩建二期工程。再生水厂在二期北侧用地内建设，总占地面积约 0.5 hm^2，平面形状规则，针对该用地特点推荐方案采用如下平面布置：

新建厂车间采用集成式布置，主要构筑物设在一起，便于水厂的管理与运行。车间集成式布置，充分利用空间，占地面积大大减少。车间的占地面积为2 081.04 m^2，剩余的 2 818.96 m^2的厂区为道路和绿化。道路占地面积约为 1 300 m^2，绿化面积约为 1 518.96 m^2，再生水厂的绿化度为31%。

具体的布置为：为便于纤维滤池的来水重力自流至超滤进水泵的集水池，超滤进水泵房建在靠近二期纤维滤池的地方。配电间为二层框架结构，建在集水池上，为保证配电间的安全，其建在集水池顶上2 m；为便于工作与维护，两侧设有高度为2 m的台阶。清水池的结构形式为地下式钢筋混凝土结构，设在靠近泵房的位置，清水池的池数为两个，并且每个清水池分为3格。臭氧接触池的结构形式为地下式钢筋混凝土结构，紧离清水池建设，其尺寸为31.2 m×4.0 m×5.8 m。超滤间设在清水池上，层高8.5 m的框架结构，其平面尺寸为37.05 m×24.2 m。臭氧间和制氧间、加氯间设在清水池上，层高均为8.5 m的框架结构，其中臭氧间和制氧间尺寸为10 m×10 m，加氯间平面尺寸为10 m×10 m。

(3)再生水管网系统。

横岗再生水厂的供水管网分两期进行建设。一期工程主供大运中心和信息学院，输水量约为1.30万 m^3/d，其备用水源为神仙岭水库。一期管网工程的主干管是从再生水厂沿宝荷路、龙翔大道到大运中心和信息学院。

神仙岭水库位于大运中心西边2 km处，2007年年底龙城街道办对该水库进行扩容，水库总库容为40万 m^3，集雨面积为75 hm^2。但是该水库为防洪水库，即在汛期需要将水库放空，而要求是将水库蓄水以满足旱季的要求。经计算，神仙岭水库可利用水量为15万 m^3/a，仅能满足大运中心部分景观用水要求，但采用水库水补水成本低，平时应尽可能取用，赛时可作为大运中心景观应急供水水源，在水库水不足时再由横岗污水厂再生水厂供给。

应急水源管线布置为：从神仙岭水库引一条大约1 300 m、DN500的钢管，重力自流至大运中心和信息学院。

横岗再生水厂的二期管网工程供水区域主要有两个，故二期供水管网系统工程考虑两条干管，一条从再生水厂沿嶂背路向北，经宝荷路和龙翔大道供龙岗中心城区；一条沿嶂背路向东，经宝荷路供宝龙工业区。

(4)节能措施。

本工程设计过程中，根据设计进水水质和出厂水质要求，发展和推广新工艺新技术，所选再生水处理工艺力求技术先进成熟、运行稳妥、高效节能、经济合理，减少工程投资及日常运行费用。具体表现为以下几方面：

①处理构筑物进行合理分组，适应水质、水量的变化，减少运行成本。

②采用技术先进且成熟的污水处理工艺。

③水泵采用高效离心潜水泵，效率高(82%以上)，能耗较低。适量变频，根据水量调节开泵量，节约能耗。

④构筑物布置紧凑，无迂回，减少了联络管渠的水头损失，节省了污水提升能耗。

⑤全厂采用技术先进的微机测控管理系统，分散检测和控制，集中显示和管理，各种设备均可根据污水水质、流量等参数自动调节运转台数或运行时间，不仅改善了内部管理，而且可使整个污水处理系统在最经济状态下运行。

⑥供电设计采用无功补偿装置，提高功率因数。

⑦照明灯具采用发光效率高、使用寿命长的高效灯具。

⑧全厂水力计算力求准确，减少扬程。

⑨优化工艺,减少回流,降低能耗。

另外,由于再生水厂的出水水质较好,本工程方案中考虑将处理后的再生水用于脱水机的冲洗水、绿化用水、冲洗道路用水等。再生水厂内回用,既可节约宝贵的水资源,又能降低再生水厂的运行成本。

(5)管理机制

①管理机构。

管理机构设置合理,不但可以保证出水水质,还可以降低处理成本。健全的管理机构、先进成熟的管理经验在保证城市污水处理厂稳定、可靠地运行方面具有重要性作用。

除操作运行管理和相应的后勤服务部门需要按三班制(4班3运转)工作之外,其余部分均为常规白班制工作。

污水处理厂的劳动管理机构与劳动定员,按照质量管理原则,实行岗位责任制,责任到人,责任到岗,以提高工作效率,发挥劳动潜力。

②技术管理。

为了使本工程运行管理达到所要求的处理效果,降低运行成本,除了进行行政管理外,还必须加强技术管理。

对进出本厂的水质和水量进行监测并对数据进行整理分析,做好日常水质化验、分析,各项资料保存记录完整。

根据进厂水质、水量变化,及时调整运转工况。及时整理汇总、分析运行记录,建立运行技术档案。建立处理构筑物和设备的维护保养工作和维护记录的存档工作。建立信息系统,定期总结运行经验。根据实际运行情况及时调整中心控制系统,为出水达标、节省能耗提供保证。

③人员培训。

a. 提高项目执行管理人员的业务水平,以保证项目的顺利执行。

b. 对生产管理和操作人员进行上岗前的专业技术培训,提高管理和操作水平,保证项目建成后的正常运行。

按照质量管理原则,再生水厂的劳动管理机构与劳动定员,实行岗位责任制,责任到人,责任到岗,以提高工作效率,发挥劳动潜力。根据《城市污水处理工程项目建设标准》(2001修订版),再生水厂按建设规模类别划分应为V类污水厂。结合本工程自动化水平较高的特点,参照国内同行业定员的情况,本工程人员编制在《建设标准》规定的总人员定额的基础上进行了适当调整。建成后再生水厂总人员为15人,可按实际情况增减。

7.1.3 西丽再生水厂

西丽再生水厂位于大沙河与西丽水库交汇处,总投资1.8亿元,设计规模5万t/d,建设用地2.3万m^2。服务区域包括西丽水库水源保护区以及塘朗片区留仙大道以北的塘朗村、田寮村、长源村、福光村、平山村(部分地区)、大学城等地区。

工程采用"混凝沉淀 + BAF曝气生物滤池工艺 + 混凝沉淀深度处理+紫外消毒"工艺,半地下式布置形式,上部空间进行绿化与景观布置,主要设备间置于地面。出水达到《城镇污水处理厂污染物排放标准》(GB 18918—2002)一级A标准,并达到景观水要求。工艺流程图如图7.4所示。

此项工程是深圳首次在污水厂核心工艺中通过国际招标大规模采用国际专利技术：Biostyr 生物滤池、Mutiflo 沉淀池、Actiflo 沉淀池。按照国家标准，处理 5 万 t/d 的污水厂需要 6 万 m^2 的建设用地，此工艺节约了 2/3。同时，此工艺采用半地下式形式，集中收集处理臭气，最大限度地减少了对周边居民的影响。

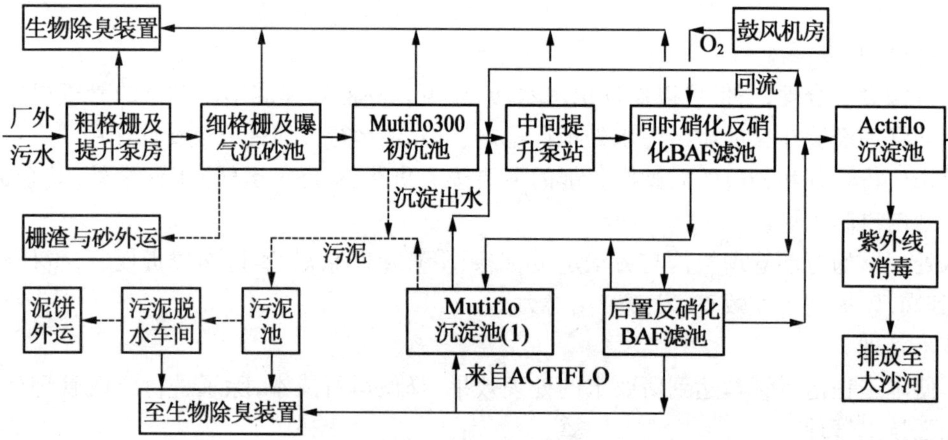

图 7.4　曝气生物滤池工艺半地下式布置流程图

7.2　市政公用

7.2.1　深圳市大沙河公园

大沙河公园再生水利用工程以城市市政污水为原水，用于公园绿化、冲厕。日处理水量为 500 t/d(18 万 t/a)，整个工程占地面积约 80 m^2。日常运行成本为 0.60 元/t 水，整个工程采用自动控制，不需值班。经济效益为每吨水节约(3.3 - 0.6)元 = 2.7 元，全年节约 48 万元。工程采用生物污泥零排放污水处理技术(哈工大深圳研究生院)，该工艺技术特点：无臭味，不扰民，不产生污泥，不需污泥外运填埋。取用原水为：市政污水箱涵(污水和雨水的混合水)。工艺出水水质目标：符合《绿化及冲厕水标准》(GB/T 18920—2002)。整个工程的直接费用为 100 万元(含设备费 48 万元，土建费 52 万元)，间接费用为 18 万元(含技术支持费、调试费、税费)，总投资 118 万元，不到 3 年即可收回投资成本。

1. 设计水量和水质

设计水量：Q = 1 500 t/月或 500 t/d；

进水水质：参照雨污混流式排水管网出水，见表 7.1。

表 7.1　雨污混流式排水管网出水水质

项　目	水质/($mg \cdot L^{-1}$)
COD	150 ~ 200
BOD_5	60 ~ 100

续表 7.1

项　目	水质/($mg \cdot L^{-1}$)
SS	30～60
氨氮	15～25
LAS(阴离子洗涤剂)	1～3

出水水质:达到《城市杂用水标准:绿化水》(GB/T 18920—2002);

用地选址位于大沙河公园西南角,占地面积 8 m×10 m=80 m^2;

采用半地下式钢筋混凝土结构。

2. 工艺流程

本工程采用哈尔滨工业大学深圳研究生院自主研发的专利技术“无剩余污泥生物法处理工艺”,工艺流程如图 7.5 所示。

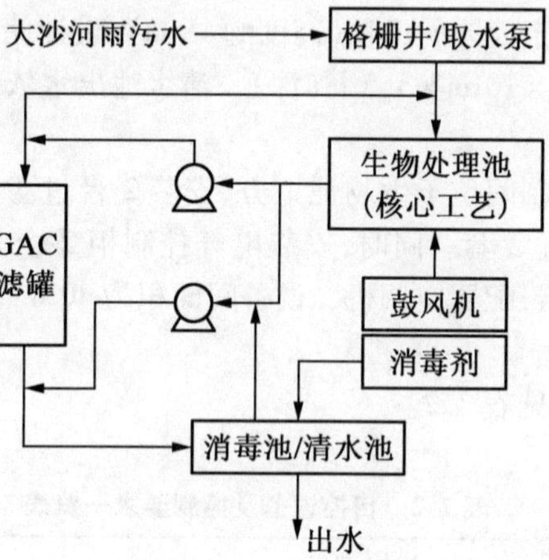

图 7.5　工艺流程图

3. 工艺说明

该再生水工程的原水取自大沙河,目前水质是大沙河上游城中村排出的尚未进入城市污水管网的生活污水,以及大沙河流域范围内的雨水。出水用于公园内的绿化浇洒、道路清洗和公共厕所冲洗。水质满足国家《城市杂用水标准:绿化水》。

在大沙河岸边设置浮动式取水口,取水口外侧采用不锈钢自清洗抗冲击格栅井,取水口安装不锈钢潜污泵。原水经生物处理核心工艺净化后,经水泵加压进入 GAC 滤罐。过滤出水再经次氯酸钠消毒后进入位于公园内高坡上的清水池,清水池出水与公园绿化水管接驳(设控制阀门),供小区绿化浇洒、道路清洗和公厕冲洗、洗车等杂用。

由于该项目规模很小,处理设施按一套设计,不考虑备用,但其中的常规机电设备均考虑了备用。当系统某个单元因故不能运行时,系统停止运行,相应的公园用水采用自来水代替。

①取水格栅井。在大沙河边设置小型取水格栅井,采用不锈钢材料定制,考虑防止雨季河道峰值流量的冲击和利用水流冲刷作用对栅渣进行自清洗。格栅井内设置 2 台潜污泵

($Q=21\ m^3/h$)，考虑水位变化，泵体安装高度采用浮动式。

②生物处理池。生物处理池是该本项目的核心处理设施，采用哈尔滨工业大学专利技术。池内辅助设施包括阶梯曝气系统和生物载体填料。采用2台射流曝气机充氧，曝气出流管设置调节阀，调节控制池内各阶段的充氧效果。生物池内部采用廊道分隔。水池采用地下式钢筋混凝土构筑物，有效容积为240 m^3，池体尺寸为10 m×8 m×3.5 m(深)。

③GAC滤罐。用于去除生物池出水中的少量SS，并保证色度和嗅味达标。滤罐进水采用加压水泵(一用一备)，当进出水压差达到设定值时，滤罐自动反冲洗。反冲洗分两个阶段，自动进行。滤罐位于地面上。采用2座ϕ1 300×2 500滤罐。过滤速度为8 m/h，最大工作压力为0.4 MPa。反冲洗采用PLC控制，两滤罐按顺序先后进行反冲洗，反冲洗强度为10 L/(s·m^2)。

④消毒。用于控制处理出水的微生物指标。采用自动加药装置。消毒剂采用液体次氯酸钠，管道投加，采用管道混合器。接触池与公园顶部的水清水池合建，位于清水池前端。

⑤清水池。清水池位于公园的山顶(高度约15 m)，设计储存16 h的水量，约350 t。钢筋混凝土结构，尺寸：10 m×10 m×3.5 m(深)。清水池出水依靠重力经再生水管输送到用水点(绿化、公厕等)。

⑥设备控制。设备控制间位于生物池上方，安装2台过滤加压泵，2台过滤反冲洗泵，2台鼓风机，消毒加药装置2套。同时，安装电气控制柜2个。设备间采用隔音墙壁和屋顶，风机进出口安装消声器，配置空调机。设备间面积为40 m^2，平面尺寸为4 m×10 m。

4. 自控设备

自控设备及控制要求见表7.2。

表7.2　自控设备及控制要求一览表

序号	用电设备名称	规格型号	数量	控制要求
1	取水格栅井		1	水力清除格栅渣
2	污水提升泵	WQR20－8－0.75A深 $Q=22\ m^3/h$，$H=8$ m， 功率1.5 kW	2	调节池水位控制水泵停启，备用泵定时切换
3	过滤加压泵	100RJC20－4蓝深 $Q=22\ m^3/h$，$H=40$ m 功率5.0 kW	2	生物池出水井水位控制水泵停启，定时切换启动反冲洗泵前，过滤泵自动停止
4	过滤反冲洗泵 (间断运行，每天工作约20 min)	200RJC80－22.5 蓝深$Q=80\ m^3/h$， $H=45$ m，功率15.0 kW	2	滤罐进出口压差达到设定值时，自动开启反冲洗泵；反冲洗达到设定时间后，自动恢复到正常过滤状态
5	滤罐电动阀门	DN80/DN150	2+2	根据滤罐的过滤或反冲洗状态自动启闭相应的阀门

续表7.2

序号	用电设备名称	规格型号	数量	控制要求
6	三叶罗茨鼓风机（两用一备）	F_1 为 2 m^3/min, H = 5 m SL1 - 50 功率4.0 kW F_2 为 1 m^3/min, H = 5 m SL2 - 50 功率3.0 kW	2 + 1	系统正常进水运行时启动；系统不进水时，间歇启动
7	消毒加药泵	Q = 150 L/h, H = 30 m 功率0.1 kW	2	过滤加压泵工作时，启动； 过滤加压泵不工作时，停止
8	排空：潜污泵（仅检修时用）	80QW60 - 13 - 4 Q = 60 m^3/h, H = 13 m 功率4.0 kW	1	地下水池需要排空时，人工操作启闭
		装机功率：30 kW 运行功率：13.6 kW		

5. 建(构)筑物

建(构)筑物的规格及有效容积见表5.3。

表5.3　构筑物规格及有效容积

序号	构筑物名称	规格($W \times L \times H$)	有效容积	备注
1	生物池	10 m × 8 m × 4 m	245 m^3	埋地
2	设备间及控制室	10 m × 4 m	40 m^3	生物池上方
3	清水池	10 m × 4 m × 4 m	150 m^3	山顶

6. 运行维护

该项目再生水站的运行管理十分简单，这是因为处理过程不产生剩余污泥，平时不需要排泥，避免了由于污泥排放、浓缩、脱水处理和泥饼外运带来的操作和维护工作量，减少了工艺环节，降低了运行成本。同时，该项目的设备运行采用了较高程度的自动控制，减少了人力操作。因此，日常维护不需要专职人员，但必须安排一名兼职水电工负责简单的日常管理工作和记录运行数据。

日常管理工作如下：

(1)定期检查格栅渣，必要时手工清理。

(2)检查消毒剂余量，及时补充消毒剂。

(3)巡视并记录机电设备的工作状况，必要时停机维护。

(4)巡视出水水质，必要时取样化验。

7. 故障处置

该项目的设备运行采用了较高程度的自动控制，同时配备手动控制。一旦机电设备出现故障，不能自动运行，则采用手动控制，确保系统的正常运行。

处理系统的某一单元出现故障,不能正常工作时,则停止整个系统的运行,相应的公园用水采用自来水。同时,立即进行系统检修,排除故障后恢复运行。

8. 运行成本

该项目再生水处理部分的日常运行成本包括电费和药剂费。

常用连续运行的设备功率为 13.7 kW。考虑到滤罐反冲洗泵等设备属于定期间歇工作,每天开启时间仅 20 min。按 24 h 分摊,折合连续功率 < 0.1 kW。

故运行功率按 13.8 kW 计算,电费:13.8 kW × 24 h × 0.75 元/(kW · h) = 248.4 元,折合为 0.50 元/t;

消毒药剂采用次氯酸钠溶液,消毒药剂成本为 0.10 元/t。

合计运行成本约 0.60 元/t。

7.2.2 南山商业文化中心区

南山商业文化中心区核心区位于风景秀丽的深圳湾畔,西起后海大道,东至后滨海大道,北靠海德三道,南临海德一道。区域有南山未来的地标性超高层建筑,国际连锁五星级酒店——凯宾斯基,有商业航母——海岸城广场,集博物馆、剧院、文化科技博览中心一体文化氛围浓厚的保利文化广场,以及海岸大厦东、西座和天利中央广场等现代化的高档商务楼宇,是深圳特区西部的商业文化中心、商务中心和文化中心。

南山商业文化中心区核心区占地面积 30 公顷,总建筑面积约 100 万 m^2,其中商业面积 22 万 m^2,办公面积 26.5 万 m^2,剧院、影院面积 2.5 万 m^2,酒店及商务公寓面积 15.5 万 m^2,停车、地下室面积 32 万 m^2,绿化广场面积 202 040 m^2,景观水体面积 33 000 m^2。整个核心区建筑物每年需自来水 399.8 万 m^3,平均每天 10 950 m^3,其中空调冷却塔每天需补水 4 400 m^3,建筑物广场、道路、车库冲洗每天需 430 m^3,冲厕用水每天消耗 1 380 m^3。办公、商业、酒店等每天产生生活污水 5 510 m^3,另外 33 000 m^2 的景观水体每天蒸发需补水 315 m^3,公共广场、道路冲洗每天需用水 140 m^3,绿化浇灌每天需耗水 56 m^3。按着非人接触用水均能采用中水、雨水等再生水的思路,核心区每天有 6 721 m^3 再生水(包括中水、雨水)的需求量。同时,深圳市降雨量充沛,年降雨量达 1 966 mm,核心区有 12 万 m^2 的屋面面积,其中可利用收集雨水的屋面面积为 55 100 m^2,景观水体有 33 000 m^2 的汇水面积,有很好的条件进行雨水的收集和利用。

该项目有如下特点:①首个在城市中心区大规模利用的再生水项目,引起国务院领导的重视;②采用社会化模式经营,降低了政府风险,投资者赢利,用户省钱,形成了政府、投资者、用户多赢的局面,是再生水进行社会化运作的首例项目;③使用范围广,基本涵盖了再生水使用的全范围:空调冷却塔补水、冲厕、道路广场冲洗、车库冲洗、景观水体补水、绿化浇灌用水等;④再生水回用和雨水利用有机结合,形成互补。

1. 再生水回用的方案

对核心区内每栋建筑物产生的生活污水分别进行截流,采用管网集中收集至再生水处理站,再生水处理站采用全埋地设置,位于海德一道与文心五路交叉口东北侧的景观水池下面。

污水经一系列生化处理、过滤、消毒后,输送至各建筑物,用于中央空调冷却塔的补充用水、地下车库冲洗、部分建筑物冲厕用水(由于再生水送上塔楼冲厕管路改造施工困难,且加压成本太高,所以只考虑海岸城广场和天利二期裙楼用再生水冲厕,工艺流程如图7.6所示)。再生水处理站中水供水能力为4 000 m^3/d,整个核心区因再生水回用每年可节约自来水146万 m^3。

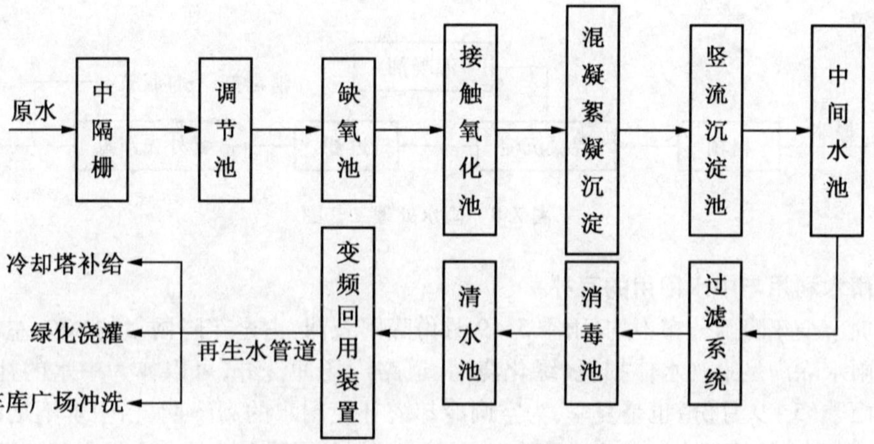

图7.6　再生水处理工艺流程图

2. 雨水利用的方案

雨水主要用于景观水体的蒸发补水、市政广场的冲洗和绿化浇灌(图7.7)。

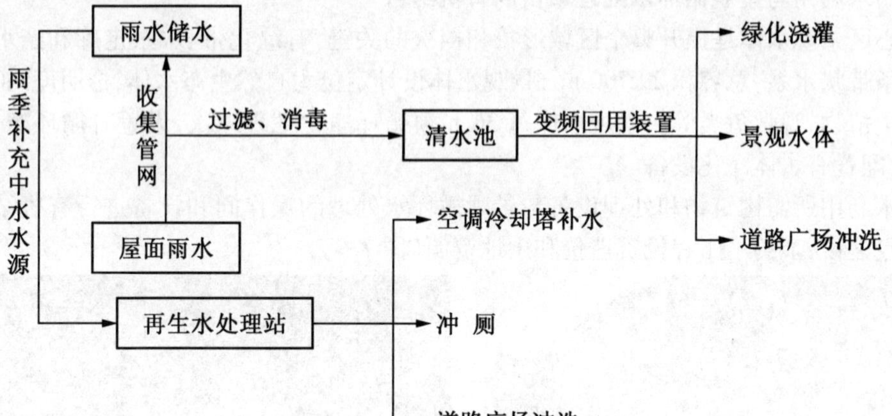

图7.7　雨水供求系统图

屋面雨水经过雨水收集管(对污染程度高的初期雨水采用弃流装置弃流至市政雨水管网)进入操作间提升泵房,经提升后排入雨水储水池沉淀、储存。景观水体池面雨水逐级溢流回北区的03水池和南区的08水池后,直接进入雨水储水池进行沉淀、储存。储存池的雨水回至操作间,经过滤、消毒后,加压回用至景观水体或用于绿化浇灌和广场道路冲洗用水等(图7.8)。

核心区景观水体分南、北两条带状水系,其中北侧水体18 210 m^2,南侧水体14 790 m^2,考虑到雨水收集和回用的影响,在南、北两侧分别建设一个雨水处理站,均采用全埋地设置。北侧雨水处理站位于文心六路与海德三道交叉口西南侧景观水体的下面;南侧雨水处理站位于文心六路与海德一道交叉口东北侧景观水池的下面。雨水处理站分储水池和操作间，南侧储水池 4 000 m^3，北侧储水池 1 600 m^3，考虑到抗浮设计（填海区，地下水位高）和工程造价的影响，储水池与景观水池建设在一起，采用景观水池的底板作为储水池的顶板进行分隔。

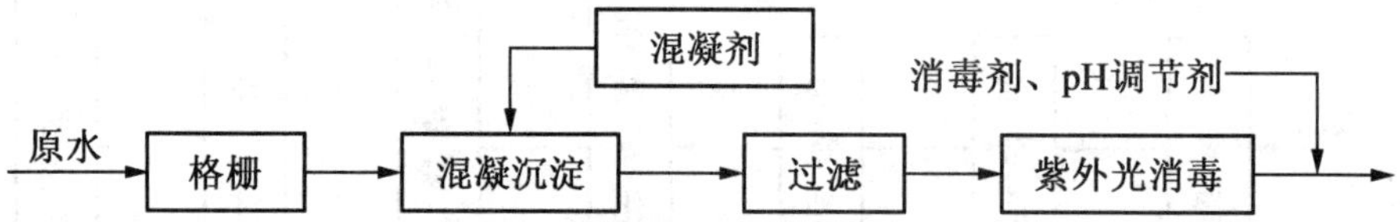

图 7.8　雨水处理工艺图

3. 雨水利用与中水回用的互补

深圳市全年降雨分布不均，雨季 5 ~9 月份降雨充沛，占全年降雨量的 80% 左右。雨季收集的雨水除满足景观水体损耗、绿化浇灌、道路广场冲洗外，可以作为中水的补充水源，深圳的雨季（5 ~9 月份）也是夏季，为空调冷却塔补充用水的高峰期，当中水不足以满足需求量时，雨季充足的雨水能给中水有力的补充。深圳的旱季（10 月 ~ 次年 4 月份）降雨量较少，而空调的使用率也很低，中水的主要消耗体空调冷却塔的补充用水很少，中水正好可以补充雨水的不足。作为旱季景观水体补充、广场和道路冲洗、绿化浇灌的水源（旱季，深圳绿化、道路广场的冲洗水量远大于雨季的用量）。

4. 雨水利用与景观循环水处理项目的有机结合

核心区景观水体是提升整个区域形象和档次的关键，有绿化带、水景走廊和亲水平台，南北两条带状水系，总容积 29 700 m^3，景观水体设计定位为自然生态水体，透明度约0.5 m，种有水生植物、观赏鱼类等。景观水体每 36 h 须循环净化处理一次，设置有循环净化处理操作间，配置有水体净化设备。

雨水利用所需构筑物和处理设备与景观循环水处理的操作间和设备进行有机结合，减少了重复建设，节约了工程投资造价和土地资源（图 7.9）。

图 7.9　雨水利用与景观循环水

7.3　居民小区

7.3.1　深云村

1. 设计水量和水质

根据深圳市生活污水水质波动规律，推算本项目进水水质，见表 7.4。

表 7.4　进水水质

序号	项目	进水水质范围（平均估值）/($mg \cdot L^{-1}$)
1	COD	200 ~ 400（~ 300）
2	BOD_5	120 ~ 250（~ 180）
3	SS	100 ~ 200（~ 150）
4	NH_3-N	20 ~ 65（~ 45）
5	TP	2 ~ 7（~ 5）

出水水质包括两部分：(1)深云村自用再生水，达到国家标准《城市污水再生利用　城市杂用水水质》(GB/T 18920—2002)，并以其中最严格限制为准；(2)电厂冷却用水则根据《城市污水再生利用 工业用水水质》(GB/T 19923—2005)和《工业循环冷却水处理设计规范》(GB 50050—2007)，在绿化用水基础上，进行后续物化法处理，达到"敞开式循环冷却水系统补水"水质。

2. 工艺流程

本项目的两种用途再生水的水质指标体系存在较大差别。小区自用水水质指标有 13 项，冷却水指标有 19 项。其中，对工艺选择影响最大的是小区自用水不需要除磷，可以直接采用哈尔滨工业大学"生物污泥零排放工艺"，而电厂冷却水有除磷要求。两者共性水质指标（如：色度、浊度、有机物、氨氮、溶解性总固体、阴离子表面活性剂等）的限值浓度基本一致。

据此，设计工艺流程分两个步骤，即前处理和后处理。前处理流程包括了"生物污泥零排放工艺"的生物处理核心单元，后处理流程因再生水用途而异。小区自用水的后处理为二级过滤和消毒，冷却水的后处理为混凝沉淀过滤和消毒。工艺流程如图 7.10 所示，虚线框内为冷却水后处理流程。

该工艺的前段处理流程为生物处理单元，不产生污泥。小区自用水的后处理流程是过滤，其反冲洗水回流到调节池，使滤池截留的污染物重新进入生物处理单元，在系统内反复循环，有机成分得到充分降解，因而没有有机污泥排除。但是，冷却水的后处理因投加化学药剂而产生污泥，需对沉淀池排泥并对污泥进行浓缩和压滤脱水处理后清运。

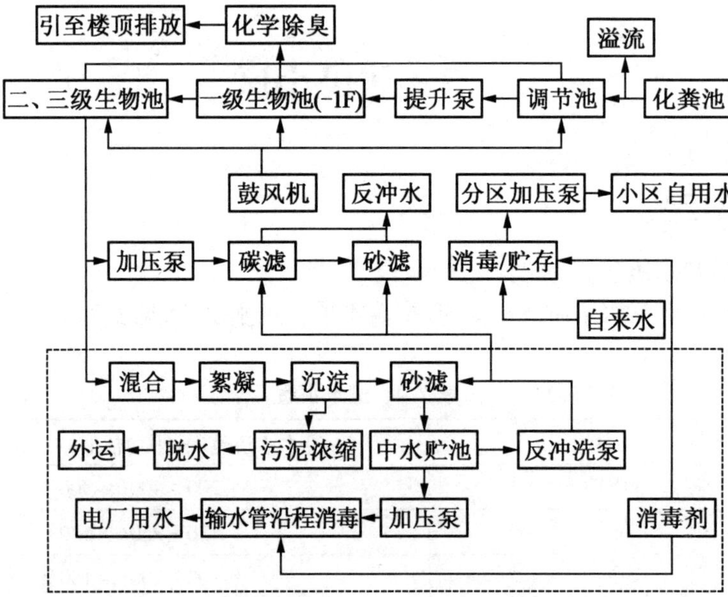

图 7.10　工艺总流程图

该工艺采用全程好氧处理，正常运行时不会出现硫化氢等还原性气体外溢，但由于本项目周边环境敏感，为谨慎起见，将调节池和所有生物处理单元的构筑物采用密封形式，各单元的溢出尾气采用管道收集并经酸碱淋洗罐进行化学除臭，处理后的尾气经通风管引至楼顶排放，最大限度地避免再生水处理过程的臭味影响。

3. 运行成本

(1) 小区自用水处理系统。

小区自用水处理日常运行功率为[58 × (37.5 ÷ 112.5) + 6.1] kW = 25.4 kW，处理水量 37.5 t/h，相当于每吨水用电 0.677 kW · h。

以每千瓦时电 0.76 元计，电费为(0.677 × 0.76)元 = 0.515 元。

设备维修费每年 4 万元，折算为每吨水 0.122 元。

消毒药剂成本 0.06 元/t。

合计：小区自用水处理成本为(0.515 + 0.122 + 0.067)元/t = 0.70 元/t。

(2) 电厂冷却水处理系统。

电厂冷却水处理日常运行功率为[58 × (75 ÷ 112.5) + 3.75] kW = 42.4 kW，处理水量 75 t/h，相当于每吨水用电 0.565 kW · h。

以每千瓦时电 0.76 元计，电费(0.565 × 0.76)元 = 0.43 元。

混凝药剂 0.391 元/t，消毒药剂 0.06 元/t。

每天产生干污泥 170 kg，含水率按 80% 计，每天湿污泥质量为 850 kg。污泥每两天外运一次，每次 300 元，折算为 0.084 元/t。

值班工人 2 人，每人年薪 4 万元，折算为 0.122 元/t。

维修费每年 8 万元，折算为每吨水 0.122 元。

合计：电厂制水成本为(0.43 + 0.391 + 0.06 + 0.084 + 0.122 + 0.122)元/t = 1.21 元/t。

4. 效益分析

(1)节水量分析。

按照 2 700 t/d 的规模实施再生水回用后,每天可以减少同等水量的自来水。每年节约自来水为:2700 t/d×365 d=98.5 万 t。

其中,绿化冲厕等小区自用水 32 万 t,电厂用水 66.5 万 t。

(2)经济效益分析。

①居民用水费为自来水水价和排污费的总和。

水费 1.9+排污费 0.9×排污率 90%=2.71 元/t;

再生水制水成本为 0.70 元/t;

差价:(2.71-0.7)元/t=2 元/t。

小区自用每年经济效益为:2 元/t×32 万 t=64 万元。

②电厂用水(工业用水)。

水费 2.25+排污费 1.05×排污率 15%=2.41 元/t;

再生水制水成本为 1.21 元/t;

差价:(2.41-1.21)元/t=1.2 元/t。

电厂采用再生水每年经济效益为:1.2 元/t×66.5 万 t=79.8 万元。

7.3.2　梅山苑

梅山苑小区位于深圳湾畔,规模 10 万 m^2。

(1)雨水利用。

深圳市气候温和、雨量充沛,其雨水水质相对于北方地区较好,山区雨水一般能够达到地表水环境水质Ⅲ类。因此,梅山苑住宅小区雨水利用示范工程充分考虑雨水资源的有效利用,屋面雨水经雨水汇集、截留、贮存、净化和配水等设施,利用屋面雨水收集系统处理过滤,有时还需设有渗透设施与储水池溢流管相连,使超过贮存容量的部分雨水能溢流渗透。此系统蓄积下来的水直接用作绿化用水、景观用水,还可以进一步处理进行后续利用,并将收集处理后的雨水加热为自来水,供应小区家庭热水系统。

但是与此同时,深圳市雨水资源又具有降雨强度大、时空分布不均且主要集中在每年 4~9 月的特点,因此在开展雨水资源利用的同时,加强小区再生水的回用以确保小区水资源的持续高效利用。在再生水回用方面,梅山苑采用高效垂直流人工湿地技术处理生活污水,污水在小区内部处理、回用,不仅满足了污水的就近处理,节约了污水输送费用,而且处理后的污水作为小区的绿化用水、景观用水和生活杂用水,节约了自来水的使用量。

梅山苑基地的雨水收集利用包括两方面的工作:一是屋面雨水的收集,即采取措施对示范区域内的 30 栋住宅楼层面雨水进行收集,排放出初期悬浮物含量较高的雨水后,对剩余大部分雨水进行简单的过滤处理,将其用作小区景观用水和洗车用水,以此达到节能、环保和循环使用的展示作用。另一方面的工作是收集山体雨水。梅山苑靠近山体,山体雨水长年不断,白白流失造成了极大的浪费。基地将其收集处理后,可回用于小区的绿化及景观用水等,由此可降低小区管理成本。

除经济效益外,梅山苑的雨水收集利用工作,还将有助于降低周边地区雨水管网的洪峰压力。

(2)人工湿地系统生活污水零排放。

在收集利用雨水的同时,循环利用小区居民排放的污水,从源头控制居民生活污水排放对水资源的污染。

据了解,梅山苑基地内共有化粪池20组,其中的两组目前已经采用了人工湿地的方式予以处理,出水分别达到了国家景观用水标准和灌溉用水标准,已经应用于小区的景观渠道、绿地灌溉以及屋顶绿化用水。下一步,该基地计划将剩余的18组化粪池全部进行处理,以实现生活污水零排放。

基地的工作人员对小区内的水量平衡做了一番计算:小区现有居民2 632户,每月生活用水量为2.9万t,污水收集率以85%计算,则每月可收集的生活污水总量为2.5万t。而经过实际测算,梅山苑小区每月的绿地灌溉和屋顶绿化用水量仅为750 t。由此可见,如果将小区内所有的生活污水回收利用,用作小区绿地灌溉和屋顶绿化用水,绰绰有余。

经过反复比较筛选,梅山苑基地主要选定了人工湿地和微生物两种污水处理系统。经实际试验测算,通过人工湿地方式的污水处理成本为0.31元/t,通过微生物方式的污水处理成本为0.35元/t。明年,这两项技术将在剩余的18组化粪池污水处理中全面推广使用。

梅山苑小区污水零排放试验成功,既节约了小区的灌溉用水量,也为多种化粪池污水处理技术提供了展示、试验平台,将使梅山苑成为全国首个实现污水零排放的小区,成为全国污水零排放处理的示范基地。

第8章　结论和建议

8.1 结　　论

我国水资源的人均占有量低,时空分布差异性大。但目前对再生水利用的重视程度与水资源短缺程度严重不符,再生水利用水平不高,与发达国家相比甚至处于较为落后状态。

深圳市较早开展了再生水利用的研究和实践,从20世纪90年代开始,深圳市就开始推行建筑中水回用,包括公共建筑和住宅小区,是国内最早开展中水回用的城市之一,但是实施和推广断断续续。直至2005年深圳市以创建节水型城市为目标,在《深圳市节约用水条例》的指引下,开展了大量的再生水利用工作,取得了显著成效,走在了全国前列。但是与深圳市经济发展水平、水资源缺乏程度相比,还有较大的提升空间。

本书通过对国内再生水设施的调研,总结了各种类型再生水设施的运行现状及存在的问题,从再生水设施的规划政策、设计建设、运行维护和监督管理等各个环节上开展研究,并为深圳市再生水设施的稳定运行和有效利用提出建议措施,得到如下主要结论和建议:

(1)近年来城市再生水利用工程开始得到了各级政府的高度重视,建设速度较快,特别是在北方城市,已有大量再生水工程建成投入使用。通过对国内主要城市再生水设施的现状调研可以得出,大型的再生水厂目前均处于正常运转状态;所调研的分散型再生水设施,目前总体运行情况不佳,多数设施处于偶尔运行或停滞运行状态;工业企业属于用水大户,节水意识都较高,对于再生水有较高的使用意愿;小区入户再生水使用率很低;用户认为小区再生水设施存在的最大问题为:运行维护不到位、工艺设计存在缺陷以及水价不合理。在深圳,工业循环水利用起步较早并已形成较为完善的运行、管理体系;而再生水利用起步相对较晚,再生水设施的建设管理迫切需要相关技术和理论的支撑。

(2)全国主要缺水城市均已经开展或计划开展再生水的利用;深圳市近年来出台一系列城市规划,包括:《深圳市城市总体规划(2007~2020年)》《深圳市给水系统布局规划修编(2006~2020年)》《深圳市污水系统布局规划(2002~2020年)》以及《深圳市节约用水规划》(2005~2020年)都涉及了再生水的规划内容。特别是在《深圳市再生水布局规划》中,提出了再生水利用的总体目标、整体布局、回用途径等,如能按照规划的内容开展工作,将有效指导深圳市再生水系统的建设。

(3)通过总结和比较我国各城市关于再生水设计和建设方面的政策、举措,深圳市虽然发布了《深圳经济特区中水设施建设管理暂行办法》《深圳市再生水利用管理办法》等多个涉及再生水设计建设的管理办法,但并没有针对再生水的设计和建设发布针对性的规范,将影响深圳市污水再生回用工程工作的开展。本研究对设计再生水设施设计和建设的各项内容进行了详细的阐述和说明,提出了《深圳市再生水设施规划建设技术指引》(建议稿),期望为深圳市再生水设计规范的编制提供参考依据。

(4)目前再生水厂(设施)在运行、维护上主要存在的问题或不足包括:①再生水厂技术应用成熟,但存在维护保养不到位,维修不及时的现象,使得运行中出现各种问题;②处理设施缺乏完善的自动化管理规程;③运行维护队伍不健全,人员的整体素质有待提高;④检测控制水平落后。本书总结了再生水在运行维护时各分项内容的特点,给出了其具体技术规程制定时的倾向性参考,并依据此部分内容编制了《深圳市再生水设施运行维护技术手册》(建议稿)。

(5)我国目前再生水监管面临的主要问题有:部门垂直管理不通畅、监管主体责权划分不明确、污水再生处理单位的运营需要由事业单位向企业化过渡、缺乏合理的水价体系等。本书构建了再生水安全利用监管体系的框架,该框架以市场化运营管理为导向,以全过程的监察与管理为核心,以安全预警应急管理为保障,以价格管理和用户宣传教育系统为支撑,通过统一管理机构和管理机制,达到再生水安全利用的监管体系。每个组成部分既相互独立,又相互联系,缺一不可,共同作用,是保证再生水利用安全的必要条件,并编制了《深圳市再生水设施运行监管方案》(建议稿)。

8.2 建　　议

(1)随着《深圳市再生水布局规划》的编制完成,深圳市再生水设施布局已相对稳定。建议在理清现有涉及再生水的相关规划的基础上,根据深圳市的地域和资源特点,进一步确立再生水利用的主导方向,进一步落实再生水用途、用户,明确再生水利用优选对象排序和具体实施节点计划,加快各区域再生水场站建设和管网建设,并纳入城市总体规划同步实施。

(2)深圳市已经于2010年编制并发布了《深圳市再生水、雨水利用水质规范》(SZJG 32—2010),但近年来,随着再生水工作的广泛开展,该标准的执行情况如何,并没有总结和回顾。因此建议在实践验证的基础上,对此标准进行进一步优化,对规范中指标体系以及指标限制进行修订。

(3)提高再生水设施设计、建设标准。建议水务部门落实编制《深圳市再生水设计规范》,并颁布实施。再生水的设计应在做好充分的用户调研的基础上,针对再生水用户的特点,确定合理的各项设计内容,既不浪费又能满足用户用水需求。同时把再生水的使用安全性放在首位,在设计和建设时必须采取有效措施保证出水量稳定、水质可靠。

(4)做好再生水工程和技术示范。逐步开展市政再生水的区域示范,如光明新区、前海片区、横岗片区等。以点带面,在区域示范中检验与现有区域规划的匹配性、完整性。总结示范中存在的问题及经验,带动整个再生水系统的建设。

(5)加强再生水设施的监督管理。政府部门应明确界定再生水的监管主体(部门),再由监管主体详细制订监督管理办法,建立和完善再生水资源利用技术设计和审查体系,编制和完善相应的技术法规;对再生水出水水质的监督实现定期化、制度化、公开化。同时应充分考虑公众监督,并建立再生水市场的准入与退出机制。

(6)完善再生水设施的投入机制。对于市政再生水厂和管网建设,政府应先行投入;同时应积极探索民间资本进入再生水厂建设,鼓励单位和个人通过公开招标等方式介入投资运营,政府在政策、税收上予以倾斜和优惠,充分调动企业积极性,让再生水企业能够获得合理的回报。

(7)进一步理顺再生水价格机制。制订鼓励使用再生水的价格机制,争取尽快出台《再生水价格指导意见》。在尽量降低制水成本的同时,应以优惠价供应再生水用户,充分调动企业和居民使用再生水的积极性。

附　录

附录1　再生水厂建设运行管理调研问卷

一、基本信息

1. 城市水资源信息

再生水厂(设施)所在城市________气候条件

年平均降雨量________ mm

城市年用水量________亿 t

________城市年排污量________亿 t

再生水回用率________%

城市现行自来水价格________元

2. 再生水厂信息

◆　水厂(设施)名称____________________

◆　水厂(设施)建成投产时间:________年________月

一期工程建成时间________年________月;二期工程建成时间________年________月;三期工程建成时间________年________月

◆　水厂(设施)业主单位____________________

◆　水厂(设施)运行单位____________________

◆　工程投资方式(请勾选):A. 政府投资　B. BOT　C. BT

◆　工程总投资为________万元。其中,政府投资________万元,企业投资________万元,其他投资________万元

◆　水厂总人数________人,其中技术人员________人

◆　水厂设计规模________ t/d,实际运行规模________ t/d

◆　水厂占地面积________ m^2

◆　水厂(设施)所处的位置(请勾选):A. 新建城区　B. 旧城区

◆　水厂(设施)周边是否有居民区(请勾选):A. 有　B. 没有

若有居民区,水厂(设施)距离居民区的距离________ m

◆　水厂(设施)周边是否有工厂(　　)A. 有　B. 没有

若有工厂,水厂(设施)距离工业区、工厂的距离________ km

工厂种类、名称____________________

◆　再生水价格________元

二、再生水厂设计建设

1.再生水厂出水用途

请根据贵水厂的实际出水用途，在附表1.1相应类别处打钩。

附表1.1　进水水质

分类	范围	请打钩	备注
城市杂用水	城市绿化		
	冲厕		
	道路清扫		
	车辆冲洗		
	建筑施工		
	消防		
	其他(请说明)		
景观环境用水	娱乐性景观环境用水(人体接触类)		
	观赏性景观环境用水(人体非接触类)		
	湿地环境用水		
	其他(请给出说明)		
工业用水	冷却用水		
	洗涤用水		
	锅炉用水		
	生产工艺用水		
	其他(请给出说明)		
农林牧渔用水	农田灌溉		
	造林育苗		
	畜牧养殖		
	水产养殖		
	其他(请给出说明)		
补充水源水	补充地表水(水库)		
	补充地下水		
其他(请给出说明)			

2.水源

- 再生水厂(设施)的水源为________
- 水源与再生水厂的距离(　　)

A. 0~1 km　　B. 2~5 km　　C. 6~10 km　　D. >10 km

◆　水源中是否含有工业废水(　　)

A. 是　　　　　B. 否

若有工业废水,工业废水种类为____________________

◆　是否设置备用水源(　　)

A. 是　　　　　B. 否

若有备用水源,备用水源为____________________

3. 再生水管网

◆　再生水输配水方式为(　　)

A. 重力流　　　　　B. 压力流　　　　　C. 重力流与压力流并行

◆　是否有加压泵站、设备(　　)

A. 是　　　　　B. 否

加压泵站、设备的规模型号为________

◆　输水管管材(　　)

A. 钢管　　　　　B. 球墨铸铁管　　　　　C. HDPE 管

D. PVC 管　　　　　E. RPMP 管　　　　　F. 其他管材

4. 水质、水量

◆　进水水量________ t/d

◆　进水水质(附表 1.2)

附表 1.2　进水水质

参数	单位	数值(范围)
COD	mg/L	
BOD_5	mg/L	
SS	mg/L	
TN(以 N 计)	mg/L	
NH_3-N(以 N 计)	mg/L	
TP(以 P 计)	mg/L	
色度	度	
水温	℃	
pH	—	
浊度	NTU	
溶解性总固体	mg/L	
石油类	mg/L	
动植物油	mg/L	

◆　进水是否含有重金属(　　)

A. 是　　　　　B. 否

若有,重金属种类为____________________

◆ 进水是否具有生物毒性或其他有毒物质(　　)

A. 是　　B. 否

若有,种类名称为____________

◆ 出水水质(附表 1.3)

附表 1.3　出水水质

参数	单位	数值
COD	mg/L	
BOD_5	mg/L	
SS	mg/L	
TN(以 N 计)	mg/L	
NH_3-N(以 N 计)	mg/L	
TP(以 P 计)	mg/L	
色度	度	
水温	℃	
pH	—	
浊度	NTU	
粪大肠菌群	个/L	
溶解性总固体	mg/L	
石油类	mg/L	
动植物油	mg/L	

◆ 出厂水执行的水质标准是________

◆ 水厂稳定运行和水质达标率为________

5. 水厂采用的工艺

请给出贵厂的工艺流程图以及简要的文字说明。

三、再生水厂运行维护

1. 水源

◆ 水源水质检测的频率(　　)

A. 每日一次　　B. 每周 2~3 次　　C. 每周一次　　D. 每月 2~3 次

E. 每月一次　　F. 低于每月一次

◆ 是否设置水源水质在线监测系统(　　)

A. 是　　　　　　　B. 否

◆ 是否设置水源水质预警系统(　　)

A. 是　　　　　　　B. 否

◆ 贵水厂是否需要进行水源切换(　　)

A. 是　　　　　　　B. 否

若需要水源切换,水源切换过程中的注意事项和存在的主要问题:

2. 水厂工艺

◆ 再生水厂按现行工艺的整体运行情况(　　)

A. 良好　　　　　　B. 存在少许问题　　　　C. 存在较大问题

若存在问题,主要为:

针对存在问题,较为理想的解决方案是:

◆ 水厂各工艺单元设置在线监测系统情况,请在附表1.4中填写。

附表1.4　水厂各工艺单元设置在线监测系统情况

工艺单元	在线系统名称	检测指标	数量	是否设置专人维护

3. 水质检测

◆ 水厂是否设置独立的水质化验室(　　)

A. 是　　　　　　　B. 否

检测人员________名

仪器设备________台，总资产价值________万元

◆　检测水样包括，可多选(　　)

A. 进厂水　　B. 各工艺单元出水

C. 出厂水　　D. 管网水

E. 用户端水质

◆　水样是否定期送上级水质检测中心检验(　　)

A. 是　　B. 否

送检频率(　　)

A. 每日　　B. 每周　　C. 每月　　D. 每年

◆　检测仪器是否定期校验(　　)

A. 是　　B. 否

4. 废渣废液

请根据水厂产生的废渣废液情况，填写附表1.5。

附表1.5　水厂产生的废渣废液情况

产生的废渣废液种类	产量(每天)	排渣周期	处置方式	是否再利用

5. 药剂的使用和贮存

请根据水厂使用药剂的情况，填写附表1.6。

附表1.6　水厂使用药剂的情况

使用的药剂名称	用量(每天)	是否计量投药	存贮方式	厂内贮存周期	是否专人管理

6. 气体

请根据水厂使用气体的情况，填写附表 1.7。

附表 1.7　水厂使用气体的情况

使用的气体名称	用量（每天）	厂内制备或购置	存储方式	应急处置方式	是否专人管理

7. 机电设备

请根据水厂使用主要机电设备的情况，填写附表 1.8。

附表 1.8　水厂使用主要机电设备的情况

主要机电设备名称	型号	检查和维护周期	是否专人管理

针对机电设备故障所采取的故障分析与排除措施包括：

四、再生水厂监督管理

1. 规章制度

◆　所在城市针对再生水利用方面的法律法规、规章制度：

◆　贵水厂针对水厂管理的规章制度：

2. 运营管理模式

◆　简述贵厂的运行管理模式：

◆　该种管理模式运行下的突出优点为：

◆　该种管理模式存在的主要问题：

3. 水源、管网、工艺的监管

◆　是否针对再生水水源进行专项专人管理(　　)

A. 是　　B. 否

◆　再生水管网是否设置单独的标志符号(　　)

A. 是　　B. 否

水管颜色为________

阀门井是否设立单独标志符号(　　)

A. 是　　B. 否

用户端是否设有警示牌(　　)

A. 是　　B. 否

◆　水厂是否实行自动化运行(　　)

A. 是　　B. 否

如实行自动化运行,建立了以下(可多选)________系统

A. SCADA　　B. DCS　　C. MIS　　D. CATV

自动化运行平均无故障时间________

◆　是否设立中控室(　　)

A. 是　　B. 否

4. 人员培训

水厂在人员培训方面的主要内容和关注点：

5. 用户宣传

水厂针对用户的宣传措施主要有：

6. 应急处置

水厂的应急处置措施主要有：

五、存在的问题和建议

1. 目前再生水厂设计建设、运行维护、监督管理中存在的最突出问题：

2. 针对再生水厂设计建设、运行维护、监督管理方面的感想和建议：

附录 2　企业再生水利用及设施运行管理调研问卷

一、企业基本情况

企业名称____________________

地址（生产厂址）____________________

所属行业____________________

主要产品____________________

占地面积________公顷；总产值________万元

周边是否有居民区（请勾选）：A. 有　B. 没有

若有居民区，设施距离居民区的距离为________ m

二、用水情况

1. 用水总量________ m^3（注：用水总量 = 取水总量 + 重复用水量）

2. 取水总量________ m^3，其中：

A. 地下水________ m^3

B. 地表水________ m^3，来自________河/湖

C. 自来水________ m^3，来自________自来水厂

D. 雨水________ m^3
E. 再生水________ m^3
F. 其他________ m^3,来源________
3. 再生水来源及使用量:
A. 自产________ m^3
B. 市政________ m^3
C. 其他________ m^3,来源________
4. 请选择再生水用途,并标注使用量(m^3):
A. 原料用水________; 使用量________ m^3
B. 工艺非原料用水________; 使用量________ m^3
C. 锅炉补水________; 使用量________ m^3
D. 冷却用水________; 使用量________ m^3
E. 生活用水________;使用量________ m^3
F. 其他________; 使用量________ m^3
5. 未来在哪些方面可以使用再生水,并标注计划需求量(m^3):
A. 原料用水________;
B. 工艺非原料用水________;
C. 锅炉补水________;
D. 生活用水________;
E. 绿化用水________;
F. 其他________。

三、污水产生及排放情况

1. 污水产生总量________ m^3
2. 污水排放总量________ m^3,排污口________个,其中排放至:
A. ________污水处理厂(市政)________ m^3
B. 自建污水处理设施________ m^3
C. 其他________ m^3

四、再生水生产情况

1. 再生水总产量为________ m^3/d
2. 处理设施运行维护人数________人
3. 请给出设施工艺流程图以及简要的文字说明:

4. 是否设置水质在线监测系统：A. 是　B. 否

5. 执行的出水标准________

6. 请根据再生水进出水水质情况，填写附表 2.1。

附表 2.1　再生水进出水水质情况

参数	单位	进水	出水
COD	mg/L		
BOD_5	mg/L		
SS	mg/L		
TN(以 N 计)	mg/L		
NH_3-N(以 N 计)	mg/L		
TP(以 P 计)	mg/L		
色度	度		
水温	℃		
pH	—		
浊度	NTU		
溶解性总固体	mg/L		
石油类	mg/L		
动植物油	mg/L		
其他			

7. 再生水厂按现行工艺的整体运行情况（　　）

A. 良好　　B. 存在少许问题　　C. 存在较大问题

若存在问题，主要为____________________

8. 企业再生水利用率为________%

五、问题和建议

贵企业再生水处理设施在设计建设、运行维护、监督管理上存在的突出问题。

附录3 再生水设施用户使用情况调研问卷

1. 您认为您的居住地缺水情况如何？(　　)

A. 严重缺水　　B. 比较缺水　　C. 不缺水　　D. 不关注

2. 您所在的居住小区属于？(　　)

A. 新建小区（5 年以内）

B. 半新半旧小区(5 ~20 年)

C. 旧小区(超过 20 年)

3. 您的家庭人数(　　)

A. 1 ~2 人　　B. 3 ~4 人　　C. 4 人以上

4. 您的家庭月平均用水量约为(　　)

A. <10 t　　B. 10 ~15 t　　C. 15 ~20 t　　D. >20 t

5. 您的家庭月收入水平约为(　　)

A. <5 000 元　　B. 5 000 ~10 000 元　　C. 10 000 ~200 000 元　　D. >20 000 元

6. 您对目前自来水价格是否满意？(　　)

A. 非常满意　　B. 一般　　C. 不满意

7. 您觉得现在的水价会对您日常生活用水产生影响吗？(　　)

A. 影响较大　　B. 有影响　　C. 没有影响

8. 您是否了解再生水？(　　)

A. 很了解　　B. 比较了解　　C. 听说过　　D. 完全不了解

9. 再生水使用将起到的作用,您较为在意的是(　　)

A. 减少家庭水费开支　　B. 增强市民的环保意识

C. 缓解深圳市的供水压力　　D. 其他

10. 以下影响再生水使用的因素中,您较为在意的是[多选题](　　)

A. 供水的稳定性　　B. 使用的安全性

C. 供水的水质(如气味、颜色等)

D. 再生水的价格　　E. 心理上不能接受　　F. 管道的教设与改造

11. 您可以接受的再生水回用途径是(　　)

A. 家庭冲厕水　　B. 公共建筑冲厕水

C. 小区景观用水　　D. 浇灌小区绿化

E. 喷洒道路　　F. 洗车　　G. 消防用水

12. 您所居住的小区目前是否已配备再生水设施？(　　)

A. 是　　B. 否

如果您所居住的小区已配备入户再生水设施,请填写以下 15 ~27 题：

13. 您所在的小区是否开展再生水使用的宣传教育？(　　)

A. 经常　　B. 偶尔　　C. 从不

14. 您所在的小区是否有专门的机构或者专人管理再生水设施？(　　)

A. 有　　B. 没有　　C. 不了解

15. 您所在小区提供的再生水利用途径有哪些？[可多选]（　　）

A. 家庭冲厕水　　B. 公共建筑冲厕水

C. 小区景观用水　　D. 浇灌小区绿化

E. 喷洒道路　　F. 洗车　　G. 消防用水

16. 您所在小区提供的入户再生水设备是否设立独立的标识？（　　）

A. 有　　B. 没有

17. 您所在小区提供的入户再生水管颜色是否与自来水管有所区别？（　　）

A. 有　　B. 没有

18. 您所在居住小区的再生水价格为________元。

19. 作为居民，您觉得合理的家庭用再生水价格为（　　）

A. <1.0 元　　B. 1.0 ~ 2.0 元　　C. 2.0 ~ 3.0 元　　D. >3.0 元

20. 您所在小区再生水使用费用收取形式为？（　　）

A. 与水费同时收取　　B. 由再生水公司单独收取

C. 购买水卡　　D. 网上缴费

21. 您是否使用小区提供的入户再生水（　　）

A. 一直在使用　　B. 偶尔使用

C. 一开始使用，现在停用　　D. 从未使用

22. 您选择使用再生水的原因是[可多选]（　　）

A. 水价有优势　　B. 个人的节水意识

C. 缓解城市水资源危机　　D. 其他

23. 如您停用或者从未使用小区提供的再生水，原因是[可多选]（　　）

A. 担心水质　　B. 水量不稳定

C. 心理上不能接受　　D. 水价与自来水相比无优势

E. 担心引起其他卫生问题，如蚊虫等　　F. 再生水设施维护管理不到位

G. 其他

24. 如您停用或者从未使用小区提供的再生水，当再生水价格低于自来水价格（　　）时，您会考虑开始使用再生水。

A. 0.5 元　　B. 0.5 ~ 1.0 元　　C. 1.0 ~ 1.5 元

D. 1.5 ~ 2.0 元　　E. >2.0 元

25. 您认为您所在小区再生水设施在运行使用中，存在的最大问题是（　　）

A. 建设设计存在一定缺陷　　B. 运行维护不到位

C. 上级监督管理力度不强　　D. 针对用户的宣传教育不够

E. 其他

参考文献

[1] CROOK J, SURAMPALLIi R Y. Water reclamation and reuse criteria in the U. S. [J]. Water Science and Technology,1996, 33:10-11.

[2] 胡洪营，吴乾元，黄晶晶，等. 国家“水专项”研究课题——城市污水再生利用面临的重要科学问题与技术需求[J]. 建设科技,2010(3):33-35.

[3] 张庆康,郝瑞霞,刘峰,等. 不同再生水处理工艺出水水质回用途径适应性分析[J]. 环境工程学报, 2013, 7(1):91-96.

[4] 郭宇杰,郭祎阁,王学超,等. 城市再生水回用途径安全性浅析[J]. 华北水利水电学院学报,2013(2):5-7.

[5] 张文超,张建新,白宇,等. 国内外污水再生利用发展分析[J]. 中国建设信息(水工业市场), 2010(8):32-34.

[6] 李纯,孙艳艳,申红艳,等. 国外再生水回用政策及对我国的启示研究[J]. 环境科学与技术,2010(S2):626-627.

[7] 杨茂钢,赵树旗,王乾勋,等. 国外再生水利用进展综述[J]. 海河水利,2013(4):30-33.

[8] 王建平,杨彦明. 国外再生水利用经验借鉴[J]. 中国水利,2012(9):28-30.

[9] 王永刚,王书倩,潘涛,等. 可饮用再生水的应用与技术进展[J]. 水处理技术,2013(2):1-4.

[10] 陈卫平. 美国加州再生水利用经验剖析及对我国的启示[J]. 环境工程学报,2011,5(5):961-966.

[11] 张云,崔树彬,胡惠方,等. 南方地区再生水利用可行性及关键问题探讨[J]. 南水北调与水利科技,2011, 9(1):122-125.

[12] 叶建宏. 浅谈美国水资源及供排水管理的经验与启示[J]. 西南给排水,2013,35(6):70-78.

[13] 欧志阳,刘晨,王仲旭. 再生水回用可行性研究进展[J]. 水科学与工程技术,2013(6):25-28

[14] 王忠田. 新加坡重视发展再生水[J]. 给水排水, 2004(7):30.

[15] 张昱, 刘超, 杨敏. 日本城市污水再生利用方面的经验分析[J]. 环境工程学报,2011(6):1221-1223.

[16] 王晓玲, 吕伟娅, 梁磊,等. 日本再生水回用发展现状及研究分析[J]. 西南给排水,2012(2):29-32.

[17] 司渭滨. 中国北方城市污水再生利用系统建设管理模式研究[D]. 西安:西安建筑

科技大学, 2013.

[18] 赵乐军, 王秀朵, 刘春光,等. 再生水回用于景观水体时富营养化趋势研究[J]. 给水排水, 2008(12):106-109.

[19] 王昌俊. 再生水灌溉对城市绿地生态系统的影响研究[D]. 北京:北京林业大学, 2005.

[20] 李冰, 赵乐军, 邵林. 我国城市中水回用于工业循环冷却水的现状及建议[J]. 工业水处理, 2007(7):89-92.

[21] 贾雪梅, 邓文英, 胡林潮,等. 浅谈中国再生水回用[J]. 广东化工, 2013(19):115-116.

[22] 胡毓瑾. 城市再生水资源利用项目的技术经济综合评价研究[D]. 西安:西安建筑科技大学, 2004.

[23] 史淑艳. 基于水体功能达标的区域再生水资源调配及循环利用边界条件研究[D]. 济南:山东大学, 2012.

[24] 王洪娟, 唐宗, 杨静. 天津市再生水开发利用发展前景分析[J]. 资源节约与环保, 2014(5):8-9.

[25] 赵乐军, 宋启元, 孙杰,等. 天津市再生水资源利用中几个问题探讨[J]. 给水排水, 2002(7):1-5.

[26] 刘树妍, 邢稚, 田云云. 天津市再生水综合利用的对策分析[J]. 资源节约与环保, 2014(5):9-10.

[27] 王秀朵, 郑兴灿, 赵乐军,等. 天津中心城区景观水体功能恢复与水质改善的技术集成与示范[J]. 给水排水, 2013(4):13-16.

[28] 潘留明, 王秀朵, 赵乐军,等. 天津中心城区景观水体功能恢复与水质改善研究[J]. 中国给水排水, 2012(21):7-15.

[29] 胡毓瑾. 城市再生水资源利用项目的技术经济综合评价研究[D]. 西安:西安建筑科技大学, 2004.

[30] 王昌俊. 再生水灌溉对城市绿地生态系统的影响研究[D]. 北京:北京林业大学, 2005.

[31] 王鹏飞. 深圳经济特区城市用水健康循环与污水资源化研究[D]. 北京:北京工业大学, 2003.

[32] 徐清泉. 深圳市污水再生回用的研究[D]. 重庆:重庆大学, 2004.

[33] 郑杰. 合肥环城水系再生水利用技术研究[D]. 合肥:安徽建筑工业学院, 2010.

[34] 张光连. 北京市再生水综合利用规划研究[D]. 北京:中国农业大学, 2005.

[35] 周军, 杜炜, 张静慧,等. 北京市再生水行业的现状与发展[J]. 中国建设信息(水工业市场), 2009(9):12-14.

[36] 霍健. 北京市中心城再生水发展历程及“十二五”发展规划[J]. 水利发展研究, 2011(7):57-59.

[37] 徐承华. 杭州市再生水利用规划研究与思考[J]. 给水排水, 2007(7):36-39.
[38] 陈其四, 胡文力, 刘文亚,等. 为再生水的实施提供法规依据——《天津市中心城区再生水资源利用规划》的技术说明[J]. 天津建设科技, 2005, 15(1):36-41.
[39] 王强, 刘京, 王军. 北京市中心城再生水利用规划探讨[J]. 给水排水, 2012(10):47-51.
[40] 王薇. 城市再生水利用规划中再生水用户的确定[J]. 科技与企业, 2013(4):124.
[41] 刘洋. 天津市再生水水量规划及技术经济分析[D]. 天津:天津大学, 2010.
[42] 师凤丽. 晋中市再生水源规划研究[J]. 山西科技, 2013(5):115-116.
[43] 朱文涛. 西安高新区再生水利用工程规划与体会[J]. 市政技术, 2013(5):105-107.
[44] 夏海燕. 天津市中心城区再生水利用管理研究[D]. 天津:南开大学, 2011.
[45] 傅涛, 郑兴灿, 陈吉宁. 再生水的战略思考与定位[J]. 环境经济, 2007(4):5-9.
[46] 梁伟刚. 郑州市中心城区再生水专项规划介绍[J]. 中国给水排水, 2011(10):13-16.
[47] 李青. 天津市再生水建设与使用模式研究[D]. 天津:天津大学, 2008.
[48] 佚名. 天津市住宅建设中水供水系统技术规定[J]. 天津建设科技, 2003(6):5-8.
[49] 刘孟, 张宁. 污水厂设备的安全管理[J]. 西南给排水, 2011(4):46-48.
[50] 刘惠成. 惠阳污水厂节能降耗措施[J]. 建设科技, 2009(3):52-53.
[51] 唐三连. 水厂的节能降耗技术研究[D]. 武汉:武汉科技大学, 2007.
[52] 高志良. 水厂加氯系统常见故障及排除[J]. 河北化工, 2000(1):42.
[53] 李殿海, 李育宏, 姜威,等. 天津市污水再生利用经验与现状分析[J]. 环境工程学报, 2011(6):1227-1231.
[54] 吕祥瑞. 城市再生水系统优化配置的研究[D]. 天津:天津大学, 2010.
[55] 赵珊, 高晓利, 张传光,等. 城市再生水景观利用水质维护方法研究[J]. 环境工程, 2011, 29(6):5-7.
[56] 张昱, 郑兴灿, 李殿海,等. 城市污水再生利用及水质安全保障的关键技术集成与示范应用[J]. 给水排水, 2013(4):9-12.
[57] 刘文亚, 唐福生, 姜威,等.《城镇再生水厂运行、维护及安全技术规程》解读[J]. 天津建设科技, 2010(1):6-8.
[58] 刘克. 北京市典型河湖再生水补水生态环境效应研究[D]. 北京:首都师范大学, 2012.
[59] 张光连. 北京市再生水综合利用规划研究[D]. 北京:中国农业大学, 2005.
[60] 颜莹莹. 城市水系统运行效率研究[D]. 北京:中国城市规划设计研究院, 2007.
[61] 段涛. 城市污水资源化中再生水的定价理论与方法研究[D]. 西安:西安建筑科技大学, 2005.
[62] 强宇明. 城市污水资源化中再生水项目需求分析[D]. 西安:西安建筑科技大学,

2005.

[63] 马进军. 城市再生水的风险评价与管理[D]. 北京:清华大学, 2008.

[64] 郭红峰. 杭州经济技术开发区再生水利用研究与工艺设计[D]. 杭州:浙江工业大学, 2008.

[65] 赵乐军, 刘琳, 唐福生,等. 关于现行再生水水质标准和规范执行情况的讨论[J]. 给水排水, 2007, 33(12):120-125.

[66] 刘祥举, 李育宏, 于建国. 我国再生水水质标准的现状分析及建议[J]. 中国给水排水, 2011(24):23-29.

[67] 张炜铃, 陈卫平, 焦文涛. 北京市再生水相关政策的评估与研究[J]. 环境科学学报, 2013(10):2862-2870.

名词索引